XINZHI

Das
Buch Der Verrückten
Experimente

# 疯狂实验史

[瑞士] 雷托·U·施奈德 著　许阳 译

生活·讀書·新知 三联书店

图书在版编目（CIP）数据

疯狂实验史 / （瑞士）施奈德著；许阳译. —北京：生活 · 读书 · 新知三联书店，2009.10　(2023.9 重印)
（新知文库）
ISBN 978－7－108－03227－0

Ⅰ.疯…　Ⅱ.①施…②许…　Ⅲ.科学实验－自然科学史－世界
Ⅳ.N33－091

中国版本图书馆 CIP 数据核字（2009）第 065432 号

责任编辑　刘蓉林
装帧设计　陆智昌　鲁明静
责任印制　董　欢
出版发行　生活 · 讀書 · 新知 三联书店
（北京市东城区美术馆东街 22 号 100010）
网　　址　www. sdxjpc. com
图　　字　01－2018－7874
经　　销　新华书店
印　　刷　山东临沂新华印刷物流集团有限责任公司
版　　次　2009 年 10 月北京第 1 版
2023 年 9 月北京第 11 次印刷
开　　本　635 毫米 × 965 毫米 1 / 16　印张 19.5
字　　数　230 千字
印　　数　43,001 － 46,000 册
定　　价　33.00 元
（印装查询：01064002715；邮购查询：01084010542）

新知文库

# 出版说明

在今天三联书店的前身——生活书店、读书出版社和新知书店的出版史上，介绍新知识和新观念的图书曾占有很大比重。熟悉三联的读者也都会记得，20世纪80年代后期，我们曾以“新知文库”的名义，出版过一批译介西方现代人文社会科学知识的图书。今年是生活·读书·新知三联书店恢复独立建制20周年，我们再次推出“新知文库”，正是为了接续这一传统。

近半个世纪以来，无论在自然科学方面，还是在人文社会科学方面，知识都在以前所未有的速度更新。涉及自然环境、社会文化等领域的新发现、新探索和新成果层出不穷，并以同样前所未有的深度和广度影响人类的社会和生活。了解这种知识成果的内容，思考其与我们生活的关系，固然是明了社会变迁趋势的必需，但更为重要的，乃是通过知识演进的背景和过程，领悟和体会隐藏其中的理性精神和科学规律。

“新知文库”拟选编一些介绍人文社会科学和自然科学新知识及其如何被发现和传播的图书，陆续出版。希望读者能在愉悦的阅读中获取新知，开阔视野，启迪思维，激发好奇心和想象力。

生活·读书·新知三联书店

2006 年 3 月

献给我的父母

# 目 录

# 前　言

本书是我工作的额外收获。在先前担任一份瑞士新闻杂志自然科学版面负责人时，我积累了大量有关疯狂实验的研究素材。

可惜的是，我那里的主编并不想让这些内容付印，因为它们亵渎了最最基本的新闻信条：这些故事或是完全不合逻辑，或是极其古旧，抑或二者兼而有之。

尽管这样，我始终觉得在自然科学杂志中，"新闻"有着至高无上的地位——毕竟，《牛顿》对多数人来说是新闻——我不想放弃自己撷英咀华得来的这些资料。几年后，我获得了为《新苏黎世报》的期刊部撰写科学专栏的机会——那是一家重要的瑞士日报的杂志部分。由于我的文章既不必紧跟时事，也不必迎合传统观念，我终于有了一个平台来写写诸如从豚鼠睾丸萃取的长生不老药，或是机器狗和动物狗的初次会面。这一专栏——其中部分内容应用于本书——很快就有了一批忠实的读者。女性读者提醒我关注搭顺风车的技巧；男性读者希望知道拉斯维加斯脱衣舞研究的精准细节。

我被问到的最多的问题是："您到底从哪里找到的这些奇怪的研究？"但实际上，一个更有意思的问题是，怎么做不能找到它们。请别去问科学家，相信我，我试过了。我通常得到的回答类似于"在我研究的领域中没发生什么怪异的事"。如果我之后带着搜集来的奇怪研究询问他们，他们会茫然地看着我，无法理解按喇叭心理学和餐馆小费经济学中蕴藏的幽默。

本书的大部分实验虽然看上去有些古怪，却绝不意味着它们没有价值——尽管不可否认其中一些的确是。其他实验只是第一眼看上去荒谬可笑，事实上却是真正的创举。2005 年，当《疯狂实验史》的德文版成为畅销书之时，一些研究者骄傲地在自己的网站上宣告，他们的实验榜上有名。

《疯狂实验史》与其说是正式出版的科学读物，倒不如说它记录了非正规的实验方法。我所依赖的信息包括背景资料、未发表的数据、报纸文章，此外，凡有可能，我都会亲自同研究者进行交流。在这一过程中，我无意间也发现了那些破坏了婚姻、断送了前程的实验，有些实验备受瞩目，有些虽然实际上不曾发生，却成为城市的传奇。我也由此认识到，实际上这一系列新奇的收藏更多地昭示了科学的本质，它们并非精准的研究报告。

在科技出版物中，实验往往是一个线性过程：研究者阅读相关文献，建立假说，进而设计实验，如此周而复始。然而，正像一位科学家曾经告诉我的——本书的读者也会很快发现——在现实生活中，做实验就像打仗：一旦交锋，所有的预先设计都将化为乌有。

关于本书的更多信息，发布在网站madsciencebook.com上。

# 1304 迪特里希走向彩虹

1304—1310 年间的某个时刻，多明我会修士迪特里希·冯·弗赖贝格（Dietrich von Freiberg）将一个圆形的玻璃瓶注满水举到阳光下。据说后人评价这一举动为“中世纪西方世界最伟大的科学贡献”。

此前已有无数学者试图探寻彩虹背后的秘密。有些人猜测，空中的弧形是对日轮的反射，另一些人认为，雨中的云雾就像一面透镜。总之可以确认的是，雨以某种方式反射了日光，因为人们只能在太阳位置很低的时候背向太阳看见彩虹。但是为什么彩虹总是个始终一样大的弧形？不同颜色的排列顺序该如何解释？有时在一道彩虹上方还会出现第二道彩虹，且颜色排列顺序刚好相反，这又是怎么回事呢？

仅凭肉眼观察是不能解答彩虹形成的问题的。但又怎么才能把自然奇观带入实验室呢？虽然人们知道，太阳光透过充满水的玻璃瓶照射时就会出现不同颜色，但是如果认为这样的水瓶就像缩微的雨云的话，它却产生不出彩虹来。

必须要想新的办法，而迪特里希想了出来：他使用球形的水瓶，不是将它看成缩微的云，而是看成放大的水滴。弄清阳光在个别的水滴中发生了什么情况，就可以想见在阵雨中无数水滴同时生成这种效果时的情形。因此冯·弗赖贝格开始追踪单独一道太阳光线。首先他让这道光线射入水滴的上半部并仔细观察，发现光线发生弯折，接下来在水中转过一个比较大的角度继续前进。在玻璃瓶的另一面，部分光线穿透了瓶子，另一部分反射回来，继续在水中行进，最后在玻璃瓶的下部朝向太阳方向穿透出去，这时光线又一次发生了弯折。

通过另外的实验，冯·弗赖贝格已经知道阳光在通过水和玻璃的路途中会分成不同颜色。每个单独的水滴都会同时将各种颜色反射向不同方向。而我们在这一时刻只看到某一种颜色，是因为集结成束的该颜色的反射光线正在此刻直射入我们的眼睛。一滴雨水落下时，首先映入我们眼中的是阳光中的红色光束，它的反射角大约为42°，接下来依次是橙色、黄色、绿色、蓝色，最后是反射角约为41°的紫色光束。所以说彩虹是由一类特殊的不断下落的镜子——雨滴所组成，它们前后相继接连不断地闪现彩虹的各种颜色。因为一直有雨滴持续落下，所以才会造成一个静止不动的颜色带的印象。

那么在第一道彩虹上方，相对更大一些的第二道彩虹是如何生成的呢？冯·弗赖贝格在追踪射入球形玻璃下部的光线时发现了答案。光线同样是发生折射，穿过瓶内的水到达瓶的后壁，又以很缓的角度被反射，在水中穿行不久又到达了后壁，经过再一次的反射光线以朝向太阳的方向离开瓶体，穿透瓶体时又发生了朝下的折射。所以说第二道彩虹的产生是2次反射参与的结果，因此与只发生过一次反射的第一道彩虹颜色顺序相反。而且第二道彩虹总是不及第一道明亮也说明与一次反射相比，两次反射会使更多光线流失。

不过在有一点上迪特里希·冯·弗赖贝格犯了个错。他认为彩虹上红黄蓝绿等颜色的产生取决于光线射入的深度和水的透明度。直到后来人们才发现，这是由于不同颜色光的不同波长造成的。

冯·弗赖贝格的实验是科学史上比较早的实验之一。他采用的由元素特性推及整体特性的方法成为自然科学领域最为成功的原则——归纳法，尽管很快就有批评家指责这位“彩虹研究者”“破坏了彩虹的诗意”，但这不会撼动他的功绩。

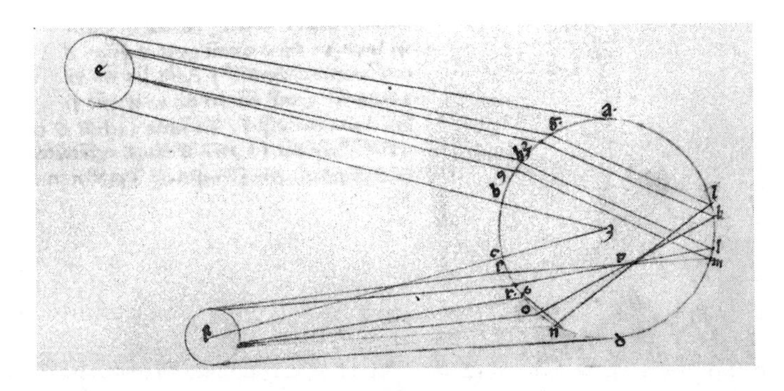

迪特里希所画的第一道彩虹产生示意图。太阳光（左上）进入水滴（右）时发生折射，在后壁被反射，穿出水滴时再次折射并以不同颜色光束的形式被人眼（左下）接收。

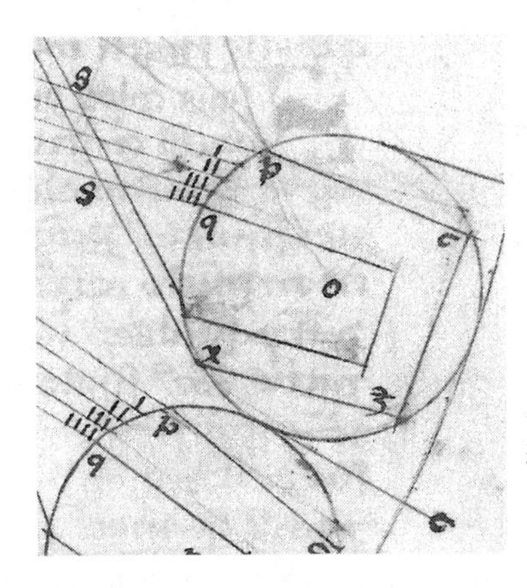

与第一道彩虹不同，产生第二道彩虹时，太阳光（左上 2 道）穿出水滴前，在后壁发生 2 次反射（5 道）。

◆ 访问punchandbrodie. com/ncyclo/rainbows可以看到模拟彩虹生成的漂亮的动画绘图。点击鼠标控制雨滴并在太阳光线中移动。欲知更多详情，敬请访问www. cornelsen. de/physikextra/htdocs/regenbogen. html。

# 1600 秤盘上的生活

倘若当初就有《吉尼斯世界纪录》，圣多里奥（Sanctorius）必定位列其中：这位帕多瓦的著名医生在秤盘上度过的时间之长无人能及。工作台、椅子、床——他的所有这一切都通过绳索与房顶上的天平装置相连接。通过这种方式，圣多里奥30年间孜孜不倦地记录着自身体重的点滴变化。从所进食的食物的重量，到所排泄的废物的重量，他都称量记录。他将这些关于人类身体功能的实验结果作为实验备忘发表在他的作品《静态医学医疗术》（*De Statica Medicina*）中，这本书被今人奉为经典。其中最著名的论断关乎一个惊人的事实：人们所排泄的大小便仅占所进食的食品重量的很小一部分。如果一个人一天进食8磅肉和饮料，有5磅都在不为察觉的情况下蒸发掉了。这种看不见的蒸发首先是排汗，圣多里奥还不知道，他是第一个测定这一重量的人，也由此成为量化实验医学的鼻祖。这之前医生们还仅是通过描绘来记录。

在圣多里奥的房子里，一切都悬于秤上：床、工作台、椅子——正如这幅铜版画所绘的。

遗憾的是，圣多里奥没能把他的实验详尽地描述下来。至于在实验备忘2“关于性交”一章中所做实验的详情，以及“无节制的性交阻碍了1/4的蒸发”，这只能交给读者们自己想象了。

# 1604 头脑中的石头

如果两块重量不等的石头自由坠落，较重的一块比较轻的一块落地更快，这个观点可以被推翻么？17 世纪意大利学者伽利略在一次思维实验中所做的正是这些。当时人们仍相信两千年前希腊学者亚里士多德的观点：做自由落体的物体的下落速度与质量成正比。

在他的思维实验中，伽利略把较重的石头和较轻的石头绑在一起，然后思考，石头现在的下落速度会是怎样的。如果说亚里士多德的论断是正确的，单独下落时，较重的石头会快于较轻的石头，那么同时下落时，“慢的就会拖住快的，同时快的也会拉动慢的。它们绑在一起时，速度应该介于较快的速度和较慢的速度之间”。另一方面，伽利略论证说，两块石头绑在一起比一块石头重，所以必定比一块石头下落得快。如果说物体下落的速度不依赖于它的重量，那么亚里士多德的定律就出现了自相矛盾，不攻自破。叶片比铅球下落得慢，这种日常的经验，并不是由于两个物体重量的不同而引起的，而是与它的形状和表面所引起的下落时的空气阻力相关。如果说谁还是不信，那么就到月球上去测试一下吧（见“1971　月球上的伽利略”）。

◆ 美国莱斯大学的“伽利略计划”是个耗资巨大的网站，介绍伽利略及其生活时代。在 Galileo. rice. edu 中有伽利略的生平、与他同时期的人物的肖像、历史事件介绍及学生项目。

# 1620 由水生木

“我拿一只罐子，盛上200磅在炉中烘干的泥（之前这些泥曾被我用雨水润湿过），然后植入一株5磅重的柳树幼枝。”这一简洁的描述拉开了若昂·巴普蒂斯塔·范·黑尔蒙特（Johan Baptista van Helmont）一项实验的序幕。

这位比利时的学者不曾想到，这一实验将成为他最著名的实验，尽管此前他已完成过很多轰动的实验：他曾将1磅水银变成8盎司金，后来又认为找到了创造生命的配方。“如果用一件脏衬衣堵住装满小麦种子的容器的缝隙，大约21天之后，气味发生变化，腐烂物会浸入小麦壳，由此将小麦变为老鼠。”

范·黑尔蒙特是最后一个炼金术士，又是第一个化学家，他的世界观是魔法与科学的合体。范·黑尔蒙特于1579年生于布鲁塞尔一个贵族家庭，在洛温大学尝试了各种专业领域之后，1599年毕业于医学专业，此后不久他就从公共生活中脱身出来，成为一名私人教师。

他在实验室里研究气体，观察物质发酵，制造新型药剂。他自何时起拿上铁锹锄头开始他的柳树实验已无从知晓。人们读到这些是在1648年，范·黑尔蒙特死后第四年，他的儿子收集整理父亲的作品，编辑了《奥图斯医学》（*Ortus medicinae*）一书。

种柳行动也体现出范·黑尔蒙特想要借此证实他的自然哲学观。古希腊哲学家亚里士多德认为一切物质都由土、水、火、风4种元素组成，但范·黑尔蒙特认为其中只有2种是基本的，即风和水。火不能自行生发，而土在纯净性和简单性上都远不及水。另外在创世故事中，水在第一天之前就已出现了。范·黑尔蒙特深信所有物质——石、土、动物、植物最终都由水生成。该实验正是要在植物身上验证这种假定。他种下柳树 5 年之后把它从土中拔了出来，对土和柳分别称重：这期间泥土只减重 2 盎司，而树木则重 169 磅零 3 盎司，增加为原始重量的 30 多倍。

于是范·黑尔蒙特从中得出了在当时认识条件下唯一合理的结论："164 磅的木质、树皮以及根系都只来源于水。"因为除了定期给小树浇水，他没再做过其他什么。

范·黑尔蒙特知道，这样一种结果有点惊人。早在他之前很久，就有学者通过思维实验在理论上进行过这类尝试，结论相同。但他却是首位用泥土、树木和秤实际操作实验的人，同时也为实验铺平道路，使其从此成为获取认识的手段。

范·黑尔蒙特的想法启发了很多的学者，此后不久，他们就在不同的实验室里开展了罐中植物的研究。从中得出，这位比利时人的阐述并不完全正确：植物成长不仅需要水，还需要空气、光和地面上的少量物质。

范·黑尔蒙特的实验为一个神秘过程的探究开了先河，而这一过程就是后人所称的"光合作用"：低能量的化合物水和二氧化碳通过光的作用产生高能量的化合物，成为动物的食物。学者们当时未能马上认识到，其实他们由此找到了动物与植物最重要的区别：只有植物能够通过这种方式把太阳光的能量变为化学能储存起来。动物，包括人，都直接或间接地依赖植物的这种能力。

20 世纪时，范·黑尔蒙特的实验得到了复兴。学生们借此测试洞察力，练习严谨的实验设计。就连网络上也有相关的练习作业。为了避免不必要地延长实验长度，当然要推荐种植小萝卜，而不是小麦。

◆ 水和二氧化碳如何通过光的作用产生高能量的化合物，敬请访问www.johnkyrk.com/photosynthesis.html观看动画。这一过程被称作光合作用，它非常复杂，尚不能被模仿。

# 1729 含羞草的生物钟

法国天文学家让·雅克·德奥图斯·德迈朗（Jean Jacques d'Ortous de Mairan）绝不会知道，当他把他的一盆栽种植物放入柜中时，他开创了一片新的科学领域。他甚至都不愿发表他的含羞草实验的结果，因为在他看来这实在是微不足道。

含羞草在夜间合拢叶片，白天打开。德迈朗想知道：如果把含羞草置于一个它无法知晓昼夜的环境中，情况会怎样呢。在1729年的夏末，他把一株植物放到了漆黑的柜中，并由此发现，叶片在没有太阳光的情况下，还可以有节律地开合。"含羞草仍能够感受到太阳，即使无法直接接触阳光。"德迈朗的一位担任研究院成员的朋友，在给法兰西最高科学委员会——皇家科学院写的一封信中这样说道。

天文学家让·雅克·德奥图斯·德迈朗把一株含羞草放入黑暗中，由此开创了一片新的科学领域。

这一结论并不正确。此后又过了很长时间人们才认识到，含羞草并非感受到了太阳，而是自身具有节律。尽管如此，德迈朗仍被今天的人们视为“时间生物学”的创立者，这一学科旨在研究生物体内部的生物钟。200 年后，一位科学家在人类身上实践了德迈朗的实验：他和他的助手退居洞穴达一个月（见“1938　一天有 28 个小时”）。

# 1758　哲学家的短袜

“有几次我发现，在晚上脱袜子的时候，经常会出现噼噼啪啪的响声。”在当时最具影响力的科学杂志《哲学学报》（*Philosophical Transactions*）上，英国学者罗伯特·西默（Robert Symmer）就这样开始了他的论述。朋友们都有类似的脱袜子经历，西默却没有听说过之前有谁把这一现象以一种哲学的方式进行观察，为此他开展了这一“尽可能细致的实验”。

这样宣布并非夸大其词。西默曾 3 次在皇家协会的集会上讲解他的实验。他作了细节丰富的报告，详尽介绍了这些由袜子引起的启迪与思索，报告长达 30 页。这些使他不久之后在法兰西得到了“赤脚哲学家”的绰号。

实验的观察是绝对充分的，因为“研究材料的普通性”——袜子以及“实验进行的极端简易性”——也就是说穿上和脱掉袜子，“我可以在任意时间做我的研究”。在对棉袜、毛袜和丝袜做过几次实验之后西默首先发现，毛袜和丝袜最适宜做实验。至于他把毛袜穿在丝袜外面还是相反都无关紧要：主要是他把它们一起脱下来之后才把它们彼此分开。于是它们带上了电。西默得出这一结论是因为他看到袜子好像被风吹的一样鼓胀起来，当它们彼此接近时又会互相吸附。

在第二部分的实验中，西默只使用白色和黑色的丝袜，因为它们的反应最强烈。此外，他也变换了实验方法，“按照实验的设计，需要通过不断穿脱袜子而使袜子带电，我发觉这样很不舒服，就完全放弃了这种方法。现在，我把长袜套在手上，这样产生的电让我比较满意”。这样做还有一个好处，袜子可以在实验中用得更久，因为“就像其他用电的仪器一样，袜子也需要保持清洁”。

西默知道人们在认可实验的同时也会暗中觉得好笑，他甚至对此表示理解。他给一位朋友写信时说：“我得承认，我不断提到穿脱袜子人们大概会觉得恶心。这是个一点儿也不哲学反而只会引人发笑的场景，它成为了开哲学家玩笑的话题我也不觉得吃惊。”

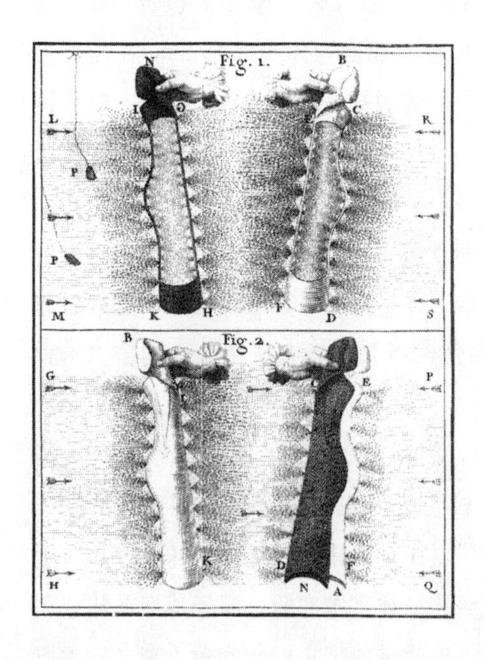


这一关于袜子的电学实验带给罗伯特·西默“赤脚哲学家”的绰号。

# 1772 电流下的宦官

在有人发明出用以储存电荷的装置——莱顿瓶后不久，巴黎城中盛行用这一装置给一列人通电。在电击之下，20 个人同时跃起——社会权贵以此为乐。甚至连国王本人也对这种展现电流奇迹的表演听之任之。有时是 180 名士兵，有时是 200 多名天主教僧侣（或者有些记载认为是 700 人）。然而其中一些表演带来了意想不到的结果：电的影响在链条中部消失了。

学者约瑟夫·艾尼昂·西戈·德拉丰（Joseph Aigan Sigaud de la Fond）在一座巴黎校园里给 60 人通电，结果一再显示电震只达到第六个人。人们推测，站在那里的年轻人“并不具备男性特征所要求的一切”，传言说“因为丧失了这种天性，想要通电，是不可能的”。

西戈·德拉丰虽然觉得这种说法很荒谬，但当受到邀请在国王宫廷进行表演时，他也没有推辞。被试者是国王的 3 个阉人乐师，“他们的状况毋庸置疑”。西戈·德拉丰是对的：国王的宦官们并没有干扰链条中的电流。与之相反的是，他们看上去对于电击的反应更加敏感。

“这样一来这个通电机器就失去了光荣，从前它一度在红衣主教会议和名誉法庭的集会大厅里作为检验手段而耀武扬威”，德国物理学家和哲学家乔治·克里斯托夫·利希腾贝格（Georg Christoph Lichtenberg）日后写道。

电流没能通过链条中所有人传播的原因并不是因为性功能（或者像人们猜测的那样，是由于女性的性冷淡），而是在于人们所站的地面的导电性。比如在潮湿的情况下，一大部分电流通过腿导向了地面，从而无法传到人链的下一个环节。

# 1774 科学的桑拿浴

1774 年 1 月 23 日，查尔斯 · 布莱格登（Charles Blagden）医生应同事乔治 · 福代斯（George Fordyce）的邀请参加一项实验。这 2 个人为了科研所付出的辛劳，形式上看简直就像当今几百万人每周为了追求舒适和健康所进行的享受：他们去蒸桑拿。只不过这次桑拿是历史上有最好纪录的一次。在 24 页的《皇家协会学报》（*Transactions of the Royal Society*）中，布莱格登向读者展示了他和其他实验者在高热中的收获。除了布莱格登和福代斯，还有尊敬的豪普特曼 · 菲普斯、锡福斯勋爵、乔治 · 霍姆爵士、邓达斯阁下、班克斯阁下、索兰德博士（他出汗最厉害）以及诺斯博士参加了实验。

乔治・福代斯医生为了进行高温实验请人建造了一间桑拿室。

福代斯或许并不知道，他请人建造的这栋建筑很接近桑拿浴室。它由 3 个小室组成，其中一个最热的有穹顶，被双倍加热：侍者在外面把热水浇在墙壁上，产生的热气通过地面的热气管道传导进来。

通过这一装置，研究者希望知道人体能够承受什么样的温度。他们先从保守一点的 45℃

开始，而后很快升到100℃，最后达到127℃。首先是8分钟的穿衣服发汗，穿着便服，戴着手套，穿着袜子。而后赤裸着手持一只平底锅，上面放着一块牛排。

45分钟之后，肉“不仅变熟了，甚至已经蒸干了”，布莱格登写道。第二块牛排从开始到“彻底煎透，或者莫不如说煎得太硬”被从锅里盛出只用了33分钟。第三块，他用鼓风箱使热室中的空气翻滚，结果只用了13分钟，牛排就熟透了。这其实没什么可奇怪的，牛排被以摄氏一百多度的高温加热。令布莱格登感到奇怪的是，这种高温并不能对他本人构成伤害。

死鱼不久就熟了，一个人却能在同样的温度下毫发未伤地走出房间。布莱格登由此认为，生物有一种特别的秉性，消除热量。他要说的不是身体的排汗降温，而是一个“与生命体直接相关的自然的系统”。

在这一点上布莱格登错了：一个能够破坏热量的生物体是不存在的。身体的降温只能通过诸如汗液、唾液等液体的蒸发加之以血液流动来实现。

# 1783 会飞的羊

这一实验所依据的物理学基础早在两千年前就已广为人知，所需的材料也存在已久，可为什么实验直到那时才出现，却始终是个谜。那是在1783年9月19日，第一批乘客搭乘热气球升到了空中：它们是一只鸭子（水中的动物）、一只羊（地上的动物）和一只公鸡（空中的动物）。

这次实验距离约瑟夫·米歇尔·蒙戈尔菲耶（Joseph Michel Montgolfier）和雅克·艾蒂安·蒙戈尔菲耶（Jacques Étienne Montgolfier）在里昂南部的阿诺内开始他们的第一次热气球实验仅仅一年。关于约瑟夫·米歇尔·蒙戈尔菲耶的实验灵感缘何而来，有着可信度或高或低的不同说法：有的说，是挂在炉边被热空气吹胀的他太太的围裙，点燃了他的火花；有的说是无意间投入火中的纸袋，被热气撑起；还有的说法是看到了上升的烟和云。可以肯定的是，约瑟夫·蒙戈尔菲耶尝试着通过把燃烧产生的烟引入纸袋中，“将一团云锁进一个口袋里，借助云的上升力量把口袋推向空中”。他的兄弟艾蒂安看到这一切很兴奋，第二天就做了只大气球。

不久国王路德维希十六世也听说了这个由造纸商家庭出身的蒙戈尔菲耶兄弟制造的奇异的飞行器，并邀请他们到凡尔赛进行表演。由于既定的气球在雷雨中损坏了，必须在几天内重新制造一个模型。艾蒂安·蒙戈尔菲耶和他的助手用很大一整块棉布裁剪出气球，装配上汽缸，内部铺好衬纸。这只热气球在早上8点在凡尔赛开始了它的表演，它被带到了为充气而建造的平台边。

艾蒂安相信，他找到了推动气球上升的理想气体——一种气味难闻的烟。他可能不知道，实验效果与烟和气味无关。事实上，是热空气在起作用。空气加热后发生膨胀，较之同体积温度更低的空气，重量要轻。

12点时艾蒂安·蒙戈尔菲耶在平台下开始点火。由于要使用80磅的秸秆和5磅的棉花，更是考虑到其中的旧鞋和被烧焦的腐烂的肉，东道主邀请观众们远距离观看。

“装置充气用了4分钟，”艾蒂安日后给他在阿诺内的兄弟写道，

“各方面同时点火，整个装置庄严地升上高空。紧接着就来了一阵风，把装置吹斜了。当时我很担心实验失败。”这只18米高的气球又重新竖直，柳筐中的羊、鸡和鸭子升到了440米高空。

到场的成千观众，惊讶地注视着这个空中飞行物，欢呼声鹊起。开始之后8分钟，气球平稳降落到离起飞地点3公里远的地方。一截树枝划到了这架飞行器，撞开了柳筐，动物们跑了出来。人们发现羊在不远处的草地上安详地吃草，鸭子也健康状况良好，只有公鸡的状况值得商榷：它的右翅受伤了。心存忧虑的观众思量着，出了这种状况，还会不会有人敢独自乘气球上天。不久，看到公鸡受伤的证人报告了当时的情况：“它翅膀受伤是因为半小时前被羊踩过。”

一个月之后，1783年10月15日，第一个人登上了气球。

1783年9月19日，地点凡尔赛，第一批乘客——一只羊、一只公鸡和一只鸭子乘热气球飞上了高空。

# 1802 眨眼睛的尸体

在 1802 年一个寒冷的冬日，乔瓦尼·阿尔迪尼（Giovanni Aldini）在距博洛尼亚法院广场不远的地方等待着他的实验对象。大木台上已经摆好了解剖刀、锯以及金属丝。一旁孤零零地立着一只齐膝高的电池——福特电池，它由 100 片分别在锌溶液、银溶液、盐溶液中浸过的皮革薄片交替堆叠而成。这是首个能够提供持续电流的装置，它为人们开展对电的研究提供了可能。然而阿尔迪尼当时却不知道这些。在“电子”名称产生 100 年前，他是如何意识到他可以使用电池推动电子并由此产生电流的呢?

这主要源于他的实践。与其说他是科学家，倒不如说他更像个马戏团老板。通过电池的 100 伏特电压，他已经实现了让一个割下的牛头眨眼。现在他希望在“高贵的自我”身上尝试这一作用的效果。他的实验需要人的尸体最大限度地保存生命力，所以最合适的地方莫过于绞架边。

乔瓦尼·阿尔迪尼是路易吉·加尔瓦尼（Luigi Galvani）的侄子，路易吉·加尔瓦尼通过对蛙腿进行深入的实验，观察到：如果用两种不同的金属触碰它们，连成通路，它们的肌肉会抽搐。加尔瓦尼认为，这一现象源于“动物电流”，这种电流潜藏在蛙腿中，通过与金属的接触，被释放出来。他不知道事实其实是颠倒过来的：他的装置相当于一种原始状态的电池，给蛙腿通了电。蛙腿的运动，似乎证明了生命的存在，所以加尔瓦尼会认为，动物电流与生命力有关，效果与电流通过无生命的物质是不同的。亚历山德罗·伏特，在 1800

年发明了伏特电池的人，却有着相反的观点：世界上只有一种电，无论是雷雨天的闪电还是抽搐的蛙腿，原理都与这种电有关。

对于青蛙来说，加尔瓦尼的实验实在是件可怕的事。在欧洲，只要是能找到青蛙腿并且有2种不同金属的地方，学者们和业余研究者们就都会拿它们展开实验。其中之一便是苏格兰的医生詹姆斯·林德，他的学生珀西·雪莱经常到实验室来找他。珀西·雪莱后来成为了写出长篇小说《弗兰肯斯坦》（*Frankenstein*）的玛丽·雪莱的丈夫，小说中描述了一具以尸首组成的躯体通过通电获得生命的过程。蛙腿实验对一部世界文学流行读物的产生功不可没。

处决后的45分钟，阿尔迪尼获得了第一具尸体。他把尸体的头放在台子上，在两耳分别埋放了电线，观察“所有脸部肌肉的剧烈抽搐，这种状态出现得极不规则，制造出了最糟糕的鬼脸”。而后阿尔迪尼又把一根电线插到嘴里，另一根插在鼻子里。他把尸体的头发剃掉，打开头盖骨，拨弄里面的大脑。当他思考着还能把电极插在哪里时，有人给他送来了第二个头。

阿尔迪尼把两个切下的头放在一起给他们通电，“两个头互相做出的表情，是奇妙而可怕的”，他在日后的作品《电流学的理论及实验文章》（*Essai théorique et expérimental sur le Galvanisme*）中写道，这一景象让第一位观众晕了过去。

这一番大动干戈也只带来很微小的认识收获，在结束了第四十次也是最后一次实验的描述后，阿尔迪尼得出结论：要想澄清电流学的本质，需要进一步的实验。

他知道，对处决者这样大肆用电并非为所有人所接受。在描述阴森恐怖的实验过程中，他一再强调打动他的高尚的动机是对于真理、人类以及科学的热爱，正因为这样，他才能够克服抗拒心理而使用被砍下的人头。

对于绞死者进行头颅实验是不道德的，他们的尸体还是一个整体。进行这种实验的人，是“残暴的实验者”。阿尔迪尼在做第十四次类似的实验——对1803年1月17日在伦敦被绞死的杀人犯托马斯·福斯特的尸体的实验——之后，才表达了这样的观点。

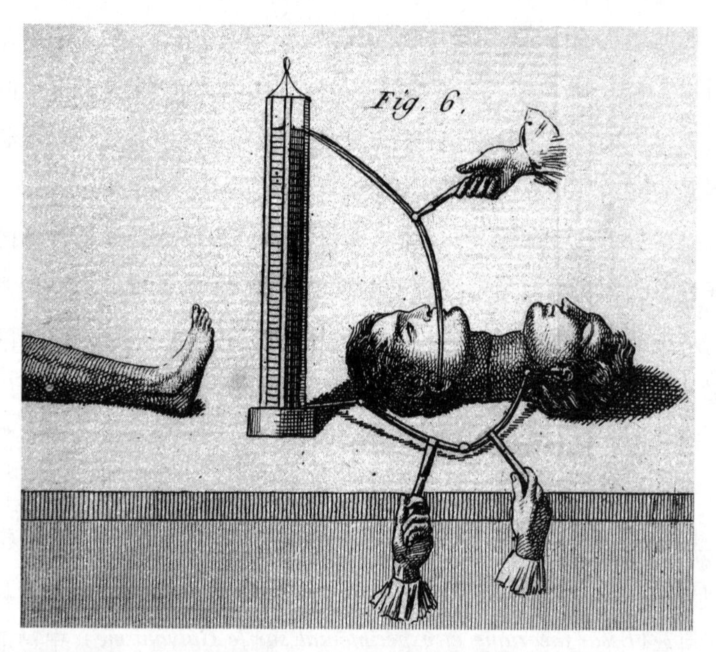


在对砍下的头进行通电实验时，经常会有观众晕倒过去。当乔瓦尼·阿尔迪尼在博洛尼亚用伏特电池给两个头颅通电引起怪异表情时，又有观众晕倒过去。

◆ 访问www. online-literature. com/shelley_mary/frankenstein 阅读玛丽·雪莱的小说《弗兰肯斯坦》全文。

# 1802 令人作呕的博士论文

那些正在为写作博士论文的艰辛而痛苦的学生，应该看一看斯塔宾斯·弗斯（Stubbins Ffirth）200年前在宾夕法尼亚大学递交的博士论文。

证明黄热病不能在人与人之间传播时，弗斯刚满18岁。这一疾病在热带地区首发，而后也出现在美国南部。它的症状类似流感。随后有3—4天的高烧、寒战、头痛以及持续的呕吐。呕吐物是黑色的，肤色变黄。在很多病例中，疾病持续7—10天即引发死亡。因为黄热病经常出现了类似传染病的分布，很多人认为，接触病人碰过的衣物、被褥或者其他物品都可能使自己染病。弗斯起初也相信这种说法，不过后来改变了自己的观点。因为他发现，并没有迹象显示护士、医生、病人家属以及挖墓者比其他人感染疾病的几率更高。

弗斯希望通过实验来证明与黄热病人的接触完全没有危险。首先，他给一只小狗喂了用黄热病人的呕吐物充分浸泡过的面包，3天后小狗竟然爱上了这个，即使没有面包也会吃掉呕吐物。狗健康如初。第二个用于实验的动物是猫，喂食的结果也是一样，没有得病。这回又轮到狗了。弗斯从它的背部切下一块皮，把呕吐物敷在伤口上，然后缝合好，狗健康如初。直到弗斯将病人的呕吐物直接注射到狗的颈部静脉，狗死了。弗斯认为，狗的死亡与黄热病无关，因为他做了另外一个实验，给狗的静脉注射水，狗也死了。

1802年10月4日，他使用了一种新的实验动物——他自己。他在自己的前臂上切开一个创口，在伤口处敷上了黄热病人的呕吐物。平安无事。为了证实实验结果，他又在身体的其他20个部位重复了这一实验。而后弗斯把呕吐物滴入眼睛；把呕吐物放在火上烤，吸入蒸汽；吞下由烘干并压缩后的呕吐物制成的药片；吞下稀释的呕吐物，“摄入量从半盎司（14 克）提高到 2 盎司（56 克），我最终原样喝了下去”，他在博士论文中写道。

在证明了呕吐物并不能传染疾病后，他又转向病人的血液、唾液、汗液和尿液。他吞咽了“相当大量”的病人血液，在切开的创口处尝试了不同的身体排泄物。他很幸运：这一疾病本是可以通过血液传染的。或许弗斯已经有了免疫力，或者在他使用的时候，血液中已经没有病毒了。不管怎么说，他没有生病，并且确信，黄热病不会传染。

然而他的英雄之举对医学影响甚微。实验主要揭示了黄热病无法通过一些方式传染，然而人们想知道的却是：黄热病是怎么传播的？

弗斯已经掌握了决定性的证据。黄热病与传染病不同，1804 年他写道：“它在热的或是温暖的环境中出现，遇冷则停止传播，在 0℃以下的环境中不会传染。”100 年后，真相大白，这种疾病是通过蚊子传播的。

## 1825 胃上有洞的人

时间是 1822 年 6 月 6 日，刚过晌午，威廉·博蒙特（William Beaumont）跪在一位正流血的士兵身旁。地点是马奇要塞的仓库，这一要塞位于密歇根湖与休伦湖之间的加拿大国境线上。士兵亚历克西斯·圣马丁因枪支走火，被击中腹部。博蒙特医生取出了他伤口中的骨头碎片和衣物纤维，切除了扎入肺中的一小段肋骨，并且以面粉、热水、炭粉和酵母混合为药，敷在其伤口上。作为一名军医，博蒙特有着丰富的枪伤处理经验，他断定，面前的这个人已经严重受伤，绝无治愈的可能。然而后来的景象却让他大跌眼镜：这名28岁的伤兵尽管因伤高烧不退且肺部严重发炎不得不做放血处理，但是他的身体状况却日渐好转。只是伤口还未见愈合。圣马丁吃进去的食物，会从左胸下的那个伤口流出身体。一开始，需要用绷带缠紧伤口，这样至少在他进食和消化时，食物不会过多地流失。后来伤口外形成了一层皮肤薄膜，封住了伤口，尽管用手指轻轻一按，还是能够轻易地触碰到胃，但是他至少不再需要绷带了。

博蒙特医生后来承认，他治疗与护理伤兵圣马丁完全出自公心，没有半点私利。尽管如此，圣马丁的胃尚未愈合的伤口，渐渐地为他提供了一个研究此问题的绝好机会。为此，在圣马丁度过漫长的康复期后，博蒙特医生成功地阻止了圣马丁脱离他的治疗护理而转去蒙特利尔的努力。

1825年8月1日中午12点，博蒙特医生将“一块调好味的牛肉、一块用盐腌制的猪脂肪、一块老面包和一小块圆白菜”用丝线系好，通过伤口塞入圣马丁胃中。下午1点、2点、3点，他分别将丝线拉出，观察食物的消化情况。这只是他利用圣马丁胃上的伤口所做的众多实验中的第一个。第二个实验，他将一根软管插入圣马丁胃中，导出胃液，然后将一把牛肉粒置于其中——他要亲眼见到牛肉的消化过程。

他想借此揭晓一个古老问题的答案：消化仅仅是一个纯化学的过程，还是同时需要人体提供某种未知的生命力量促使其完成？消化和腐烂的区别是否在于前者拥有人体内的未知生命力量，而后者没有？未知的生命力量对于消化而言是多余的，博蒙特医生的实验证明：器皿中胃液的化学能量足以完成消化。他同时比较了唾液和胃液的作用，推翻了胃液仅仅是流于胃中储存起来的唾液的推测。基于实验，他断定，胃液能比稀释的酸更快地消解食物。随后，另一位研究者在胃中发现了胃蛋白酶，它能够分解蛋白质。

1825 年 9 月，在博蒙特医生开始他的实验不久后，圣马丁“未经我同意”—— 博蒙特医生如此强调道，回到了加拿大，并在那儿娶妻生子。两年后，博蒙特医生几经周折，终于找到了他，并且说服他于 1829 年回到博蒙特医生的“实验室”，且不收取任何报酬。

博蒙特医生观察圣马丁胃的运动，检查他的胃黏膜，让他频繁地进食，并且在每次进食 20 分钟后，从胃中将食物取出，加以观察研究。他通过这种方式确定了不同食物消化所需的时间，以及天气对消化时间的影响。他的“小白兔”负有契约义务，必须“服务于博蒙特医生，伴随其左右”，不管他去哪儿，“遵从他所有的指令”。为此，身为实验品的圣马丁每年能得到 150 美元的食宿费。

博蒙特医生的实验对圣马丁而言是极为艰辛的。有时接连几个月他必须每天配合做完一项调查，甚至 1832 年的圣诞节都没能休息。1834 年，圣马丁回到了他位于加拿大南部的家中，再也没有回来。19 年后，博蒙特医生过世，享年 68 岁。临死前，他还念念不忘，想找回圣马丁。死前一年，他给圣马丁写了封信：“亚历克西斯，你让我说什么好 —— 你知道这么多年来我为你所做的一切 —— 这一切我一直在尝试，一直在坚持，并且一直在渴望。你让我感受到了成就和渴望，同时由于你后来的作为没有达到我的期望给我带来了挫败和失望。不要再让我失望，不要辜负了我为你保留的期望和祝福。”这个案例在医学界极为有名，伦敦和巴黎的同行慕名前来，想看看这个胃上长洞的人。其他的医生也想接触他独有的患者、被保护人，这让博蒙特医生极为愤慨。

对博蒙特医生而言，亚历克西斯·圣马丁只是研究对象，他坚信自己拥有对他进行研究的权力。和同时代的大多数医生一样，博蒙特对此没有丝毫的伦理考量——尽管他的实验可能对圣马丁造成不利后果，尽管因为他，圣马丁长期背井离乡，远离家人。他在1833年出版的《胃液的实验与观察以及消化生理》(*Experiments and Observations on the Gastric Juice and the Physiology of Digestion*)一书前言中，列出了一串致谢名单，包括许多提供帮助的医生，唯独没有提到他的研究对象圣马丁，哪怕只言片语。

博蒙特死后27年，亚历克西斯·圣马丁也于1880年6月24日去世，享年86岁。许多医生都希望对其遗体进行解剖并将胃捐献给博物馆。圣马丁的家人拒绝了这一提议，他们将灵柩安放在家中直至遗体腐烂，而后将其葬于2.4米深处。家人希望以这种方式让他得到安息。

军医博蒙特通过亚历克西斯·圣马丁胃上的洞抽取胃液。此画作于博蒙特开始其实验100多年后，作为美国医学先驱系列画的一部分。

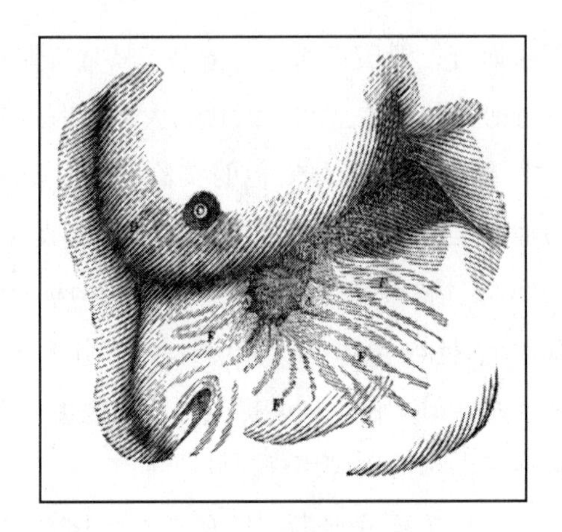

医学上最著名的半身像：枪伤在士兵亚历克西斯·圣马丁的腹部和胃上留下创口。

# 1837 吹巴松管的达尔文

有些实验是人类从实验动物的视角想象出来的。在一只盛土的盆子里有一条蚯蚓，当它越过盆边张望，会看到什么呢？有史以来最伟大的自然科学家之一——查尔斯·达尔文，把他的巴松管放在离盆子很近的地方，倾力吹奏出尽可能低沉的声响。谁要是认为蚯蚓会大吃一惊，他就错了。这位学者已经同样为它演奏了笛子和钢琴。

达尔文不仅建立了进化论学说，他还用长达40多年的时间深入研究了蚯蚓的生活。与此同时，他还希望澄清一个问题，那就是蚯蚓是否有听力。这些蚯蚓对任何乐器演奏都没有反应，达尔文大喊的时候它们也无动于衷，达尔文于是在1881年出版的书《腐植土的产生与蚯蚓的作用》(*The Formation of Vegetable Mould, through the Action of Worms*)中得出结论：蚯蚓没有听觉。

# 1845 铁道上的号手

这可能更像是达达主义者的一场音乐会：1845年6月3日在荷兰乌得勒支至马尔森路线上往返的机车拉动着唯一一节敞篷车厢，上面站着3个男人。其中一人在表格中记录数据，另一人只要接到第三人给的信号便在他的小号上吹奏出"5"音。

司机位上坐着司炉，他身边的克里斯托弗·拜斯·巴洛特（Christoph Buys Ballot）此刻正在仰望天空，期待天气不要骤然变化。这位28岁的物理学家在2月份时就曾不得不中断实验。当时雪片打在乐手脸上，乐器因为温度太低而变得走调。不过这个周二倒算是个和暖的夏日，拜斯·巴洛特获得了进行实验的良机。这个实验借助6个号手、2只表和1节机车，目的是检验一位素不相识的奥地利教授1842年所写的关于星体颜色的理论。

这时距拜斯·巴洛特拿到一部《多普勒先生小论文》已过了3年。在文章《论双星及空中其他天体彩色的光》中，克里斯蒂安·多普勒（Christian Doppler）提出假想：一个人以极快速度接近或离开光源时看到光源的颜色与他静止不动时所看到的不同。日常生活中人们无法观察这一现象，因为只有在非常高速的条件下它才会出现。但多普勒深信，有谁想要确认他的理论，只要观察星星就可以了。

天文学家将夜空中的星体划分成两类：白色的和彩色的。白色的是单星，看起来静止不动，而彩色的多属双星：相互围绕运行的2颗星。多普勒认为，双星呈彩色与2颗星交替靠近和远离地球有关。他的这一理论被称作多普勒效应，载入了物理学史。

人们对光的本质进行过不同论争，到了多普勒生活的时代已经在很大程度上取得一致，即光像波一样传播，彩色的出现是由于光波传播速度不同：紫光最快，红光最慢，介于两者之间的有蓝光、绿光、黄光和橙光——和彩虹的颜色一样。人们看见红色还是蓝色，取决于“光波冲击”相继以多快的速度到达人眼。令多普勒感到吃惊的是，此前从未有人注意到光源和观察者的活动也会发生作用。一个人走向光源、逆着光波将会遭遇到比静止时更快的一次次的“光波冲击”。反之如果他远离光源就可逃避冲击，因为此时“光波冲击”频率变慢，赶上他需要更多时间。而把情况颠倒过来，观察者静止，光源移动，上述推理同样成立。多普勒用轮船的例子说明这种效应，一艘迎浪行驶的船“在相同时间内要比一艘没有发动的或是干脆顺波浪方向前行的船经受数量更多的浪头和猛烈得多的冲击”。

他还在论文中算出必须达到何种速度才能用肉眼观察到这一效应：每秒钟33英里。这是个让任何一位乐观的研究者都会失去信心的数值，他们无法在实验室里证明多普勒效应。

其实解决办法还是有的，多普勒本人也注意到了：与光线一样，声音也以波的形式向外传播，只是速度比光慢得多，由此推测，对光线所做的假想用于声音应该“完全地、严格地”符合。声波来自空气压力迅速而微小的变化，能够被人耳感知。仍旧以逆浪航行的轮船为例，当人们向声源移动时，声波以更快的频率冲击耳朵，与声源发出的声音相比，声调显得更高。多普勒计算，把“7”

音听成高半度的“i̇”音，需要声源以每秒钟68英尺（70千米/时）的速度接近观察者。

70千米/时，自从此前一个世纪蒸汽机车发明以来，这个速度就在人们可以达到的范围之内。拜斯·巴洛特请求莱因铁路局经理出面帮忙，经理帮他从内政部要来一份“免费使用一节机车”的许可。

最初拜斯·巴洛特想用机车的汽笛充当声源。因为汽笛声音响亮，相距很远也能听见。但通过预备实验他发现汽笛的声调很不纯正很不单一，乐师很难准确断定它的高低。于是拜斯·巴洛特扩大了他的助手团队，增加了一批号手，他们都是在乌得勒支能够找到的最好的号手。其中一位号手与两名协助者共同随车厢前进，其余号手分成3组等在轨道旁，每组间隔400米。

火车前行途中，车厢上的号手按实验要求吹奏“5”音，站在铁轨旁的乐手们各自记录音调的不同。火车回退时角色倒置：轨道边的号手吹奏小号，车厢上的乐师确定他所听到的音高。

拜斯·巴洛特的实验设想非常简单，执行起来却困难重重。为了所生成的音调区别尽可能明显，火车就应该尽可能快地行驶，但开得越快，噪声越大，听到的号声越不清楚。另外，要是火车迅速走远，声音很快就听不到了。但如果火车走得很慢，音调的差别就非常细微，难以辨别。拜斯·巴洛特用2只表来测算，最终将速度定在每小时18—72公里之间。令他恼火的是机车司机无法保证匀速行驶。巴洛特最大的难题似乎还不在技术方面，而在于人类的特有属性：尽管他对吹奏步骤制订了非常精准的计划，乐手们却做不到在完全相符的时间内吹响小号。这次有个人忘记吹

物理学家克里斯托弗·拜斯·巴洛特检验多普勒效应时，被不守纪律的交响乐队乐手们弄得焦头烂额。

了，下次突然又有2个人一同吹起来。在《波根多夫物理化学编年史》(*Poggendorff's Annalen der Physik und Chemie*) 一书中，巴洛特建议效仿者再做这个实验时找些“更加严守纪律的人”。

巴洛特在6月3日的实验中使用了阀门号，6月5日，他用声音更响的信号重新做了一遍实验，虽然还有一些“不规律性”，但已能够证明多普勒的理论。乐手们一致认为，号手靠近时的音调比号手远离时要高。实验以前曾有几位乐手对理论表示质疑，因为一辆疾驰而过的马车所发出的声响并没有这种音调高低变化的效果，巴洛特的解释十分简单：马车发出的声音并非只有单纯音调，而是不同音高的混合。即便乐感很好，想从这里听出变化也是不大可能的。

基于同样理由，巴洛特认为多普勒犯了错误：毫无疑问他的理论是正确的，但这并不是对于星体颜色的解释。星体发出的光是混合光，由不同颜色组成。如果因为多普勒效应星体间相对速度变快，就会缺失频率最低的红色。

多普勒认为通过双星可以观察颜色变化，但他忽略了星球在不可见的红外范围同样发光。红外光线比红光还要更慢一些，通过多普勒效应很容易移动进入可视领域。所以事实上对于人眼接受来说没有发生任何改变。多普勒选择了一个恰恰不是因为多普勒效应才产生的现象——双星的颜色，做他的论文题目。殊不知星球本来就发出彩色的光。

如果是在今天，多普勒很可能就不用双星而用救护车作为他理论的证据了：每个孩子都知道，救护车靠近时，喇叭的声调变高，远离时就会变低。

今天，在天文、化学、医药领域，无数技术应用都以多普勒效应为原理。飞机的导航系统靠它工作，没有它就不能提出宇宙大爆炸理论，雷达陷阱也用到了它。

巴洛特没有预见到如此遥远的未来，他觉得多普勒效应用于实践的唯一可能就是“没准儿以后会造出更好的乐器来”。

◆ 访问www.walter-fendt.de/ph11d/doppler.htm观看多普勒效应的动画。

# 1852 贪婪肌

今天，这位老人的肖像挂进艺术展览馆，收进画册，纪尧姆·本杰明·阿尔芒·迪谢纳·德布洛涅（Guillaume Benjamin Armand Duchenne de Boulogne）医生却从未对人透露过他的姓名。通过医生所作《人类面部表情机制》（*Méchanisme de la physionmie humaine*）一书，我们只知道他是鞋匠，他的面部表情与他“驯良的性格”、“迟钝的头脑”很相称。

迪谢纳研究的可不只是被试的命运，读者也许注意得到，医生并没有为了做这个实验挑选一张更好看点儿的脸：“这个老人是我绝大多数电子物理实验的拍照模特，他的脸粗俗而丑陋。在善于处世的人眼里，这样的选择可能显得非常奇怪。”

不过迪谢纳偏爱牙齿尽脱的老头确有充分理由：一方面布满褶皱的皮肤使肌肉清晰显露出来，另一方面长期以来他都在忍受面部知觉完全丧失的痛苦。这是个非常宝贵的优势，迪谢纳可以“有效地研究肌肉的个别活动，就像在摆弄一具尸体”。这一点他也考虑到了。“我的确可以不用这个老人而使用一具尸体。”但是亲身经历告诉他，没有什么事情比用电流在死人脸上制造表情更加令人讨厌了。“因此我的这位老人适合做被试。”尽管这位老鞋匠的许多照片让人不时想起用刑的场面，但像医生所担保的那样，他感知不到任何刺激，实验过程中他的呼吸始终规律而平稳。

1842 年，36 岁的迪谢纳从英吉利海峡边的滨海布洛涅迁至巴黎，当时他没有固定职务，曾在多个医院救治病人，其中包括位于塞纳河下游左岸的萨佩特里尔医院，这里许多病人的瘫痪症状没有完全确诊。迪谢纳用电击个别肌肉的方法研究癫痫患者、麻痹患者和截瘫患者的表现，曾编订了一份神经病症目录册。

迪谢纳推断，如果麻痹的肌肉可以通过电击得到刺激，肯定是控制机制受到了损害，也就是说大脑或通向大脑的传导系统出了问题；如果不能接受刺激，问题就在于肌肉本身了。为纪念其贡献，今天人们把这一有名的肌肉萎缩病例定名为“迪谢纳肌营养不良症”。面部肌肉也在迪谢纳研究范围之内。研究中，他不仅追寻科学目标，也希图实现美学目的。他相信自己能够通过使用电极和一些交流电破译“决定人类面部表情的规律”：这是上帝创造出的普适的“面部表情正字法”，因为有它，某一特定感受便可以促使所有的人活动相同的面部肌肉组合。

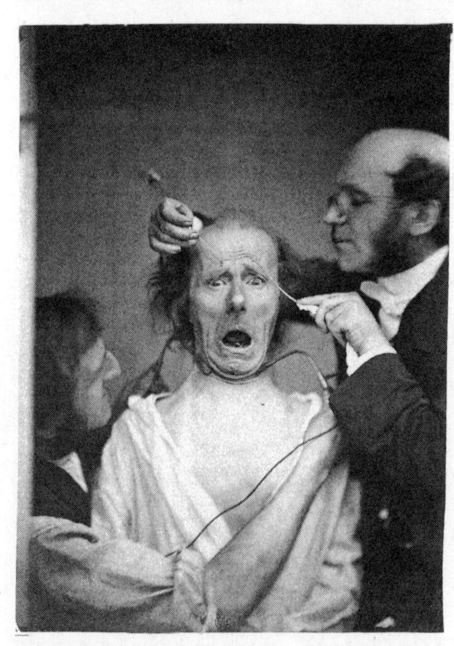

迪谢纳（右）用电流研究“面部表情正字法”。

迪谢纳尝试使用电流刺激脸部，从而引发看起来尽量真实的感触。他最多同时借助4个电极制造出发怒、喜悦或者吃惊的面部表情：有时还使用电流在左右脸部分别做出不同表情。肌肉在何种情绪时活动，他便用这种情绪给肌肉定名，像忧伤肌（医学术语：depressor anguli oris）、痛苦肌（医学术语：corrugator supercilii）和贪婪肌（部分医学术语：nasalis），他还发现，真心的笑和虚伪的笑区别在于 orbicularis oculi，pars lateralis，这是环绕在眼部周围的一块肌肉，只有在自然发笑时才会活动。它"不服从意志指挥"，迪谢纳写道。"发现它没有活动，便可以识别出虚情假意的朋友。"

电流刺激也有不足之处，就是电流对肌肉的作用只能停留很短时间。要不是当时刚好出现了照相术使转瞬即逝的现象长久固定，那么今天也只会有寥寥几个对历史感点兴趣的神经学家知道迪谢纳其人。他的实验拍照也为他在照相史上确立了一席之地。迪谢纳第一本书中"丑陋的鞋匠"部分的一张照片原件今天可以卖出惊人的高价。

1872年查尔斯·达尔文在其作品《人与动物情绪变化之表达》（*The Expression of Emotions in Man and Animals*）中也使用了若干迪谢纳所拍的照片。

这位老人虽然是迪谢纳最有名的被试，但并非是唯一的一个。比如他还曾对一位年轻女士做过实验，用电击治疗其眼疾。在她逐渐适应这套难受的程序之后，迪谢纳为她策划了一些富于戏剧感的场景：时而祈祷，时而露出淫邪的微笑，有时是站在摇篮边的母亲，有时成了麦克白夫人。照片带有一定的超现实色彩，因为图像中总能看到迪谢纳的手从一边伸来，把电极按在女士的脸上。

迪谢纳并非只将其工作看成获取认识的手段。他也想利用对面部的研究总结出某些规则，指导艺术家"真实可信而又淋漓尽致地表现心灵的活动"，从而改变艺术的进程。

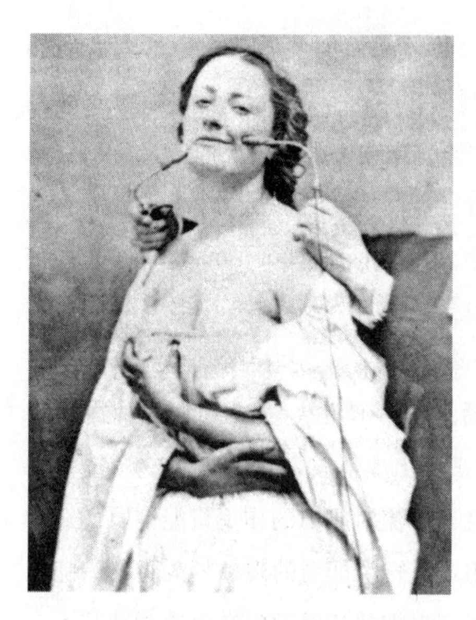

有时迪谢纳会为模特设计具有舞台感的表情动作。这张照片被他定名为“诱人的女性”。

迪谢纳给许多古典艺术大师开出的“医疗证明”并非“良好”。因为他们虽然正确把握了大致的面部特征，但此外许多东西却是“在实际操作中完全不可能的”。希腊祭司拉奥孔的塑像向来被艺术史家视为杰作，但迪谢纳认为它没有表现前额。罗得岛雕塑家波利多罗斯、阿格桑德罗斯和阿塔诺德罗斯很显然对影响表情的皮肤之下的肌肉 corrugator supercilii 一无所知。

为了验证如果遵循“不可更改的自然规律”，面部表情的美感将会得到多大提升，迪谢纳拿来石膏仿制古典雕像，并把人物表情做成真实状况。经他改变，作品便不再是独一无二的经典了。有人指责他把艺术降格为“解剖现实主义”，他对此予以驳斥。毕竟他的艺术批评基于“严密的科学分析”。

◆ 您能区分出真正的微笑和虚伪的微笑么？请访问 www. bbc. co. uk/science/humanbody/mind/surveys/smiles 做个测试。

◆ 达尔文所著《人与动物情绪变化之表达》全文各处都有对迪谢纳所摄照片的引用，相关内容请访问 pages. britischlibrary. net/charles. darwin2/texts. html。

# 1883 好啊，有别人使劲儿了！

这一现象其实早已为人们所熟知，然而直到19世纪末才由法国农学家马克斯·林格尔曼（Max Ringelmann）从科学角度进行了论证：人是懒惰的，特别是在他认为别人没有注意到自己时。

林格尔曼天才的实验是这样做的：20名来自格兰尤安农学院的学生分别独自和分组拽拉一根5米长的绳子，绳子的末端与测力器相连。通过这一装置，逃避工作的倾向暴露无遗。当2个人同时拉绳子时，平均每个人仅提供他自己单独拉绳子时所用力的93%；3个人时，这一数值为85%；4个人时为77%。懒惰的程度螺旋上升，当8人一组时，每个人所出的力仅为个人最大力量的一半。这种出于人类本性的拉绳做法被当今的心理学家称为林格尔曼效应，其解释为：一方面，在团队工作中，个人的努力并不明显影响总成绩，所以缺乏全力以赴的动力；另一方面，个人的贡献看不出来，由此导致了人浮于事。

然而林格尔曼知道，对实验结果还有另一种可能的解释。也许效率降低跟社会性懒惰根本没关系，而是因为小组中同步拽拉绳子有困难。由于学生们没有同时拽拉绳子，测量出的数值小于真正的个人数值之和——这种解释使人本无私的荣誉得以重塑。

然而这种希望在20世纪70年代时因华盛顿大学的埃伦·C·英厄姆（Alan C. Ingham）所做的现代版的林格尔曼实验宣告破灭。实验小组中有英厄姆的同伙，他们在队伍中只是假装拽绳子。在每次实验中，只有一个人毫不知情，以为一会儿是自己拉绳，一会儿又变成

2人一组，或者3人、4人、5人、6人、7人一组。为了不让他注意到别人的无所事事，他被安排在最前面，或者林格尔曼用布蒙上所有被试的眼睛。事实上，他倾力拽绳子的动力也降低了，他拽绳子的力量和他所以为的战友的数量相关。

自从团队合作在现代工作环境中建立起来，管理课程会不断讲到林格尔曼的研究。可能没有必要如此，因为林格尔曼的结论早已埋在有关“小组”这个词真实含义的古老笑话中：好啊，有别人使劲儿了！[①]

1974年，在华盛顿大学，科学家重复了1883年的拉绳子实验。结果与之前无异：参与拉绳子的人越多，每个个体所出的力量越少。

① 这句德语的所有词的首字母拼起来就是“team”这个词。——译者注

# 1885 杀人犯的头

令法国医生让·巴蒂斯特·文森特·拉博德（Jean Baptiste Vincent Laborde）高兴的是，与在巴黎相比，规定的落实在外省可要宽松多了。在“受过文明教化的全欧洲也只有我们首都这里还有”的规定给他的工作平添了不必要的麻烦。令拉博德苦恼的是，按照规定，被处死者的尸体必须送至墓地入口并在那里堂而皇之地下葬，“而无法按照科学研究之需被马上交予实验”。

拉博德的实验旨在查明人的头在离开身体后还能够存活多久。自1791年断头台在法国作为一种正义而人道的处决方式被推行以来，就存在着这样一个问题，断头台到底有多人道？有科学家认为，意识和疼痛感在砍头后15分钟内仍旧存在。对于死亡一刻的探究在文学作品中也有反映。在维克多·雨果的短篇小说《临刑前的最后一日》中，囚犯在他的日记中写道：“此后，就不再痛苦了，他们确认么？谁跟他们说的？有人听到砍下的头立在篮边对着人群大声呼喊‘不疼’么？”在另一部长篇小说，维利耶·德·利尔—阿当的《绞刑架的秘密》中，外科医生阿尔茫·韦尔波试图结束这种含糊不清的状态，他与被判处死刑的医生埃德蒙·德西雷·孔蒂·德·拉·波莫雷商量好：如果医生砍头之后当真还有意识，他要眨3下眼示意。

这一场景不单出于作家的想象。长期以来，科学家们就试图以独创的方式来查明砍头后准确的死亡时间：比如打耳光然后高声怒骂，或者叫死者的名字并等待回答。拉博德的方法更是奇特，他多次把砍下的头接入到狗的血液循环中。然而被“愚蠢的规定”所夺走的实验时间关乎生死。为了不浪费丝毫时间，在巴黎，他曾在墓地前的灵车里等候被砍头者的尸首运到。在叮当作响地驶往实验室的马车里就开始了对那只余温尚存的头颅的检查。

在外省一切就简单了。所以1885年7月2日，在巴黎以东150公里的小城特鲁瓦的塔楼广场，他高兴地等待着杀人犯嘉尼的斩首。半年前，嘉尼和他的同伙一起杀害了格勒瓦尔—迪约农庄的主人、其母亲以及女仆。

在特鲁瓦一位医生的支持以及市长友好的准许下，拉博德在处决后7分钟获得了嘉尼的头颅，并赶紧将其左侧的颈动脉与一条强壮的狗的颈动脉相连接。拉博德从杀人犯头颅右侧的颈动脉压入加热后的公牛血。然而，他不得不承认，乡下的断头台不如城里的断头台。“切口破损严重，组织血肉模糊，增加了找寻动脉的困难。”拉博德日后记录道。然而即便没有血液流动，这根点燃的蜡烛还是产生了通常在活体身上才呈现的效果：瞳孔收缩了。20分钟后，终于开始了加倍输血。

反应即刻呈现：首先是由狗来供血的左侧，颜色变为紫红，这使得没有参加过之前实验的人很惊讶。“拉博德通过头上的钻孔开始给大脑施加电流脉冲。然而即使是在最大电流状态，也没有什么特别的情况出现。”“随着时间的流逝，很多人的脸上呈现出失望的表情。”然而拉博德并不沮丧，继续钻开新孔。一个右侧的孔让他收获颇丰：电流对大脑这一部位的刺激引起了左侧面部的肌肉痉挛。甚至在砍头后40分钟还能听到牙齿发出的咯吱声，拉博德骄傲地做着记录。

这一令人毛骨悚然的实验获得的认识粗浅：按照拉博德的说法，实验展现了通过直接的输血，较之不输血，大脑在死亡后至少能够维持双倍的时间。就被砍头者而言，大脑是否还有意识，以及在多长时间内有意识，拉博德并没有答案。

# 1889 小豚鼠睾丸的返老还童功效

为了进行药物研究，查尔斯 · 布朗（Charles-Édouard Brown）毫不含糊地用自己的身体做实验。这位秉性古怪的医生曾经把自己的血注射到砍头后的尸体中，曾经吃下霍乱病人的呕吐物，也曾经吞下用线固定好的海绵——然后把充分吸收胃液后的海绵再重新拽出来。

然而，他在 1889 年 5 月 15 日星期三开始的实验，却产生了极其深远的影响——这是他的其他任何实验都无法匹敌的。那天，他在巴黎法兰西学院的实验室中，将一条年轻、强健的狗的睾丸捣碎后，加入些许蒸馏水，把过滤后的浆液注射进自己的左前臂。

布朗认为："老年人的衰弱一部分要归因于睾丸功能的降低。"老年人的衰弱与从小就被阉割的宦官表现出的特征是相同的。一些男性过度频繁的手淫也会导致相似的紊乱。在他看来，结论是毋庸置疑的：一定是睾丸向血液中释放了某种物质，使得整个肌体焕发生命活力。

在布朗看来，还有一点也很明确：人们有办法抗击衰老——他自己也是。他已经 72 岁了，在实验室工作中经常需要休息，遭受着失眠和便秘的困扰。他希望这一神秘饮品能够"改变与老化相关的组织结构，阻止或者延缓衰老"。在此后的 2 天中，他重复了这一注射实验。在狗睾丸浆用尽后，他在进一步的 4 次注射实验中转而使用了豚鼠的睾丸。

德高望重的医药学家查尔斯·布朗认为，将动物睾丸磨碎并注射可以使自己变年轻。

在实验的第二天布朗就觉察到了浆液的作用。他又可以爬楼梯了，可以长时间站在实验台旁，可以晚上写文章。就连小便也有了变化，“小便的距离也由跟前转为能触及便器底部”——他确定有一次竟然破纪录地多了1/4。1889年6月1日，他在巴黎的生物科学会议上公布了他的实验结果，一句不甚明确但又意味深长的话激起了公众的幻想：“我也可以说，其他尚未丧失却日渐衰退的能力，可以变好了。”

关于“长生不老药”的讨论即刻见诸报端，并随之提供了有待商榷的医疗处理意见。这一切即便没能带来延长生命的效果，却对日后很多败血症的案例功不可没。布朗本人并没有通过睾丸提取物挣到钱；他把他的“器官萃取物”无偿送给医生，希望换取接受治疗的病人的病历。然而他无法阻止以他的名字命名的很多可疑的药物广告，比如含有“兽性的精华”的Sequarine，从贫血到流感包治百病。

今天，人们猜测，布朗的返老还童特征来自于安慰剂效应。至少它们无法再现。他那粗暴的实验却成为荷尔蒙疗法的先驱。时至今日，荷尔蒙疗法已经成为一种常见的药物治疗方法。布朗没能见证这一疗法的诞生。在实验结束将近5年后，1894年4月2日，布朗在巴黎辞世，享年76岁。

反对者的嘲讽一直延续到他去世以后：传说布朗即将做一场题目为“我如何年轻了20岁”的报告，却在报告的前夜死于伦敦。

LABORATOIRE DE MEDECINE DU COLLÈGE DE FRANCE
12, Rue Claude-Bernard. — PARIS
EXTRAIT ORGANIQUE
pour expériences scientifiques
Envoi gratuit de MM. BROWN-SEQUARD et d'ARSONVAL
N B. — Sous aucun prétexte ce produit ne peut être vendu.

一包“返老还童药”。布朗把它免费送给医生，作为答谢，医生将使用该药进行治疗的病人的病历交给布朗。

# 1894 疲惫不堪的狗

有关睡眠重要性的研究，没有什么方法比这更明晰了。俄罗斯女科学家玛丽·德·曼纳欣（Marie de Manacéïne）对4条幼犬实施睡眠剥夺，直至它们死去。第一条狗在96小时后死去，最后一条坚持了143小时。对于另外6条狗，女科学家试着在睡眠剥夺达到96—120小时之间时施救。结果没有奏效，它们也死去了。这一实验——用女科学家的话来说——展示了“对动物而言，相比完全失去食物，彻底剥夺睡眠的结果更致命”。在20—25天不进食之后，狗仍能自我恢复。

这一实验同时也反驳了一些学者将睡眠看成一种不必要的习惯的奇特想法。不过德·曼纳欣并没有查出狗到底死于什么。高等动物为何需要睡眠，直到今天仍是一个未解之谜。

德·曼纳欣不再开展进一步实验最重要的原因是，这一实验令她“极度辛劳”。她的辛苦程度并不亚于参与实验的狗，但她却活了下来。

# 1894 下落的猫咪

1894 年，巴黎的自然科学院提出一项请求——“就为什么猫从一个相当高的高度落下后总是可以用爪子着地给予物理意义上的解释”。对于外行来说，这个问题很好回答：猫只不过在空中熟练地调整了自身的姿态，以爪子向下的姿势进行着陆。然而那些稍为了解内情的人，则怀疑这一现象背后有着复杂的物理因素。

问题在于，一只下落的猫不受到什么反推力。身体前半部分牵动的每次转身，按说都必然会引起后半部分朝反方向转。前部的半圈顺时针转动接着后部的半圈逆时针转动。理论上讲，猫应该身体扭曲着着地，而事实显然不是这样。

起初，研究者猜测猫借助了实验者的推力。但是，即便用线把猫的爪子分别绑住，使它无法在下落前进行推的动作，也无法阻止它做顺时针旋转。另一种假设——认为猫借助了空气阻力——也不能成立。

这一谜题最终由法国医生艾蒂安·朱尔·马雷（Étienne Jules Marey）找到了答案。马雷是一个出色的业余发明家，制作了各种机械仪器，包括一架拍摄猫着落的每秒钟完成 60 次成像的胶片照相机。通过胶片的展示，一些物理学家仍旧对猫没有以某种方式借助外在推力表示怀疑。但是有一位科学家仔细观察了图片，找到了猫着陆的诀窍。

这一运动分为两个阶段：首先，猫将身体一侧的前部分转向地面，然后——顺着相同的方向——它的后腿及臀部也进行了转向。

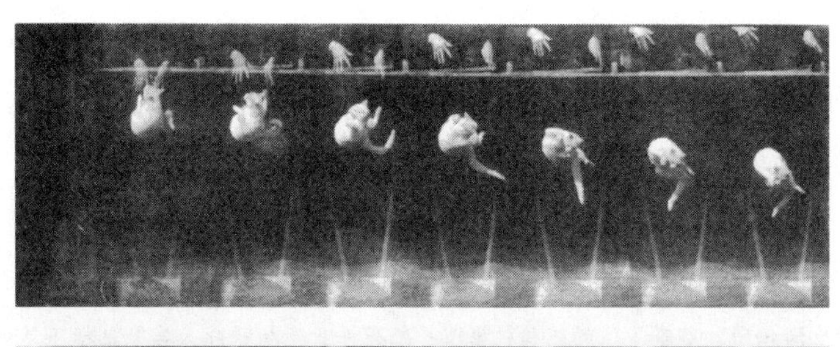

猫是如何做到每一次都准确无误地爪子着地的？医生兼发明家艾蒂安·朱尔·马雷用他的连拍照相机解释了这个秘密。

通过在两个过程间改变爪子的位置，使得身体的前后两部分互相形成阻力。就像一个花样滑冰运动员把双臂放在体侧完成飞速旋转，而伸展双臂时速度则降了下来，猫使用了同样的原理。猫同时完成了两个运动：猫缩起前爪，伸出后爪。通过这种方法，它可以很快完成身体一侧前部分转向地面，由于伸展后爪带来的阻力，后侧的身体仅仅朝相反的方向旋转了很小的部分。通过相反的程序——伸出前爪，缩起后爪——猫完成了身体后部的转动。

马雷的幻灯片引发了更多人拍摄动物下落。不久，人们对狗、兔子、猴子进行了实验。在一次研究中，一只“肥胖的豚鼠”竟将腹部扭曲了180°，令研究者们惊叹不已。研究者们将狗的眼睛蒙起来，也测试了其他没有尾巴或平衡器官的动物。即使是猫的尾巴或平衡器官失去了，仍然可以没有问题地完成旋转。很显然，猫主要通过眼睛完成自身的定位。

在60年代，一个研究者总结了70年来对于下落的猫的研究："正如我们看到的，旋转的猫引发了许多有意思的问题，即使这些结论没有太多的实际意义——除了对其他的猫。"

◆ 在网站www.expo-marey.com上您可以看到丰富的在线展示。其中记录了马雷的生活细节，解释了他的照相机原理并配有许多连拍照片。其中包括下落的猫、狗、兔（英语及法语）。照片的直接链接请见www.verrueckte-experimente.de。

# 1895 失眠艾奥瓦

初看上去，这一实验没有什么危险：3位男士需要坚持90小时不睡觉，从而使艾奥瓦大学心理学实验室的科学家G·T·W·帕特里克（G.T.W. Patrick）和J·艾伦·吉伯特（J. Allan Gilbert）可以进行有关失眠的影响的研究。为什么恰恰是90小时呢？帕特里克和吉伯特在他们的论文中没有给出答案，有一种可能的猜测是：不久之前，俄罗斯女科学家玛丽·德·曼纳欣进行了一项针对狗的睡眠剥夺实验。所有参与实验的动物都死了——第一条狗死于96小时后。

被试是否知道这些呢？第一位被试，在论文中以大写花体首字母J·A·G出现的人，至少是在1895年11月27日星期三早上6点钟起床，3天后星期日的午夜才回去睡觉。他白天进行正常的工作，晚上用游戏、读书、散步消磨时间。在实验的最后50小时，他一直处于科学家的监视之中，因为他随时可能睡着。经过第二天晚上后，被试产生了幻觉。他抱怨说，地面被一层“快速移动的肮脏的分子或者飘动的小颗粒”覆盖，影响他走路。

J·A·G 和其他被试必须每 6 小时完成一项长达 2 小时的测试。科学家发现，随着睡眠剥夺时间的增加，被试的注意力和记忆力明显消退。

帕特里克和吉伯特还想知道，在经历长时间的清醒状态后，睡眠能达到多深的程度。为此，他们选择了一个单独居住的被试，每满 1 小时向他施加一次强度增加的电击。被试得到的指令是，每当他因此醒来时，按动床边的按钮。

然而结果却是，仪器能自动产生的最强电流也不足以让他醒来，只能手动施加更强的电击。2 小时后，被试进入了最深度的睡眠：他无法醒来按电钮，只是发出了疼痛的尖叫。

# 1896 颠倒的世界

当乔治·斯特拉顿（George Stratton）脑中闪过那个先前从未有人想过的念头时，正好是中午 12 点。这位加利福尼亚大学伯克利分校 31 岁的年轻心理学家将一个石膏面具紧紧地绑在自己脸上。这个石膏模子在眼部粘有衬垫，斯特拉顿在它的右眼处开有一孔，装着 4 块透镜，而左眼是封死的。当他戴上这个面具时，任何动作都会被分解成一段段细小的动作，并不断地伴有矫正过程：整个外部世界现在仅通过装于石膏面具右眼处的透镜投射于斯特拉顿的脑中。原本在上

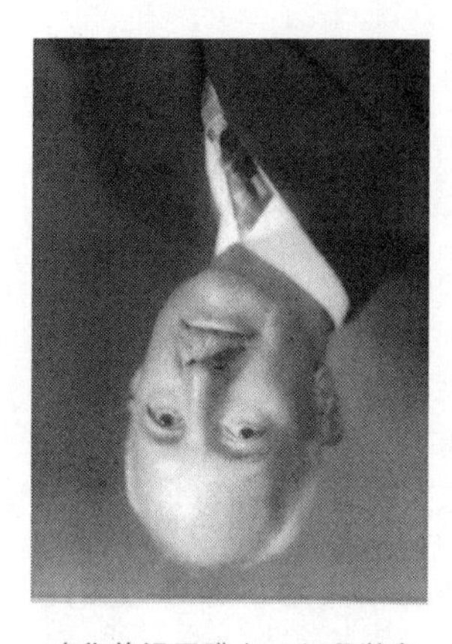

在您的视网膜上，心理学家乔治·斯特拉顿的这幅画是正着的。那么，为何在您看来，它是颠倒的？

面的，在斯特拉顿的脑中却到了下面；原本在下面的，在他看来，却是在上面，一切都颠倒了。他想就这样戴着面具7天，以便观察他的大脑会对这个全新的、颠倒的世界产生怎样的反应。

斯特拉顿的实验解答了数世纪流传的谜题。1604年约翰内斯·开普勒（Johannes Kepler）曾描述图像在人眼球视网膜上的成像过程。多年后，有人剥离了一小块狐狸眼球的巩膜，发现开普勒的描述准确无误：光线通过眼球的晶状体时发生了交叉。落在视网膜上的图像，就是大脑最终接收到的视觉信号。

那么为何我们看到的世界并非上下颠倒的？这个问题没有太大意义。因为在人类脑中，并没有一个袖珍小人像坐在屏幕前观看幻灯片似地观察着从眼睛传来的上下颠倒的视觉信号。脑细胞互相联系，编织成网，对视觉信号进行着加工处理，他们是不区分上与下的。大脑会对外部的图像、声音以及触感做出统一的反应，因此，我们才能正确感知自己脚的位置，它就在我们所见到的那儿；反之也一样，我们看到自己脚的位置，刚好在我们所感知到的那儿。

随后有了第二个问题：视网膜上形成的图像必须传入脑中，我们才能正确感知世界吗？还是大脑也能通过适应其他途径感知世界？

实验初期斯特拉顿感到明显不适。轻微地转动一下脑袋，所有的一切都在他眼前旋转。外部世界旧的影像残留脑中，十分顽固：当斯特拉顿看到一个颠倒的物象时，大脑会迅速做出反应，将其调正。他想拿东西，总是伸错手。他做笔记时，只能将视线落在别处而不看笔记本，因为颠倒的物象迫使大脑做出的反应让他无法正确地书写。随着实验的持续，大脑慢慢地适应了这一变化：实验的第五天，斯特拉顿能够重新在屋内自由行走，不需扶着桌椅。

对自我身体的感知是转换得最慢的。斯特拉顿的大脑在不停地努力，对相互矛盾的视觉信号、声音信号以及触觉信号进行判断，以便形成统一的感知。只要他的手臂和腿不在视线范围内，他就感觉他们还在老地方，而当他们出现在视线中，并且碰在一起时，他的大脑会判定碰撞发生在刚才看到过腿的那儿。这就使得斯特拉顿的大脑产生了怪异的错觉：当斯特拉顿只看到一条腿，而想找另一条腿时，他会朝偏离目标180°的相反方向扭头。

视觉信号对大脑的刺激大于听觉：听着脚步声，较之原来正常的视觉感知，像是从相反的方向传来。身体那些通过石膏面具上的“颠倒”透镜无法看到的部分，则在抗拒着这一感知的颠倒。吃饭时，尽管从他自己的视角看来，斯特拉顿已经将叉子举到了眼睛以上的位置，但是只要叉子一碰触到嘴唇，大脑中的这一幻觉就会立刻破碎。他偶尔能够成功地让大脑形成额头位于眼睛之下的错觉：有一次，他感觉自己的嘴唇在额头处。

很多教科书宣称，在斯特拉顿实验的最后，他重新感知到了一个正常的世界。事实上，也只有在他精力极为集中时，才能短暂地正确感知世界。

87个小时后，斯特拉顿取下面具，结束了实验——实验中，他会在夜晚摘下面具，用绷带缠住眼睛。“视网膜上上下颠倒的物象对大脑形成‘正确的视觉感知’并不是必需的。大脑会利用颠倒的图像，从人们所看到和所感受到的之中，寻找和谐。”

这种和谐化处理才是“正确的视觉感知”的自有内涵。因为视觉感知本身并无正确或颠倒之分，而仅仅在对比参照其他元素后，才存在这一区别。在斯特拉顿实验后期，他的大脑对世界形成了新的影像和反应，这跟大脑适应变化毫无关系，之所以称之为新的影像，那是对比它还一直保留着的之前的视觉影像。

斯特拉顿取下面具时，他所看到的世界对他而言是陌生的。当他要拿东西时，他会伸错手；当他想把手缩回来时，他会把手伸得更长。当然，这些不便一天后就消失了。

这项实验得到了推广，不少人纷纷效仿。有些实验者利用镜子形成相反的景象。实验结果跟斯特拉顿无异。大脑能够适应视觉景象的变化，实验者甚至能戴着透镜登山或是在交通高峰时段骑车出行。

## 1899 菜园里的尸体

在 1899 和 1900 两年的 5—9 月间，那些敏感的人还是不要到克拉考大学的法医研究所这边来了。在这段时间里，病理学家爱德华·里特尔·冯·尼扎比可夫斯基开展了针对“尸体动物群”学说的实验，为此，死婴被他用来在“围绕研究所大楼的大菜园里很少走人的地方贡献给尸体昆虫学的发展”。为了进行比较，他还同时摆放了牛、猫、狐狸、老鼠、鼹鼠的腐尸。

尼扎比可夫斯基希望查明：尸体昆虫是以什么样的顺序在一具死尸上进行繁殖的？人类尸体上的昆虫与动物尸体上的昆虫有无不同？季节对尸体动物群有何影响？一具尸体从被腐蚀到只剩下骨头需要多长时间？每天他都要走进菜园收集腐尸上的昆虫。11 种不同的昆虫参与了这一活动。尸体的大部分——约有 3/4——都被金绿蝇（Lucilia caesar L.）的蛆吃掉了，从第一天起就能找到它们的身影。另一个重量级工人是葬尸甲（Necrodes litoralis），它们在尸体停放一周后才参与工作。在夏天，只剩下骨骼需要经过 14 天，春天和秋天所需的时间会更长些。偶尔有人提到，在人类的尸体上会有一群完全特殊的昆虫在进行饕餮大宴，尼扎比可夫斯基的实验无法证明这一点。他发现人类尸体上出现的昆虫与动物尸体上出现的昆虫种类是相同的。

对于尸体上昆虫繁殖顺序的了解关系到死亡时间的确定，这位病理学家写道，然而这一认识只在局部适用。今天，法庭昆虫学已经建成为犯罪侦查学的一个分支。

◆ 与法医学有关的详尽的昆虫知识——有时详尽到超出我们想要知晓的范围——您可在德国法庭昆虫学家马克·贝内克的网站www.benecke.com上查看到。

# 1899 拔毛实验

或许是助手紧张过度，或许是用错了针管，这一针扎下去，并不如奥古斯特·比尔（August Bier）预想的那般顺利：他身上不断流出大量脑脊液，注射进去的可卡因溶液大部分被冲了出来。这是 1899 年 8 月 24 日下午 7 点，助手希尔德布兰德（Hildebrandt）在奥古斯特·比尔身上进行的实验。虽然实验过程如同一出黑色喜剧，然而它在世界麻醉史上却赫赫有名。凭借这个实验，奥古斯特·比尔成为蜚声业界的明星医生，而他的助手则因此“受尽折磨、遍体鳞伤”。

奥古斯特·比尔医生在他的助手希尔德布兰德身上进行麻醉实验。

奥古斯特·比尔是基尔皇家外科医院的首席医师。他通过长期的截肢手术经验，发展出了一种新型的麻醉方法：将可卡因溶液注射入脊柱中，那里集中了人体所有的神经。脊髓的上部集中着连接手臂、肩部和胸部的神经，下部集中了连接下身和腿部的神经。可卡因溶液直接作用于脊柱内的神经，从而阻断在人体其他部位进行手术时的疼痛感。当时，医学界已经在使用其他类型的麻醉剂，例如笑气、乙醚和氯仿。然而尽管这些麻醉剂在麻醉病人时功效强大，却容易因使用过量而威胁到病人的生命。

对此，脊椎麻醉另辟蹊径，独具奇效。对病人进行过实验后，比尔也想亲自上阵，体验实验的效果。然而助手略显稚嫩，一针下去，让他白白流失了大量脑脊液，实验只得推迟。随后助手自告奋勇，要做实验对象。傍晚7点半，重新开始实验，比尔对助手注射了半毫升浓度为1%的可卡因溶液。以下是他的实验记录：

10分钟后，针扎入股部，直至大腿骨，完全感觉不到疼痛。

13分钟后，用点燃的烟头灼烧腿部，能感觉到灼热，感觉不到疼痛。

20分钟后，拔除阴毛时，能感觉到阴毛根部皮肤的拔起，感觉不到疼痛。同时，拔除胸毛时，能明显感觉到疼痛。用力掰折脚趾，无任何不适感。

23分钟后，使用铁锤大力击打小腿胫骨部位，感觉不到疼痛。

25分钟后，用力挤压拉扯睾丸，感觉不到疼痛。

3刻钟后，身体恢复正常，能够正常感受疼痛感。比尔和他的助手希尔德布兰德一顿吃喝，大快朵颐，并且抽了很多烟。那种感受“不是一般的好”，比尔事后写道。他随后在床上躺了9天，期间一直头痛不止。希尔德布兰德更痛苦，长时间伴随着呕吐、难以忍受的头痛、出血、全身痛楚。

这个实验被报道后，脊椎麻醉得到了迅速推广。今天，它已经成为医学手术前的必经程序，当然麻醉剂不再使用可卡因。

希尔德布兰德后来跟比尔反目成仇。他声称，比尔并非脊椎麻醉之父，这项荣誉应该属于美国人詹姆斯·伦哈德·科宁。事实上，确实是科宁最先进行了脊椎麻醉实验。但是认识到它拥有广阔发展前景的，正是奥古斯特·比尔。希尔德布兰德为何与恩师恩断义绝、反目成仇？是由于他古怪孤僻的性格，还是因为比尔没有将其列为著作的共同作者，而只是将他称作实验人员？比尔通过对希尔德布兰德针扎锤敲，成为医学名流，而后者在医学史上却仅仅是个默默无闻的助手。大概这才是他们反目的原因吧。

## 1900 走冤枉路的老鼠

1690年，皇家园艺师乔治·伦敦（George London）和亨利·怀斯（Henry Wise）在伦敦西南部搭建了一座迷宫。他们受威廉三世的委托，在汉普顿宫的花园里用矮株欧洲山毛榉搭建了长达800米的迂回曲折的通道。时至今日，每年仍有33万游客在此迷失方向。

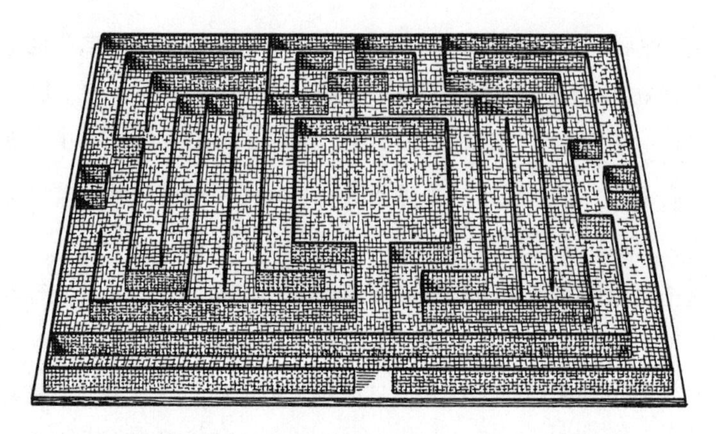

第一座以科学实验为目的为老鼠建造的迷宫。仿照伦敦市郊汉普顿宫的篱笆迷宫而建。

200 年后，心理学家威拉德 · 斯莫尔（Willard S. Small）用金属丝网在木板上为他的老鼠搭建了他自己的汉普顿迷宫。

事情是这样的：这位研究者来自马萨诸塞州伍斯特地区的克拉克大学。他试图找寻一种办法来研究老鼠的智慧。研究需要在一个可控的环境中进行，而老鼠的行为又要尽可能不受到非自然环境的干扰。

鉴于老鼠有走弯路的喜好，斯莫尔有了主意：建一座小迷宫。大概受了不久前读到的一篇关于袋鼠的文章的影响，他所设计的构造图看上去“与这一实验的装置极其类似”，斯莫尔写道。

他不曾料到，这一装置在心理学上得到了空前的发展，进而超越了心理学的界限。“迷宫中的老鼠”在科学领域具有象征意义，与之相似的是那些身处现代生活的迷宫中再也找不到方向的人。如果在网络上查找“像迷宫中的老鼠”，就会出现上千条信息，如：美国政府处理问题“就像迷宫中的老鼠”，克里斯感到自己每个周一早上就像迷宫中的老鼠，等等在网站 achievinghappiness. com 上有“快乐表格”，帮助人们消除“迷宫中的老鼠”的感觉。迷宫中的老鼠甚至还

“它们看来很适应新环境。”

给我们带来了一种特别的卡通形象。没有其他哪项科学实验的辅助工具像这座迷宫一样如此频繁地出现在幽默画中。

斯莫尔恰恰选用了汉普顿宫也是事出有因。他在《不列颠百科全书》中查阅“迷宫”的概念时偶然碰到了这座英国迷宫的地图。他所做的是一个 2.4×1.8 米的大矩形（汉普顿迷宫是梯形的）。他用 10 厘米高的金属丝网分隔出一条条道路，在地面上铺撒了锯屑，迷宫的中心放置了食物。

然后他把老鼠放到入口处。前两只老鼠因为受到实验室中噪声的惊吓，没能完成任务。第三次实验中一只雄性老鼠用时 15 分钟走到了迷宫中央，第四次实验中它仅用了 10 分钟，第五次 1 分 45 秒，第六次 3 分钟，第七次 50 秒。老鼠越来越了解迷宫了。

这一看上去平淡无奇的结果，本质上却是惊人的。老鼠只有找到了食物，才知道它绕来绕去的多次尝试中哪次是正确的。所以它们必须调动能力记住它们在 5 分钟之前左转和 3 分钟之前右转的地方。

心理学家爱德华·李·桑代克（Edward Lee Thorndike）由此得出了效果定律。能引导生物达到满意效果（找到食物）的行为（穿过迷宫的正确道路），较之带来不好结果的行为，更可能被加强和重现。30年后，心理学家B·F·斯金纳（B. F. SKinner）提出了一个新的名词概念，发明了又一个研究器材——为卡通画家广泛使用，同时也招致不少敌人，因为他的学说触及人类的本质（见“1930 斯金纳箱”）。

“是的，您有可能会对我说：您看起来不像一个实验心理学家。”

“通常我不会自愿报名参加实验。但我实在很喜欢解谜。”

# 1901 教室里的谋杀实验

按照预先的设计，枪声在7时45分响起。时间回到了1901年12月4日，星期三，在柏林大学犯罪侦查学的课堂上，弗朗茨·冯·李斯特（Franz von Liszt）教授刚刚结束了有关法国法学家加布里埃尔·塔尔德（Gabriel Tarde）的理论的论述。一位听众起身，开始讲话：

“我想从基督教伦理学的角度再简短地分析一下塔尔德的理论。”

“有完没完啊！”他邻座的同学喊道，并由此引发了一场不愉快的争论。

“老实待着吧，又没问你！”

“真是厚颜无耻。”

“你要再敢说一个字，我就……”

说话的人挥着拳头。

对方拔出手枪，用枪口抵着说话人的头。

冯·李斯特教授快步上前，拨开拿枪的手。恰恰在心脏的位置，“砰”地一声，枪响了。

观众不知道，这里的武器仅是一支儿童玩具，这一令人毛骨悚然的表演，是德国心理学家威廉·斯特恩（William Stern）提出的实验中的一个场景。斯特恩是心理学各分支的万事通，最早提出了“智商”的概念。他致力于发展心理学的研究，是《“表述心理学”来稿》（*Beiträge zur Psychologie der Aussage*）的编者。在这份专业期刊中，对于人类记忆的精确程度，研究者们各抒己见。

当要求被试描述他们 45 秒之前看到的情景时，斯特恩注意到，大多数人的记忆状况并不理想。很多人坚信，事情是在那里发生的，而事实却不是。记忆的可靠性对于法庭工作尤为重要。基于这样的考虑，斯特恩提出了这样一个有着既定吵架情境的实验，使当事人处于和真实的犯罪十分接近的情境中。

在枪手开火后，在场的人才恍然大悟，这场争吵仅仅是表演出来的。他们中的 15 个——“年长的”大学生或者（经过第一次国家考试及格准备担任高级职务的）候补官员——就发生的事提供笔头或口头的目击报告。3 个人是在当天晚上或者在事发第二天，9 个人在 1 周之后，3 个人在事隔 5 周之后才进行报告。没有一个人可以回忆起划分成的 15 个片段的所有细节。出错率在 27%—80%。

和预想的一样，很多证人无法准确回忆起当事人的话。令人惊讶的是，有几个证人杜撰了本没发生过的情境：沉默的观众开口说话了；争吵的一方从另一方跟前跑掉，尽管事实上双方都是站着不动的。

证词可靠性偏低引发了法学界的激烈讨论。“经过真实的科学研究，我们最有把握的基础——证人证词的真实性——发生了动摇，我们的整个刑法体系将何去何从?”弗朗茨·冯·李斯特在《德国法学时评》（*Deutschen Juristen-Zeitung*）上质疑道。实验的发起者威廉·斯特恩主张，专家应该介入举证环节，对庭审中证词可信度的判断提供建议。时至今日，这已经是司空见惯的了。

这次枪手实验的方法，所谓的实袭实验法——被试并不知道自己身处实验之中——在上个世纪初风靡起来。有一次，学生们就教室门前虚构的高声争吵接受询问，又一次是关于一个在课堂上戴着面具坐了长达20分钟的访客。在22个在场的人中，只有4个人能够在几天后于9个其他的面具中正确指认出来。

有时候，在发生混乱时人们看热闹的兴致高于一切。1903年，在戈廷格精神病学法庭审理联合会演讲中间，“进来一个小丑，一手拿着猪膀胱，另一只手晃着一个红色的土耳其帽”，在他身后，“一个黑人身着盛装，手里拿着枪”。观众事后被要求填写问卷，说明是在演讲到哪儿时这两个人把场面搅乱的。

枪手实验所得出的关于记忆是不可靠的认识在该实验的流传过程中得到了最好的证明：在1955年出版的一本法庭心理学教科书中，当年的手枪袭击居然被错记成了模拟的“短匕首杀人”事件。

◆ 目击测试：www.psychology.iastate.edu/faculty/gwells/theeyewitnesstest.html。网速偏低可访问：www.psychology.iastate.edu/faculty/gwells/stillidentificationtest.html。

# 1901 灵魂重21克

这则故事真是炙手可热，甚至《纽约时报》(*New York Times*)也对其进行了报道。“医生认为，灵魂是有重量的。”1907年3月11日第5版的标题写道。文章报道了马萨诸塞黑弗里尔的有个叫邓肯·麦克杜格尔（Duncan Mac Dougall）的医生6年前就开始的奇特实验。

SOUL WEIGHT PUZZLES

Hard to Believe Weird Theory and Hard to Discredit.

FACTS MEET NO EXPLANATION

Experiments Show Body Loses Weight at Death and Expounder of New Philosophy Defies Scientists to Solve Riddle—Firm Himself in Belief that Loss Is Due to Spirit Taking Flight.

"神秘的灵魂重量——难以置信的奇特理论，难以驳倒——没有数据解释。"（《华盛顿邮报》，1907年3月18日）

麦克杜格尔研究灵魂的本性已经有很长时间了。按照他的离奇的逻辑，如果灵魂的功能在死亡后继续存在，那么在生命体中，它必定占有一席之地。并且因为依照"最新的科学理论"，所有占有空间的物体都有一定的重量，可以通过"对死亡过程中的人进行称重"来确定灵魂的状态。于是麦克杜格尔制造了一架精密天平：一张吊在一架支座上的床，测量床及床上物体的总重量，数值可以精确到5克。

天平的敏感度极大地限制了实验对象的选择。"对我来说，最理想的病人将会死于一种让他身体耗尽的病，死亡发生时，只有很少或者几乎没有肌肉运动，因为在这样的情况下秤可以很好地保持平衡，从而记录下任何损失的重量。"麦克杜格尔日后在《美国医学》（*American Medicine*）杂志上写道。比如死于肺炎的病人就不太适合这一实验，他们"歇斯底里地挣扎使得天平失去平衡"。

最好的被试是结核病人，其弥留之际将会"看上去几乎是静止的"。麦克杜格尔在马萨诸塞州多尔切斯特的库里斯自由之家肺病疗养院找到了他们。在发表于美国心理研究协会期刊的文章中他写到，在病人死亡前几周他已获得了病人的许可，是否属实不为人知。可以肯定的是，有人从生物神学方面对麦克杜格尔的研究提出了质疑。他先后用6个人进行过实验，在给其中一人称量时麦克杜格尔曾抱怨说天平没有准确校准，因为反对他的工作的人干扰了天平的平衡。

1901 年 4 月 10 日 17 点 30 分的时候，第一位垂死者被麦克杜格尔放上了他的灵魂天平。3 小时 40 分钟后，“他咽下了最后一口气，伴随着他的死亡，天平的横杆顶到了上部的卡尺处，声音清晰可闻”。麦克杜格尔必须再加 2 美元硬币，才能让天平重回平衡。这是 21 克。

后面的 5 个实验对象描绘了一幅让人迷惑的图景：有两次测量无效；有一次死亡后重量下降并保持稳定；有两次重量下降，而后又上升；有一次重量下降，上升，又一次下降。除此之外他还有个难题就是很难确定死亡时间。

这样的细节并没有改变他的信念——自己已经证明了人类灵魂的存在。事实上，他进行了第二个实验来证实他的发现：15 条狗（15—75 磅）在秤上结束了生命——都没有一丁点儿重量的损失。虽然麦克杜格尔在他发表在《美国医学》的学术论文里并没有透露他如何说服这些狗死在他的秤盘里。然而人们可以想象，他毒死了它们。麦克杜格尔对这一实验结果并不满意。这并不是因为他为进行奇怪的实验而杀死了 15 条健康的狗，而良心发现觉得自己很可鄙，而是因为实验结果无法直接与那些受试的人类进行对比。理想的实验是，狗也得一种逐渐耗尽精力不能动弹的病，麦克杜格尔写道：“我并没有幸运地找到一条有着这样疾病的狗。”

针对麦克杜格尔的灵魂称量实验，学术界的意见褒贬不一。他的一些同事认为实验是愚蠢的，另一

**PLAN TO WEIGH SOULS**

**Physician Proposes Experiment with Death Chair.**

**FAIR TEST OF NEW THEORY**

**Dr. Carrington, of New York, Says Proposed Method Would Do Away with Uncertainty Present in New England Experiments When It Is Said Immortal Part of Man Weighs an Ounce.**

“一项称量灵魂重量的计划——医生提出在实验中使用电椅——验证新理论。”（《华盛顿邮报》，1907 年 3 月 12 日）

些则认为麦克杜格尔完成了“有史以来最重要的科学实验”，并讨论如何改进实验方法。特别是针对实验使用了垂死的病人这一做法，他们认为是有问题的，因为腐烂会很快发生，同样会引起重量改变。一名纽约医生在《华盛顿邮报》（*Washington Post*）上说：“如果用正常的、完全健康的人进行实验，不知道结果能好多少。”他建议，把死刑电椅挂在秤上，称量死刑犯行刑前后的体重。

亚历杭德罗·冈萨雷斯·伊尼亚里图的电影《21 克》（2003 年）得名于 100 年前进行的灵魂称重实验。

麦克杜格尔进行了进一步的实验。1911 年时，他再次引起人们的注意。他断言，他观察到了灵魂离开肉体——“纯光的强烈光线”。

实验唯一的遗产是第一位实验者的损失的重量数值：100 年来，灵魂重 21 克的说法在大众文化中经久不衰。2003 年，这一实验甚至被搬上银幕。由亚历杭德罗·冈萨雷斯·伊尼亚里图执导的一部名为《21 克》的电影以生与死为主题。

# 1902　巴甫洛夫的铃铛实验

俄国生理学家伊凡·彼德罗维奇·巴甫洛夫（Ivan Petrowitsch Pavlov）保持着一项奇特的纪录：他在20世纪初用狗进行的实验，超过所有其他科学实验，成为乐队命名的最流行选择。20世纪70年代有个摇滚乐队名叫“巴甫洛夫的狗和灵魂条件反射的轻歌舞剧和音乐会合唱团”，80年代则有“伊凡·巴甫洛夫和流涎军”，到了90年代蓝草乐队“巴甫洛夫的狗狗”和摇滚乐团“条件反射”粉墨登场，而新的世纪又带给我们英国民间乐队“巴甫洛夫的猫”。想要借巴甫洛夫名头的可不仅仅是音乐人。叫“巴甫洛夫的狗”的还有爱尔兰的一家交流机构、英国的一家小旅馆、加拿大的一家剧团，甚至还有美国巴尔的摩一家咖啡馆里的一种饮料——由咖啡、贝利香料和牛奶混合而成。

伊凡·彼德罗维奇·巴甫洛夫在1904年获得了诺贝尔医学奖。然而使他声名远扬的是他日后用狗进行的条件反射实验。

巴甫洛夫在1904年因为他在消化科学领域的研究获得了诺贝尔奖。但这并不是他如此“著名”的原因。更重要的是他在这一研究中无意间发现的学习的基本程序。在进行消化科学研究的同时，巴甫洛夫对消化腺的功能也产生了兴趣。为了观察消化腺在狗身上的作用，他将狗的消化液通过面颊上的孔引到一只小量杯中。本来他的意图是通过这个实验来确定给狗提供不同食物的时候，狗分泌的消化液的构成。但很快新的问题出现了，作为实验对象的狗被喂过几次之后，仅仅看见喂它的人就开始分泌唾液。一开始巴甫洛夫认为这是实验的一个干扰因素，于是改进实验，不给狗任何提示就直接将食物送进它的口中。但是实验对象仍然很敏锐地感觉到食物的信息，它们在看见实验人员或者听到他的脚步声就开始分泌唾液。

很快巴甫洛夫就意识到，这一现象不是自己实验的缺陷，反而是一个全新的研究领域。他做了另外的实验，在给狗提供食物之前给出特定的信号：提前 5 秒按下节拍器或者电子钟。经过几次这样的组合（用铃铛的时候只需要一次），作为实验对象的狗就会在接收到信号之时就开始分泌唾液。狗在实验中学习到：在铃声响起之后就可以得到食物。

因为狗在自身的生存环境中可能将很多细小的信号与食物联系起来，巴甫洛夫在圣彼得堡建起了一所新房子，并准备了一些隔音的房间，在这些房间里，巴甫洛夫可以借助操纵杆和滑轮进行实验而不对实验对象产生干扰。

巴甫洛夫发现的学习的基本程序，被称为“经典条件反射学说”。在这个学说中，本能的刺激—反应组合（食物—分泌消化液）与一个新的刺激（铃声）结合在一起。这种新的刺激只能引起本能的行为，这些行为可以存在于几乎任何一种行为组合中。而在巴甫洛夫这个实验 30 年后，美国心理学家斯金纳以他的“斯金纳箱”对新行为的学习进行了研究（见“1930　斯金纳箱”）。

巴甫洛夫在他的实验中还发现，如何让已经存在的条件反射消失。人们只需要有几次只给铃声而不给食物，作为实验对象的狗就会忘记这种条件反射。在此基础上发展出了后来的行为治疗学，即控制病人面对特定的情境，比如会引起他们紧张的情境，通过这种方法解

巴甫洛夫在实验大楼里让人悬挂起的实验室一瞥，旨在使狗在实验过程中免除一切外界干扰。所有的操作都是通过操纵杆和滑轮（左边）从外部实施的。

“后来，他摇铃，却没有喂我东西吃。”

除上述情境和紧张情绪之间的联系。

如今巴甫洛夫的狗已经成为一个日常概念。文化批评家用它来象征西方工业社会里广大的民众，他们被广告驱使成为“消费的动物”，在特定的刺激下就会表现出购买行为。

这里所示的是美国摇滚乐团“条件反射”的纪念册“巴甫洛夫的狗”（1997年）。

巴甫洛夫是一直以来最著名的科学家之一，但是不同于巴甫洛夫本人，那些借用巴甫洛夫名头的乐队，却没有出名的，甚至还没解散的都没几个。最早的是摇滚乐队“巴甫洛夫的狗和灵魂条件反射的轻歌舞剧和音乐会合唱团”，1973年他们改名为“巴甫洛夫的狗”并在美国首演赚到了60万美元，这也是那时在美国单台演出最高的报酬。3年后公司让他们下台，乐队成员宣告破产，并四散各地。

◆ 访问www.verrueckte-experimente.de观看介绍巴甫洛夫的影片。

◆ 访问www.brainviews.com/abFiles/AniPavlov.htm观看讲解“经典条件反射”的动画片。

# 1904 驯马者

1904年的夏天，在柏林北部一个地上铺满石块的庄园里，人们目睹着神奇的表演。在庄园中央，退休教师威廉·冯·奥斯滕

世界上最有名的马在上算术课：聪明的汉斯。一个精心设计的实验解开了它惊人能力后的秘密。

(Wilhelm von Osten) 中午时分常常会向围观的人群展示自己的爱马汉斯的特异功能。汉斯会做分数运算、数数、识图画、认时间、记日历，甚至还不时向人们展示其音乐“造诣”。当时，世界各地的报纸都纷纷报道了这匹神奇的马。《墨西哥导报》(*Mexican Herald*) 甚至猜测，大洋彼岸的人们都已等不及它的北美巡回演出了。尽管汉斯被编进了歌儿里到处传颂，被制成了儿童玩具供孩童把玩，形象被印在酒杯上招摇于各商务场所，然而人们今天还能记住它，并非出自这个原因，而是由于那个证实汉斯并不具备智力的著名实验。

在长达 4 年的时间里，威廉 · 冯 · 奥斯滕就像教学童一般教着他的马——汉斯。汉斯站在黑板前，奥斯滕利用一块算盘教它算术，用字母卡片教它认字母，用儿童口琴教它识音乐。马是没有语言能力的，因此汉斯只能借助点头摇头、敲打马蹄的方式给出答案。回答有关字母、不同音阶的声音、扑克牌的问题时，它均是用这种方式表明

先生和学生：威廉・冯・奥斯滕和汉斯通过算盘、字幕卡和其他辅助工具进行教学。

它的答案。例如：马蹄敲打一次地面，表示是 K，马蹄敲打两次地面，表示是 Q，3 次是 J 等等。这种教学方法是“非常原始的，是费尽了心思才想出来的，可能只有霍屯督族人还在使用这种方法”，奥斯滕后来承认。

汉斯的表现甚至引发了科学界的注意。不少名人纷纷慕名而来，参观这匹神奇的马，其中包括马戏团经理保尔 · 布什、动物园经理路易 · 海克、兽医米茨纳博士以及当时最为著名的心理学家，柏林大学教授卡尔 · 施通普夫（Carl Stumpf）。他们为汉斯所展示的惊人能力所震撼，以至于 1904 年 9 月 12 日，联名签署了一份鉴定书。鉴定书中声称，汉斯委员会——13 位签名者如此称呼他们的集体——在此证实，奥斯滕先生在汉斯的表演中没有作假。给汉斯提的问题并非特意准备的。鉴定书中认定，“汉斯的表现，与以往任何表面与之相似的案例均存在本质的区别”。汉斯的表现让人们相信，它与人唯一的区别就是无法言语，一位激动的观众如此说。另外一位经验丰富的教

某个中午，前来位于柏林 Griebenowstraße 大街 10 号的农庄参观聪明的汉斯表演的观众。

育学家声称汉斯的表现“达到了普通 13 — 14 岁小孩的智力水平”。那些汉斯犯的极少的错误，都瑕不掩瑜、无足轻重，人们更加相信它是“汉斯为了逗笑观众而表现出来的幽默”。某些动物学家甚至认为汉斯的表现证明了动物与人在灵魂层面并不存在区别。

“应当对这个现象进行严肃的、科学的调查”，鉴定书最后如此建议。心理学家施通普夫将这个任务交给了他的学生奥斯卡 · 芬格斯特（Oskar Pfungst）。尽管最后芬格斯特发现，汉斯的能力与智力无甚关联，但是他的发现给人带来的惊奇不亚于一匹会算数的马。

芬格斯特的第一个实验是要弄清，汉斯在回答问题时是否确实没有借助旁人的帮助。如果答案是肯定的，那么实验者是否知晓答案对实验过程不会造成任何影响。芬格斯特交给汉斯一项任务：用马蹄按黑板上数字表明的次数敲打地面。他变换着实验条件，按照将数字只给汉斯看、将数字给汉斯和自己看两种方式进行分组实验。实验结果一目了然：在芬格斯特看过数字的情形下，汉斯的正确率达到了

98%，而在芬格斯特没看过数字的情形下，正确率只有 8%。为了进一步验证汉斯的运算能力，芬格斯特分别跟二人耳语一个数字，两人均不知道对方听到数字，然后让汉斯做加法运算。在此实验条件下，只有汉斯知道答案，而其他两人不知，结果汉斯没能回答上来。至此，芬格斯特已经能得出结论："汉斯之所以能进行运算回答问题，是受了周围人群反应的暗示。"这个结论还无法令人信服。因为不同于马戏团的那些表演算数的动物，它们的驯兽师一直守在旁边，通过各种途径向其提供暗示，在芬格斯特的实验过程中，冯·奥斯滕根本不在现场。汉斯唯一可能的暗示来源，是实验者芬格斯特！而芬格斯特对此一无所知。汉斯借以回答问题的暗示真的来自于自己吗？为了回答这个问题，芬格斯特给汉斯戴上了眼罩，这样汉斯就无法看见他了。这给实验带来了额外的麻烦，汉斯不停地试图甩开眼罩。尽管如此，还是验证了一点：当汉斯看不见芬格斯特时，它再也回答不了问题。由此表明，汉斯确实是从提问者身上读出了答案。但是它又是怎么做到这一点的？芬格斯特开始注意自己的行为，尽量保证不给汉斯任何有关答案的联想。

在经过细致的观测后，芬格斯特终于揭开了谜底，原来汉斯是通过提问者身体的细微运动获取答案的提示。向汉斯提问的人，提问后都会不自觉地微微低头，看着汉斯的蹄子。这就给了汉斯一个信号，需要用蹄子敲打地面。当汉斯敲打的次数与答案吻合时，提问者多半会无意识地将目光从马蹄移开，汉斯得到这一信号后，便会立即停止击蹄。为了验证这一假设，芬格斯特又设计了一系列实验。他在不同距离向汉斯提问。结果表明，与提问者的距离越远，汉斯的答案就越不准确。因为距离越远，汉斯越难看清提问者的身体动作。芬格斯特也给汉斯提了一些答案为 1 的问题，因为如果假设正确，那么答案为 1 的问题汉斯是最难于回答的，提问者下意识提示汉斯开始击蹄和结

“这里可没有哪匹马能熬很久!”聪明的汉斯望着国会大厦，发出这般感慨。“再见了，柏林!”汉斯离开柏林之路。《喧声》(*Kladderadatsch*，1909 年)

束击蹄的时间近乎一致，汉斯很难区分。事实证明，在回答此类问题时，汉斯要花费最大的精力。

芬格斯特发现当实验者未提任何问题而身体稍稍前倾时，汉斯一样会开始敲打马蹄。至此，芬格斯特的推论已经得到了诸多证据的验证。但是芬格斯特并未就此满足。1904 年 11 月他先后邀请了 25 个人来到柏林大学心理学研究所。当芬格斯特要求他们在心中任意挑选一个数字时，这些人并不知道他要做什么。最后芬格斯特通过敲打桌子的方式一一猜中了他们挑选的数字。“一匹能说话的马踏入了沉默的殿堂。”芬格斯特在《聪明的汉斯》(*Der kluge Hans*)一书中这样写道。通过观察 25 位实验者细微的身体动作所表达出来的信号，芬格斯特成功地猜中了其中 23 人心中的数字。

芬格斯特的实验揭示了最能误导实验结果的一大因素：实验者的心理期望。随后的许多研究表明，研究者在潜意识中希望实验朝着自己事先设想的方向发展，这种期望会不自觉地影响实验结果。芬格斯

A Marvel in Animal Education in Germany

"The Wonder Horse" of Berlin Described by Prof. Amos W. Patten of Northwestern University.

德国驯马者创造的奇迹（《史蒂文森每日要点报》，1904 年 10 月 13 日）。美国也报道了汉斯超乎寻常的能力。

特在需要汉斯停止击蹄时，下意识地做出了细微的身体动作，给了汉斯以暗示。在学术上，这一现象被称为“期望效应”，在设计实验时，要充分考虑这一效应的影响。芬格斯特的论文在学术界极为有名，以至于这一现象也被称为“聪明的汉斯现象”。

这一系列实验能否表明芬格斯特拥有天才的头脑？德国心理学家霍斯特·古德拉赫（Horst Gundlach）对此表示怀疑。芬格斯特为他的博士论文常年焦头烂额，而未获通过。为什么他不把《聪明的汉斯》一书作为博士毕业论文？为什么甚至没当过一天助理的奥斯卡·芬格斯特是《聪明的汉斯》唯一的作者？通常情况下，学生的论文前都会注上指导教授的名字。在《聪明的汉斯》一书后，芬格斯特再也没写过任何著作，发表的文章也寥寥无几。古德拉赫大胆猜测，这本书的大部分并非芬格斯特完成的，而是出自他的老师卡尔·施通普夫。由于其曾经长时间相信汉斯的特异功能而遭到了同事和出版商的耻笑，因而他后来再也不愿意跟这匹马扯上任何关系。

芬格斯特实验后，冯·奥斯滕失去了一切。在实验结论出来后，他曾给卡尔·施通普夫写过一封信，然而这位学者却再也不愿看到汉斯。可以肯定的是，冯·奥斯滕并非骗子，他给予汉斯的暗示都是在无意识下做出的，就像芬格斯特一开始的那样。当他在柏林展示汉斯的“特异功能”时，也提过一些对某些人来说非常难堪的问题，比如有一次他问道：“你喜欢我们的枢密大臣施通普夫吗?”汉斯当时摇了摇头。

威廉·冯·奥斯滕死于1909年6月29日。临死前，他希望那匹据他看来给他的生活带来了不幸的马“能在灰浆车前走完它的一生”。他把汉斯遗赠给了埃尔伯菲尔德的商人卡尔·克拉尔，克拉尔为它建造了一间马厩。第一次世界大战期间，所有的马都被征召入伍，汉斯也未能幸免。

## 1912 亲爱的细胞，生日快乐！

1月17日对亚历克西斯·卡雷尔的实验室来说，是个不平凡的日子。卡雷尔的实验室隶属纽约洛克菲勒研究所。每到这个日子，实验室的研究人员就会聚集在一起，对着一个密封的烧瓶唱生日快乐歌。他们是在为烧瓶中的鸡心肌肉细胞歌唱，这些细胞是卡雷尔1912年1月17日放入装满培养液的烧瓶中的。研究人员称之为“不死的细胞”。这些细胞由于《纽约世界电信报》（*New*

这些器皿中，就放着亚历克西斯·卡雷尔的那些闻名于世的“不死的细胞”。据说它们活了34年。

*York World Telegram*）的报道而迅速声名大振。

卡雷尔并非第一个尝试分离动物细胞，并在其母体外加以培养的人。之所以后来人们一提到这一生物学领域，总会想到他的名字，是因为他出色的技术以及擅长作秀的宣传本领。分离鸡心细胞的实验源于其他科学家对卡雷尔培育人体甲状腺细胞以及肾脏细胞的质疑和批评。卡雷尔将鸡心细胞置于不同的生长环境中，对其分别进行培育。最后给他的实验带来突破性进展的，是1912年开始培养的、编号为725号培养皿中的细胞。卡雷尔将一小块鸡胚胎心脏组织置于39℃的血浆、蒸馏水混合溶液中，鸡心脏细胞在溶液中开始分离。几天后，鸡心脏组织已经完全分解，卡雷尔将分解开的鸡心细胞置于不同的营养液中继续加以培养。借助于分开培养的实验，他想揭晓生物学上一个重大问题的答案：为什么人类会衰老？是由于人体内存在一部分必定会衰亡的细胞，还是由于整个人体组织随着时间的流逝，必然走向衰退？

卡雷尔认为他培养的细胞是不死的。“衰老和死亡并不是细胞必然的宿命。”甚至在实验开始前一年，他就如此写道。实验的目的在于，“寻找新的生存条件，在此条件下，细胞能够脱离母体无限期、不衰亡地生存”，一旦我们找到这种条件，“就能创造生命的奇迹”。

UNHATCHED CHICK'S HEART IS BEATING AFTER TEN YEARS

NEW YORK Jan. 17.—Part of the heart of a chicken that never was hatched was beating today, the tenth anniversary of its removal from the embryo and isolation by Dr. Alexis Carrel of the Rockfeller Institute.

The tissue fragment is still growing and its pulsations are visible under the microscope, Dr. Carrel said. It grows so fast that it is sub-divided every forty-eight hours.

一只未孵出的小鸡的心脏仍然跳动了10年（《里诺晚报》，1922年1月17日），这些细胞在10岁生日之际，成功登上了报纸的头版。

卡雷尔所培育的“不死的细胞”声名大噪。借助它，在实验开始后不久，卡雷尔便因其在血管外科手术领域的杰出贡献获颁诺贝尔奖。明尼苏达州圣保罗市的《乡村周报》（*Rural Weekly*）1912年10月24日刊用大标题写道：“他在玻璃瓶里放养细胞，由此

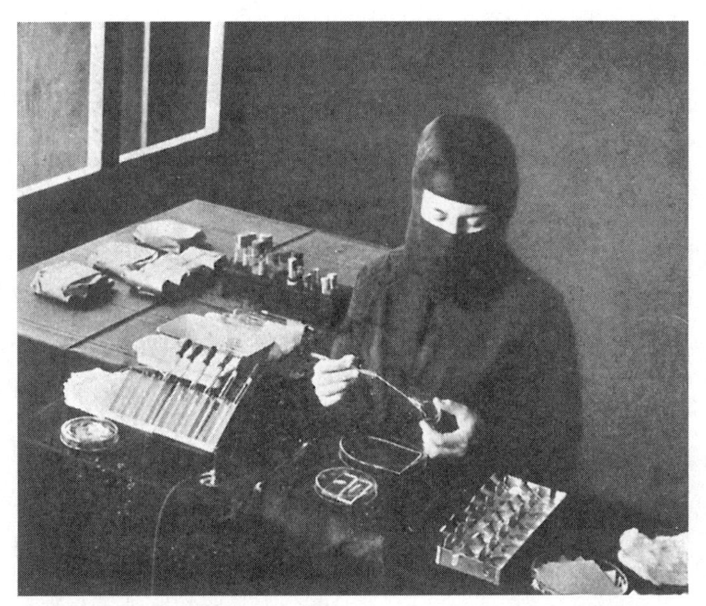

一名实验员向细胞培养基添加人工营养液。不久有结果表明，“永生”细胞能够存活需要不时地帮助。

赢得了39000美元。”报纸继续写道：“据说，卡雷尔可以用不同动物的身体拼装成新的物种。”这当然是口无遮拦的夸张，所谓的“不死的细胞”也存在某种程度上的夸张。卡雷尔培养的毫米级的鸡心细胞组织，以一种神奇的方式，成功地跨出实验室，登上了报纸的专栏。置放培养瓶的底座也换成了大理石，这块鸡心组织还需要时不时地修剪，以免生长的过多，“淹没”了实验室。

当卡雷尔1940年离开洛克菲勒研究所时，《纽约世界电信报》甚至为那些鸡心细胞刊登了一篇讣告。然而这些细胞当时并未迅速死去，卡雷尔的同事接过了照料它们的任务，直至1946年4月26日。生物学家后来发现，细胞离开母体后，其分裂增殖的次数存在着一个临界值，到达临界值后，细胞将死去。根据这一研究，他们提出了一项命题：卡雷尔的细胞不可能活过34年！

亚历克西斯·卡雷尔 1912 年获得了诺贝尔医学奖。他在细胞移植领域做出了大胆的尝试，这幅作于 1914 年的漫画将他描述成一位隐藏于外科医生外表下的魔法师。

所有试图重复卡雷尔实验的人，都失败了。尽管细胞在脱离母体后能够生存，但是却没有生存得如卡雷尔的鸡心细胞那般长久的。根据生物学家扬·A·维特科夫斯基（Jan A. Witkowski）的推测，这可能有 3 种解释：卡雷尔的鸡心细胞在培养皿中发生了突变，从而获得了像癌细胞那般无限增殖的特质；或者在添加培养液时，由于工作人员的疏忽混入了新的鸡心细胞；抑或是最初的鸡心细胞早就死亡，卡雷尔和他的同事掩盖了这一事实，利用新放入的鸡心细胞欺瞒了公众。如果是这样，那么这个生物学上最著名的实验只是个彻头彻尾的骗局。

对此，早在 20 世纪 30 年代就有相应的说法。当时有种声音认为卡雷尔在做细胞培育实验时，并没有遵循科学、严谨的实验程序。他当初的某位助手甚至对来实验室参观的人说了一番这样的话：“您知道吗，要是我们弄丢了培养皿中的细胞，卡雷尔博士不但不会发怒，还会很高兴。一般出现了这样的情况，我们只需要弄些新的胚胎细胞置于培养皿中就行了。”

“卡雷尔能培养出不死的鸡心细胞，却不能阻止自身的衰亡。”一位研究者讽刺地说道。卡雷尔 1944 年 11 月 5 日死于巴黎，比他那些“不死的细胞”早 2 年。

# 1914 通往香蕉的阶梯

这幅照片极富象征意义：一只黑猩猩站在3只垛起来的木箱上，正在抓够一根香蕉。一代又一代心理系学生从中读出的都是：一只聪明的猴子突然来了灵感，有目的地通过叠箱子拿到了以其他方式无法拿到的水果。当然，真正的故事要更复杂些。

智力证明？雌黑猩猩为了够到香蕉把木箱叠垛起来。

德国心理学家沃尔夫冈·科勒（Wolfgang Köhler）为猴子设计了这项智力测验。1913年年终，他来到特内里费，接管了那里的类人猿研究所。他本打算只在这里待1年，其间爆发了第一次世界大战，使1年变成了6年。

在此期间，为了研究猿类的智力，科勒完成了一系列出色的实验。通过这些实验，他逐渐确信，黑猩猩“表现出了一些人类常见的智力行为”。这一观点给当时的进化论学家吃了一颗定心丸。当时正值达尔文的自然选择学说提出后不久，生物学家们四处寻找相关证据来验证这一论断。判断人和猿有血缘关系的一个证据是它们在身体上相似。达尔文认为，人和猿在智力上也应该是接近的。科勒希望通过实验查明这种关系到底有多近。

1914年1月24日，他带着6只黑猩猩进入了一个2米高的房间，角落里吊了一根香蕉，地面中央放了一个木箱子。他等待着。所有的黑猩猩都试图跳着够到香蕉，但没有成功。“黑猩猩苏丹马上放弃了这一企图，”科勒写道，“它焦躁地走来走去，突然在箱子前面站住，抓住它，飞快地将其滚到目标处，却在水平方向上还差半米时就登上箱子，用尽全力，把香蕉抓了下来。”苏丹解决了问题。它那瞬间爆发的、直指目标的行动，似乎昭示着这是一个突然产生的想法。

令科勒更加惊讶的是，他的黑猩猩在解决下一个问题时接二连三地失败。香蕉被挂得更高，黑猩猩们唯有把一只箱子叠垛在另一只箱子上，才能够到香蕉。科勒注意到这次黑猩猩需要解决的问题“分为两个截然不同的部分：一部分它可以轻易解决，而另一部分解决时却遇到了相当大的困难”。容易解决的部分是把一只箱子推到香蕉下面，困难的部分是把第二只箱子叠垛到先前的那只上面。这一“特别情形”令科勒迷惑不解，因为对于人类来说，问题是完全不同的。如果一个人首先发现他可以通过放一只箱子在下面而接近香蕉，那么对他来说，通过把2只或3只箱子垛在一起达到更高的高度，从而够到水果，是顺理成章的。对于一个人来说，“把第二个建筑材料放到第一个上只是对把第一个建筑材料放到地上这一行为的重复”。猴子却不这么看问题。

显然，照片中的黑猩猩为了第二只箱子费尽心力。随着时间的增加，它们能够成功完成一个小的建筑，但是多少年过去了，它们还在犯着同样的错误。即使经过了很多次正确尝试，却突然又对如何处理第二只箱子手足无措。科勒认为，黑猩猩对叠垛箱子的建构完全没有概念，几乎搭建过程中的所有“静力学问题”，它们都不是有意识地解决的，而是通过盲目的试探……

科勒的这一实验在今天被奉为经典，后人变化着不同的方式，继续着这一实验。但是实验证实的人和猿的类似性却难于令人信服。人和黑猩猩相似的行为并不能证明它们相似的思维方式。

◆ 美国公共电视台网站中文献纪录片《动物的内心世界》(*Inside the Animal Mind*) 的页面上，有一部有关科勒的实验的短片。其中也包含了其他有关动物的智力、意识、情感的主题。影片的直接链接为 www. verrueckte-experimente. de。

# 1917 沃森医生离婚记

玛丽·伊克斯·沃森（Mary Ickes Watson）算得上为数不多的几个因为科学实验导致婚姻破裂的女性之一了。那时的报纸对报道分手事件乐此不疲。玛丽的丈夫约翰·B·沃森是一位颇有影响的心理学家。1915 年，他当选为美国心理学协会的主席。1919 年，在巴尔的摩的约翰·霍普金斯大学，他被学生们评为最具风度的教授。其中原因之一，或许同时是他身陷麻烦的缘由：他的长相太帅了。

沃森在第一次世界大战期间观看了为即将开赴罪恶的欧洲的美军士兵而播放的性启蒙电影，表现性病的低俗画面警示着人们远离妓女。战争结束时，沃森把这些影片展示给市民和医生看，随后对他们进行了采访。此间他感觉到，很多医生把性生活视为堕落的行为并由此将其看作一种疾病。

在沃森看来，这是个明确的标志，表明对于性生活的研究不应该仅仅局限于医学方面，已经到了对人类的性行为展开心理学研究的时候了。

他的朋友同时也是同事德克·科勒曼在他去世后曾说，沃森在这方面掌握了先进案例并亲自进行实验。因为科勒曼后来也过世了，无法从他那里再访问到什么信息，所以沃森传记中说到的他亲自实验，是真是假不得而知。按科勒曼的说法，大约从1917年开始，当时39岁的沃森教授和小他20岁的女学生罗莎莉·雷纳一起开展了针对这一敏感话题的研究：他详细记录了两个人在发生性关系时身体的反应。詹姆斯·V·麦康奈尔（James V. McConnell）于1974年在他的书《认识人类的行为》（*Understanding Human Behavior*）中第一次对这一研究进行了报道。在他看来，沃森教授就是以这种方式成功完成了对这一行为的记录的第一人。沃森教授的夫人无疑不会认可自己丈夫的这种科学建树。她起了疑心，并搜集证据。雷纳出身名门，当时还在和父母一同生活。在沃森夫妇应邀来到雷纳家的时候，玛丽·伊克斯·沃森假装头疼，请求躺下休息一会儿。然而，她并没有在一楼休息，而是对罗莎莉·雷纳的房间进行了彻底搜查，看到了自己丈夫的情书，文字都堆挤着遍布在《巴尔的摩太阳报》（*Baltimore Sun*）的专栏间隙：我身上的每个细胞，都是属于你的，不论单独还是整体……我完全归属于你，到了无以复加的程度，即使做个手术把我们合成一体，也不会比我现在属于你的程度更深。

在约翰·霍普金斯大学校长的逼迫下，沃森教授必须在离婚后放弃他的教授职位，并从此转为从事广告业务。他娶了雷纳为妻，直至1935年英年早逝，他们二人一直在一起。在离开约翰·霍普金斯大学之前，沃森教授和雷纳一起完成了一项著名的心理学实验：小艾伯特条件反射研究（见“1920　小艾伯特害怕了”）。

沃森教授的实验数据以及离婚的相关卷宗一起被其前妻销毁了。继沃森的性研究实验，直到10年后的1928年，才有一对夫妇重新进行了科学意义上的性生活实验——在各方面得到的数据都比较令人满意（见“1928　性欲曲线”）。

# 1920　小艾伯特害怕了

他的名字真的是艾伯特么？还是像研究报告中所记录的B·艾伯特？可能日后会找到答案吧。他现在大概85岁了。不过有可能他根本不知道，自己就是那个著名的“小艾伯特”——他的喊声所有的心理学系学生都辨得出。电影开机时，当时9个月大的艾伯特和一只白鼠担任了片中的主角。时至今日，兴许人们还能从他对白鼠的极度恐惧中认出他来。

艾伯特的母亲在哈丽雅特·莱恩收养所做保姆，看护残疾儿童。艾伯特在那里度过了许多时光。心理学家约翰·B·沃森和他的女助理罗莎莉·雷纳偏偏选定这个婴儿来开展实验，自有他们的原因。“总的来说，他镇定而被动。”两位学者日后写道。考虑到这一情绪上的稳定性，艾伯特当选为实验婴儿。“我们感觉，比较而言，实验对他的伤害很小。”

约翰·沃森希望借助艾伯特实验，把巴甫洛夫（见“1902　巴甫洛夫的铃铛实验”）从对狗的研究中获得的认识应用到人的身上。他成为以研究行为为核心的行为主义心理学流派的创始人。所有对于大脑活动的猜测，在他看来都是危险的，因为这一过程是客观上无法知晓的。沃森相信，只有人类的行为才可以解释人类对于一系列外部刺激的反应。

然而沃森的理论有一个潜在的问题：从婴儿身上只能观察到非常有限的先天反应，比如害怕大的声响，或者对限制行动自由感到愤怒。与此不同的是，成年人会对所有可能的人、物体、结果产生如此的反应。沃森和雷纳由此决定："要采用一种简单的办法，把引起情绪的刺激戏剧性地放大。"沃森认为，这一方法就是设置条件。

第一项实验开始于艾伯特 8 个月零 26 天的时候。沃森在艾伯特背后用锤子敲击一只悬挂的钢棒。艾伯特马上做出反应："孩子剧烈地抽搐，停止呼吸，以独特的方式举起手臂。在第二次敲击时，孩子有同样的反应，并且紧闭嘴唇，身体颤抖。在第三次敲击时，孩子大叫起来。"这就是噪声与恐惧之间的先天的联系。为了培养孩子对新事物的恐惧，沃森将要使用这种联系。

实验结果发表后，沃森和雷纳在一段时间内承受着良心的折磨。令他们感到安慰的是，"只要把孩子的住处从嘈杂混乱的地方换到托儿所这种保护性的环境中，这种联系会很快解除。"

在艾伯特 11 个月零 4 天的时候，沃森培养了他对白鼠的恐惧。沃森从篮子里取出白鼠，让它从坐着的艾伯特身边跑过。艾伯特没有表现出一点恐惧，伸手去摸白鼠。就在艾伯特碰到白鼠的一刹那，沃森敲响了钢棒。"孩子吓了一跳，脸向前趴到褥子上，但没有叫喊。"在第二次接触实验时，沃森再次敲响了钢棒，孩子开始呜咽。1 周后，沃森和雷纳继续实验。只要艾伯特去摸白鼠，他们就敲打钢棒发出响声。2 次，3 次，4 次。其间，他们把白鼠拿到艾伯特面前，检查目的是否达到。在 7 次白鼠和噪声的组合后，艾伯特只要看到白鼠就会叫喊。沃森和雷纳把小艾伯特对巨大声响的恐惧同一种新的刺激——白鼠——联系到了一起。

5 天后，沃森想知道艾伯特对白鼠的恐惧是否可以转移到其他的

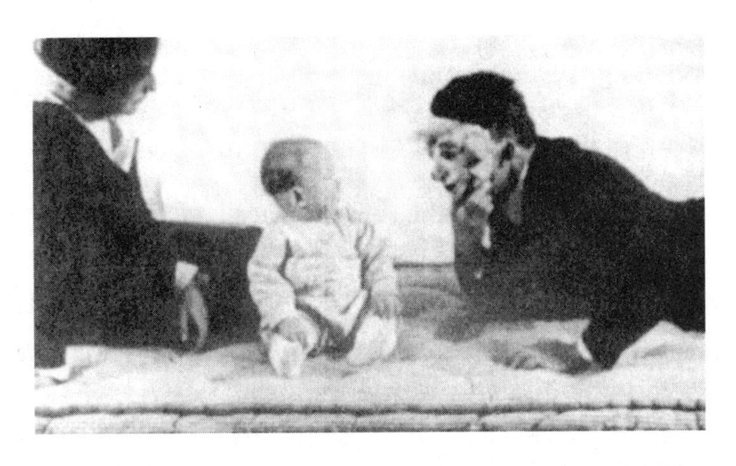

心理学中著名的儿童叫喊。约翰·沃森（戴面具的）和罗莎莉·雷纳对小艾伯特进行恐惧的扩展测试。

动物和物体上。事实上，这个孩子现在也害怕家兔、狗、皮毛大衣，对棉花、头发和圣诞老人面具也有些许恐惧。为了进行控制，艾伯特总是能得到玩具，这个他一点都不怕，他拿到玩具后很快就开始玩了。

沃森围绕小艾伯特拍摄的滑稽电影促成了这一实验的流行，时至今日它成为心理学的传统故事之一，流传着众多模仿的版本。教科书上这样记叙：沃森递给艾伯特一只猫、一只皮手笼，一只白色的皮手套和一只泰迪熊。为了迎合不同的理论，艾伯特的反应也被大肆赋予了新的解释。几位作家详细描写了沃森如何在实验结束时解除艾伯特的恐惧条件。事实上，沃森并没有这么做。令人惊讶的首先是，因为他事先明确知道，艾伯特什么时候会和母亲一起离开实验并清楚可能的实验后果。当他发表自己的实验成果时，他写道："如果不是偶然发现解除条件的办法，孩子的这一反应很可能一直存在下去。"

不久之后，沃森因为在另一项实验中与雷纳走得过近而离开了大学（见"1917　沃森医生离婚记"）。此后他写了一本让大众广为阅读的教育读物，告诫父母不要过度关照孩子。在小艾伯特的实验过去40年后，心理学家哈利·哈洛通过对猴子进行的灭绝人性的实验证明了沃森所犯的错误（见“1958 ‘母亲机’”）。

如果小艾伯特现在还活着，也会感到安慰了。他的名声已远播到音乐界。得克萨斯乐团“裂缝”2002年的纪念册名为“献给小艾伯特的摇篮曲”。在CD小册子的背面有一张艾伯特的照片，演唱会上也播放了电影的片段。艾伯特真的能在这支摇篮曲的陪伴下入睡么？“裂缝”演奏的是实验一样的噪声音乐。

# 1923 雌性身体上的雄性欲望

沃尔特·芬克勒（Walter Finkler）仔细地选出了自己的实验动物。这只黑亮亮的水甲虫不单性情随和，更具备满足实验需要的性生活习惯，正如芬克勒所说：“水甲虫（Hydrophilus piceus）不在夜间交配，就连块隐秘的地方也不需要。”这一点至关重要，因为维也纳生物研究所的科学家们希望将水甲虫的交配状况应用于“性本能标准”。

不久前，芬克勒开始了针对昆虫的移植术实验。实验方法很简单——但也正如怀疑者们评论的那样——“残忍程度无以复加”。芬克勒将水甲虫饿2—3天，用硫实施麻醉后，剪下头部，把一个的头植到另一个身上，然后牢牢固定直至新的头部按照预想长合完好。在芬克勒看来，这种交换方法甚至可以在不同类型的甲虫之间实施。“植入新头的水甲虫在水中自在地游动，好像有生以来就不曾换过头。”

芬克勒在自己的著作中记述道。

渐渐地，人们必然要面对这个问题：如果将雄性和雌性水甲虫的头部互换，结果将会如何？决定性行为的是头部还是身体？

沃尔特·芬克勒的奇异甲虫。右上为正常水甲虫，左下为正常龙虱。其余的都是头部被移植的。

在揭开这一谜团之前，芬克勒有必要澄清另一个问题："在水甲虫中是否也存在同性恋？"因为在异常的性欲驱动下，无法分辨究竟是一个异性恋的雌性头还是一个同性恋的雄性身体左右了嫁接体的行为。

尽管此前在不同甲虫群体内都发现过这类"特异情况"，但经过了长达2年的观察，芬克勒并不能认定水甲虫也是如此。真正的实验可以开始了。芬克勒给甲虫动了手术，把不同的新合成体放入容器进行观察，所有观察内容日后被他巧妙地总结成为一句标题——"雌性体内涌动的雄性欲望"。他在正文中继续写道："植上雄性头部的雌虫做着交尾的准备，各种行为跟雄虫并无二致。"芬克勒认为有必要像描述他本人心中女性形象一样使用一些拟人语句描述雌虫："被引诱淫乱的雌虫——也许不算真正的雌性了——不仅毫无反抗地接受一切，甚至感到愉快，摆出一种'你想跟我干吗就干吗'的姿态。"但在描述性交时他也承认，像他一样经验丰富的科学家也不能详尽获知雌甲虫内心活动的细节。他这样评述雌虫典型的摆脱行为："谁又能够确定这是出于真心还是仅仅要个手腕？雌虫这个问题我们看不清楚，女人这个问题我们又何曾看清过！"

许多科学家都曾尝试重复芬克勒的实验。昆虫学家汉斯·布隆克（Hans Blunck）和沃尔特·施派尔（Walter Speyer）用52页的学术语言描述他们的实验并得到结论：“这位维也纳学者的陈述有悖一切经验，科学界再没什么理由研究他以及他的文章了。”芬克勒的作品显露出许多明显的自相矛盾。也许他是实验期望效应（见“1904 驯马者”）的牺牲品，但更有可能的是他欺骗了大家。

## 1926 用盒子打破“盒子思维”

下面是为数不多的几个从心理学研究走进大众读物的实验之一。您现在就可以自己做这个实验：在桌上放3个小的硬纸盒（大约火柴盒大小），每一个都装上一些图钉、一支蜡烛和几根火柴。您现在的任务是：将3根蜡烛固定在门板上相当于人眼睛的高度处。想出来了吗？——答案其实很简单：您用图钉把硬纸盒固定在门板上，然后把它们用作烛台。最关键的一步在于，把盒子的功能从“容器”转变为“平台”。如今许多研究者认为这种“转变”就是创造力的秘密所在：发挥出事物原本没有被发现的功用，也就是能够克服心理学上所说的“功能定势”。

上面的蜡烛实验只是德国心理学家卡尔·东克尔（Karl Duncker）给他的实验对象所出的诸多问题之一。实验的过程当然要比上面的轻描淡写要复杂一些。除了3个硬纸盒之外，桌子上还放了一些与解决问题无关的其他物品。在实验时，东克尔明确告诉实验对象，他们可以使用桌上的所有物品，并要求他们尽量开动脑筋解决问题。他希望借此观察人们的思维。

东克尔的这个实验做了2次：其中一次图钉、蜡烛和火柴被装在硬纸盒里；而另外一次纸盒是空的，图钉、蜡烛和火柴放在桌子上。当纸盒是空的时候，7名实验对象都能解决问题；当纸盒装了东西的时候则只有3名完成了任务。正如东克尔预料的，当纸盒以空的形式出现的时候，即脱离其本身"容器"功能的时候，实验对象会更容易想到解决问题的方法；而纸盒装了东西，即作为"容器"出现的时候，他们就不那么容易想到办法。

东克尔还尝试找到更多条件，让人们的思维更容易从事物本来的功用上"转移"出来。当纸盒里装的东西和解决问题无关的时候——东克尔在盒子里装上诸如纽扣之类的东西——人们更容易对事物进行"功能转移"。特殊的说明也会有所帮助：比如"请使用图钉以及容易被图钉固定在门板上的东西"。

1935年，东克尔在他的书《创造性思维心理学》（*Zur Psychologie des produktiven Denkens*）中公开了这个实验，这本书如今已经成为心理学的核心读本之一。那时东克尔只有32岁。由于他和共产党走得很近，所以他2次申请到大学授课都遭到了拒绝。5年后，他在失望和郁闷中自杀。

# 1927 月光下的组装工作

光线实验一开始都是为了验证一个众所周知的现象：光线越充足、光照环境越好，人们的工作效率越高。但是实验结果令人吃惊，并使这些实验成为工作心理学上最为著名的实验。针对它们的实验报告，至今还存在诸多争议。

20世纪20年代，电器及电灯的制造商不遗余力地向人们宣称，电灯照明能够避免工伤事故，能够保护视力、提高工作效率。他们想通过实验让顾客亲眼目睹电灯照明的优点。

1924年在芝加哥西部电力的霍桑工厂，进行了一项这样的实验。实验过程很简单：在不同的区间提供规律性不同的照明，对区间内的工作效率进行测量记录。实验结果声称，在更好的照明环境下，工人的产出最大。然而在实验过程中，所有3组工人的工作效率都是越来越高的，这跟光线的强度差别没有任何关系。就连没有电灯照明的控制组亦是如此。

一次测试居然得出了让人难以置信的数据：实验者让2位工人在光照条件极差的衣帽间里工作，然而令人惊奇的是，他们的工作效率并不低，甚至比正常情形下效率更高。当光照强度降到0.06坎德拉时，也就是满月时的月光强度，两人的工作效率才开始下降。

这一测试直到今天还为工作心理学的学生们所广为传颂。当时的实验者看到这一数据后，都目瞪口呆，他们当然没有想到去考虑其中心理学因素，在书写实验报告时费劲了心思：那些狭隘的工程师甚至想象检查机器那般检查那2位参与实验的计件工人。

事实上，科学家们一开始就清楚，在这项实验中，光照强度变化以外的其他因素也影响着最终的实验数据。衣帽间测试中，他们甚至正确地预知了最终的测试结果，即训练有素的工人在低强度光照环境下同样能够达到正常产量。

科学发展史学家理查德·吉莱斯皮（Richard Gillespie）为了写作《制造业知识》（*Manufacturing Knowledge*），于90年代初期调查了所有光线测试的原始实验数据，他惊奇地发现了隐藏在这些数据后的丑闻。为了使其实验无懈可击，即由假说、实验、理论知识构成完整的体系，官方出版物的作者们改变了实验的年代顺序，隐瞒了那些对其理论不利的实验结果，在随后他们的理论漏洞百出、为人摒弃后，他们表现出对其理论中存在的问题一无所知。

1939年出版的《管理学与工人》(*Management and the Worker*)一书中，对上述实验的描写超过了600页，吉莱斯皮评价道："它将一个时代的社会科学家完全地引入了歧途。"教科书中有关这个实验的描述并非来源于原始实验数据，而是作者的主观臆断和对实验数据的重新加工。

随后，60年代的其他无数类似的实验并没有帮助人们澄清这一误区，反倒使得人们在这一问题上更为混乱。"我们根本不知道，霍桑车间里到底发生了什么。"一位专家如此说。

那些光线实验后来并未正式发表实验报告。电力公司对一项不利于自身的实验报告毫无发表的兴趣。人们决定，在霍桑工厂中进行一系列实验，力求解答下列问题：哪些因素会影响工人的工作？为什么下午工人的工作效率会下降？中途休息是否有利于工作效率的恢复？后来，在社会科学发展史上，这一系列实验被人们称为"霍桑实验"。

为此，人们准备了一块实验场地，可容纳6名工人。实验要求6名工人组装R－1498型继电器。R－1498型继电器是电话总站的电磁开关，由32块零件组成，一名普通工人能够在一分钟内组装完毕。实验中，组装好的继电器可投入一个倾斜的井状通道中，通道下面放置着小盒子，用于接收继电器。实验场地中的这6名工人被视为一个整体，他们的薪酬不像往常那般，取决于多达数百人的车间的产量，而是取决于这6人团队的产量。实验者担心，不提供报酬可能导致工人积极性下降，不自觉地减慢工作效率，从而威胁到实验数据的准确性。尽管采取了这样的措施，然而实验数据的准确性还是受到了威胁。随后有人猜测，正是这个经过精心设计的薪酬系统在无意之中大大影响了实验结果。

在工人们拼装继电器的实验场所对面，坐着霍默·希伯格（Homer Hibarger）、实验人员以及观察人员，他们负责监督整个实验过程，记录实验时间以及实验中的其他细节。

做了这番准备后，实验者仍然不放心。这6名年龄在15—28岁之间的年轻女工必须每月接受一次医疗检查。希伯格利用医疗检查了解了她们的私人生活以及月经时间。

1927年8月开始了第一组休息测试：首先是上午和下午各一次5分钟时间的休息，然后是2次10分钟的休息，再是6次5分钟的休息，最后是上午提供15分钟的免费用餐时间，下午一次10分钟的休息。工作效率稳步提升，从每小时拼装49.7台继电器上升到55.8台。

女工们很快便发现，那些学者和实验人员都需要自己的合作，于是她们开始提一些小小的要求：一次她们觉得光线太强了，另一次她们要求在自己和实验人员间摆放小屏风，这样她们便不再直接暴露在他们的目光下。当这一要求被拒绝后，一位女工声称："我敢百分之百地保证，只要你们在中间摆上屏风，我们肯定能装得更快。因为有了屏风，我们就不需要时刻整理裙装，提防春光外泄。"实验者被她说服了，于是很快便在女工们和实验者之间加装了小屏风。

医疗检查和针对私生活的提问，是最惹女工们反感的。但是她们的反感无济于事，医生仍然每月定期拜访。直到有一次实验者将医疗检查改为聚会，聚会上有蛋糕有鸡蛋，并且放着轻快的音乐，这才让女工们的心情好转起来。由于在这次聚会上，实验人员也提供了茶水，因而这块实验场地也被工厂的其他工人称为"茶水屋"。女工们开始在工作中放松情绪，却惹来了实验人员的担忧。他们担心实验数

霍桑工厂中的茶水屋。这里进行的实验试图揭开工作效率之谜。针对实验结果，直到今天仍然众说纷纭。

据的正确性会受到影响。2名女工，阿德琳·博加托维奇和伊雷娜·里巴斯基对此不以为意。希伯格提醒里巴斯基注意她低下的工作效率，不料她反唇相讥："一开始您让我们就着自己的意愿，随意干，我现在这样做了，您又说不对。"

因为实验对象工作效率低下而对其发出警告，从科学角度看来，这确实是无比荒诞的。但是当时的实验人员不过是想揭示工作效率同休息之间的关系罢了。

当博加托维奇开始喋喋不休、绘声绘色地跟里巴斯基谈论自己的上一次婚姻时，实验人员再也受不了了。1928年1月25日，2名新的女工取代了博加托维奇和里巴斯基。

茶水屋的休息也给实验带来了明显的变化，然而实验人员却不敢确定，是否高达25%的工作效率的提升完全赖于休息？1928年，霍桑实验人员向2位学者——麻省理工学院的克莱尔·特纳（Clair

Turner）以及哈佛商学院的埃尔顿·梅奥（Elton Mayo）寻求帮助。

当实验数据出现问题时，实验人员请来了科学家埃尔顿·梅奥帮忙。

然而这两位教授却给实验帮了倒忙：他们组织了针对女工的性格测试，询问她们的饮食习惯，测量她们的血压。然而数据显示，这些因素跟工作效率无甚关联。女工的月经时间也是如此。

在此期间，茶水屋的实验进行到了第十二个阶段，先前的休息时间全部取消。女工们的工作效率仍然持续上升。它比同样没有休息时间的第三阶段还高19%。

在官方出版物中，第十二阶段被称为令人“豁然开朗”的阶段。实际上，认识到女工的情绪会影响到其工作效率，是一个持续的、漫长的过程。女工们将工作效率的稳定提升归功于轻松的工作气氛。实验人员也研究了这一说法。1930年初，他们让与女工关系冷淡的希伯格离开茶水屋一段时间，观察她们在此情形下的工作效率变化。但是结果并未显示任何有意义的趋势。茶水屋外的一系列研究薪酬影响的实验，也未能揭晓工作效率上升的初始动力。

实验人员将揭开谜底的最后希望寄托于人类学。一位人类学学者进驻茶水屋，他将同时观察记录女工和实验人员的言行。然而希伯格非常反感这一举动，他长年累月地观察研究女工，却并不想成为别人的研究对象。1933年2月，茶水屋关闭了。直到今天，人们还在不断争论，茶水屋女工在长达5年的实验中，为何工作效率会增加46%。实验数据是非常广泛灵活的。是因为基于小团体的薪酬发放系统？因为休息？因为在茶水屋中她们长年累月地组装同一种机械？因为良好的工作环境？因为友好而轻松的氛围？甚至有人提到了女工之间的社会关系。例如，女工知道她们的工作效率是作为一个整体加以统计的。她们会觉得，全力以赴地工作是非常愚蠢的。她们担心，产量过大会导致公司削减单件产品的组装薪酬，因而她们在工作效率与薪酬之间寻求平衡。

人们希望通过研究产业工人，发现社会学中的规律。这导致工作环境、动机、责任心和个性成为当代经理人的重点考察对象。在此种意义上，霍桑实验的结果被理想化了。工作效率之所以提升，是因为女工在实验中能够“发展自我价值和社会价值。实验环境允许她们在工作中为自己的社会行为设立指标，这使得她们的工作充满了意义”。那么，因给自己设立的指标没有达到研究人员的要求，而被赶出茶水屋的阿德琳·博加托维奇和伊雷娜·里巴斯基对此会有何说法？

霍桑实验的难产催生了一个新的概念：在社会科学实验中，由于实验本身的缘故而对实验结果造成了预期以外的影响，这一现象被称为“霍桑效应”。

# 1927 培养基中的亲吻实验

20世纪初，人们对传染病有了更多的了解。“反接吻联盟”就是其中一支抵御传染的特殊队伍。在这些组织中，有的为抵制儿童间混杂的接吻而战，有的反对女性间的接吻，还有的彻底反对接吻——诸如巴黎的“反接吻联盟”。

一次接吻中的40000细菌（《科学与创造》，1927年5月）。

论据之一当推梅毒，梅毒患者每次接吻所传播的病菌数量达到40000。倘若在每次接吻前都能在脑海中回想一下上述事实，相信接吻离走向末路也就不远了。为什么美国和欧洲的影院电影在日本上映前要删除接吻的情节？显然日本人不想生病，至少他们没有兴趣学习接吻的艺术。

然而美国人可不想因为什么梅毒而被禁止接吻，为此美国的科学杂志《科学与创造》在1927年3月进行了一项实验。编辑部邀请了几位先生和女士，亲吻一只盘子里的无菌培养基。然后把培养基在摄氏37.5度的保温箱中放置24小时。亲吻时黏附的细菌在这段时间内明显生成了小的菌群。通过计算可以得出原先存在的、单独无法证明的细菌的数量。

接受委托任务的实验室得到的细菌的平均数量不是40000，而仅有500，其中涂抹口红的女士携带的细菌要多200。《科学与创造》认为，实验给了人们一个科学性的理由拒绝亲吻化妆后的嘴唇。

# 1928 性欲曲线

经由美国医学家恩斯特·博厄斯（Ernst P. Boas）改进的心率计是所有心脏医学家的福音。它可以长时间自动记录心脏的活动。而且它比其他类似仪器更为便捷之处在于：在人体处于自由活动时，它可以照常工作，而其他仪器则只能在人体静止时发挥作用。

博厄斯和同事恩斯特·戈尔德施密特（Ernst F. Goldschmidt）立即决定，利用心率计测试了51个男人和52个女人的生命体征。借此，他们也确定了人体在不同状态下的最大脉搏数：吃饭（102），打电话（106），清晨洗漱（106.7），听音乐（107.5），跳舞（130.6），体操运动（142.6），心率达到巅峰值则是出现在性高潮时（148.5）。在博厄斯与戈尔德施密特共同写作的《心率》（*The Heart Rate*）一书中，对测量过程一笔带过。"我们有幸得到一对夫妇的帮忙，在他们行房事时，测量记录了心率脉搏。"书中重点对测量结果进行了研究。在性高潮时比在做体操时心率更快，这个论断并不会叫人大吃一惊，不过这两位医学家对心电图显示出的另一个极不同寻常的特征没有加以关注就不大应该了，好像在他们眼中这是再正常不过的现象一样。这一特征被他们简单介绍为："妻子的心率出现了4个高峰，每次心率高峰代表着一次性高潮。"可见这位妻子在那天晚上23点20分到23点45分之间，体验了4次性高潮！而且当时夫妇俩的做爱环境并非十分舒适惬意：他们胸口都用橡胶带贴着电极，一条长30米的电线一头连着电极，另一端连接记录仪器。

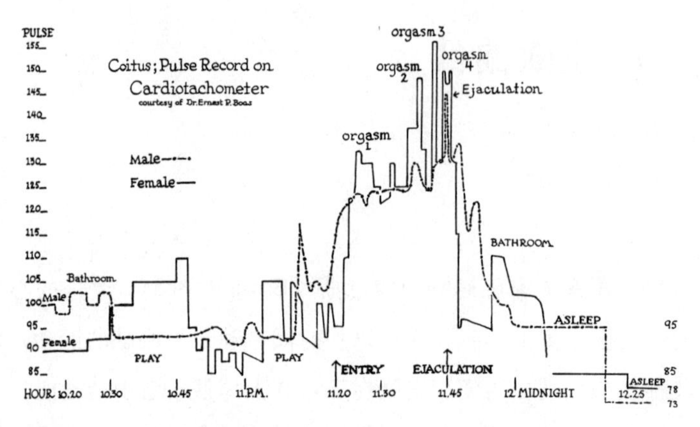


性交过程中测量脉搏时间为 23 点 20 分到 23 点 45 分，实验对象获得了 4 次性高潮！一位研究者将它归功于男人所特有的“催发技能”。

对此，博厄斯和戈尔德施密特唯一的评论是：“心率曲线如实记录着血液循环系统的受压情况，这一情形解释了性交过程中或是性交后猝死的现象。普赛普（Pussepp，另一位研究者）就观察到了狗在交媾时血压显著升高。”

性学家罗伯特·拉图·迪金森（Robert Lotou Dickinson）1933 年在著作《人类性解剖》（*Human Sex Anatomy*）中介绍了这一实验，并关注了 4 次性高潮。然而他却将其归为男人的能力。他声称，4 次高潮证明男人拥有“催发技能”，它能促使阴茎在女性阴道内坚持 25 分钟，以便催发女性“获得完全的性满足”。因为最初参与性高潮心率测试的夫妇并不具有普遍性，因而 22 年后，人们又观测了一位具有普遍特征的女性在性交过程中的生理机能变化（见“1949　性高潮断奏”）。

# 1928 血液中的曼巴蛇毒

这个标题耸人听闻。1928 年一位名叫 F · 埃根伯格（F. Eigenberger）的医生在《美国血清研究院院刊》6 月号上发表了题为“对曼巴蛇毒效果的临床观测”的文章。这项研究耗费了弗里德里希 · 埃根伯格一生的精力。1928 年春天，他在一滴曼巴蛇毒中加入 10 滴生理盐水稀释，并对自己小臂注射了 0.2 毫升稀释后的曼巴蛇毒。随后，他钻进了一辆小车。看到这里，人们自然心生疑问，为何有人无缘无故对自己手臂注射这世上最为危险的蛇毒？当然，人们还是继续问：注射完之后，又为什么要钻进一辆小车？

1893 年，埃根伯格出生于瑞士。1922 年移民至美国，供职于美国威斯康辛州希伯根医院。他爱好旅行，与妻子到过许多地方，收集了世界各地形形色色的纪念品。其中他最为骄傲的一件珍品当属美拉尼西亚一位酋长的头颅标本。

埃根伯格夫妇的居所也别具一格：墨西哥式的建筑风格，庭院里种满了各式各样的兰花，更引人注目的是，里面甚至还有一头狮子、一只豹子和一只长臂猿。或许在那些兰花下，还蛰伏着一条绿油油的曼巴蛇吧。埃根伯格在文章中就声称，其实验所用的曼巴蛇毒都是“新鲜采集”的。

埃根伯格在文中还提到，他也曾经使用眼镜蛇毒在豚鼠和自己身上做过实验。注射过眼镜蛇毒后，不光疼痛无比，注射处还迅速鼓起了一个大包。在给自己注射曼巴蛇毒时，埃根伯格无疑认为结果会如出一辙。然而事实并非如此。曼巴蛇毒进入其体内后，埃根伯格立刻变得对外界所有刺激过敏。“车微小的颤动以及发动机运转的声音对我来说都是极大的刺激，难以忍受。我甚至觉得汽车轮子就像平的一样，在我下车接触地面前，甚至要不放心地低头看一眼地面，才不致摔倒。”

20分钟后，他开始有了轻微的中毒感觉，中毒迹象迅速加重，他当时甚至感觉已濒临死亡。为了减轻蛇毒的效力，他支起肘，压住血管，割开了手臂上因中毒而肿起的包。他在伤口内滴入10毫升高锰酸溶液，试图洗出伤口内的蛇毒。然而蛇毒已经向全身扩散。埃根伯格感觉“双唇麻木，继而下巴、舌尖先后丧失知觉。随后，麻木感迅速扩展到整个面部和颈部”。连手指和脚趾也都丧失了感觉。眼睛疼痛难忍，说话和进食也异常困难。“总体感受出乎意料的糟糕，尽管我上下走动，也无济于事。如果躺下来，我会慢慢丧失知觉。”当脉搏上升到每分钟160下时，埃根伯格要求给自己注射士的宁，这一措施在现在看来比较特别，但是当时它见效奇快。可能埃根伯格把它当成了专治蛇毒的良药。6个小时后，全身痛楚，苦不堪言。尽管当天晚上伴有发烧症状，天亮后，蛇毒开始消退。

埃根伯格为自己的错误估计付出了巨大的代价，差点儿将命搭上。他之所以敢于将曼巴蛇毒注射入体内，是因为这种毒素在老鼠体内发作缓慢。它们活得甚至比被眼镜蛇咬过后还要长。然而他当初没有想到的是，这两种毒素的发作方式完全不同。眼镜蛇毒作用于血浆和血红细胞，它能破坏人体循环系统，延缓或加速血小板的凝血过程。很多时候，被眼镜蛇咬过后——就如埃根伯格在书中写过的那样，只起一个大包而已。曼巴蛇毒则直接作用于人体中枢神经系统，麻痹人的呼吸系统和心脏。

埃根伯格为何要做这个实验？在其书中，他没有作出回答。中毒后为何要钻进汽车？他也很少提到原因。不过有一点是确定的，直到1961年辞世，埃根伯格再也没有做过类似实验。倒是有一位冒冒失失的病理学家，走到埃根伯格家门口时，被院里的狮子和豹子以及摆在台上的酋长头颅吓了个半死。

# 1928 活着的狗头

照片上的情景看上去就像马戏团表演。照片中部，一只碗里放着割下的狗头，从中穿出两条软管，连接一个有泵的支架、一只瓶子以及一只流满血的碗。一群旁观者紧紧围绕在周围，共同见证一个科学的奇迹：狗头还活着。

俄国外科医生谢尔盖·布鲁克霍奈库（Sergei Brukhonenko）和S·柴秋林（S. Tchetchulin）在手术中把狗头割下来，大众科学杂志《科学与创造》（*Science and Invention*）评价其“残忍而灭绝人性”，然而，却没忘紧接着指出了这一动物研究的伟大作用。此时，狗头平躺，狗嘴半张，看上去科学家们打算通过尽可能多的方式为观众们展示狗头真的活着：闪光灯下，狗的眼睛被照得瞳孔收缩；抹在狗嘴上的醋，很快被舔掉了；苦涩的奎宁使得狗的眼睛流泪；喂给狗糖果，糖果经吞咽后又从食道滚了出来。

这就是永恒的生命么？俄国实验中的活着的狗头。

谢尔盖·布鲁克霍奈库和S·柴秋林并不是研究割下的狗头的第一人（见“1885 杀人犯的头”），与早期实验者不同的是，他们把狗头与人工心脏相连，使其保持存活。颈动脉的血液通过橡胶管进入一个敞口的碗，与氧气结合，从那儿到达狗头上方的一个瓶子，在恒定的压力下流回到动脉。电动泵为这一原始的“心肺机”提供动力。血液事先进行了化学处理，以避免其凝固。

科学家展示了一只割下来的、活着的狗头。画面中观众的排布很奇怪，或许图片是经过剪切后拼接而成的。

这一特殊的实验激发了人们的想象力。有可能用人头完成这一实验么？世上的永生是这样的么？一位法国的研究者建议建立一个死亡预防组织，《科学与创造》杂志感慨道：“现代科幻小说家最狂野的想象在科学研究坚实的进取中也会显得黯然失色，难道不是么？”

◆ 访问 www.verrueckte-experimente.de，观看有关这一令人毛骨悚然的实验的影片。

# 1930 斯金纳箱

伯勒斯·弗雷德里克·斯金纳（Burrhus Frederic Skinner）怎么也不会想到，他放在哈佛大学心理学系实验室里的箱子会成为最著名的实验仪器之一。此后，一个摇滚乐队以之命名，漫画家在他们的作品中描绘它，在系列动画片《辛普森一家》(*The Simpsons*) 中也有对斯金纳箱的戏拟。甚至有人猜测他的女儿死于自杀，并且也与这个带着自动喂给装置的笼子不无关系。

心理学家 B·F·斯金纳和斯金纳箱——一只用以进行动物学习行为研究的动物笼子。

26 岁的斯金纳曾经试图寻找一种仪器，用来测量老鼠的行为。当时在研究者中普遍采用的迷宫（见“1900　走冤枉路的老鼠”），在他看来并不理想。“动物的行为是由不同类型的‘条件反射’构成的。应该逐项研究它们。”日后他在回忆录中写道。他把关注点集中在越障碍跑测试中的一个小的方面：他使用了一只隔音箱子，即便在开关箱门时都没有声响，然后把老鼠从门口处释放到迷宫中。不久，他就放弃了这种迷宫的做法。他试图通过一个类似发条的装置测量动物的行为，然而记录混乱得难以利用。斯金纳阅读了巴甫洛夫的文章。巴甫洛夫 30 多年前发现了经典条件（见“1902　巴甫洛夫的铃铛实验”），按该理论，先天的反应可以和新的刺激相联系。斯金纳不想简单地研究既得的反射，而是

“哦，不错。灯亮了，我压下操纵杆，他们为我开了一张支票。你那边情况如何？”

希望获悉新的行为是如何产生的。

最终他想出了一个办法，为他的实验箱安装一支杠杆。当老鼠压杆时，它就会获得一些食物。起初老鼠当然不知道这一情况，只是在无意间触及杠杆时，有食物落下。在几次这样的幸运经历之后，老鼠发现了其中的联系，于是压杠杆的间隔越来越短。斯金纳用一种简单的方法发现了老鼠的行为改变的一个方面：一种行为发生的频率的改变。

与巴甫洛夫的结论不同，斯金纳发现，动物在这一过程中不是靠先天的反应，而是靠学会了一种新的行为方式。斯金纳在此基础上建立的理论包含3个元素：生物体持续呈现本能行为；肯定或否定的结果增加或减少了生物体重复这一行为的可能性；是环境决定了上述结果。他把整个过程称为“动作的条件反射”（区别于巴甫洛夫的经典条件理论）。

斯金纳并不关心这个过程中大脑的活动。因为无法从实验进程中直接看到思想的状况，对此进行深入探讨是不科学的。和沃森（见“1917　沃森医生离婚记”）一起，斯金纳开始了行为主义的研究，专门描述外界刺激对人和动物行为的影响。

与先前的实验装置（比如迷宫）相比，斯金纳箱有一个很大的优点：老鼠触动杠杆得到食物后，在没有人类帮助的情况下，已经为下一次行动做好了准备。一个自动的记录装置记下了每次压杆的时间点，斯金纳可以通过这些数据在不同的条件下研究学习行为。当老鼠需要连续5次压杠杆才能获得食物，或是在偶然的压杆次数之后获得食物，会有怎样的行为呢？当它在某个行为实施后遭到惩罚，结果又会怎样？如何消除一个习得的行为？斯金纳箱就是这样一个研究动物行为的自动化装置。

“为食物压下操纵杆。”

进行动作条件反射研究的方法看上去平淡无奇——奖励强化了一种行为，惩罚弱化了一种行为——斯金纳教会了动物很多，不仅仅是压杠杆。他教会了1只鸽子用儿童钢琴弹奏一支曲子，教会2只鸽子使用一种乒乓球打法。其中的奥秘是，不要等到动物达到总的目标时才给予奖励，而是对每一个小的进步都要奖励。比如鸽子在无意间用嘴在斯金纳箱的儿童钢琴上啄出声响时，得到了谷物。而后，是第二次正确行为，第三次……直到它能够弹奏整支儿童歌曲 *Over the Fence is Out*， *Boys*。

通过这种训练方法，人们可以利用动物的感官训练动物完成各种不同的任务。“二战”期间，斯金纳为美军研制了一种用于进攻船舰的特别的弹导系统：鸽子可以作为一个原始的导向体系为导弹定位。炮弹的前导部位设有小窗，透过小窗鸽子能够看到所要攻击的目标船舰，并按船的方位用喙啄击屏幕的相应位置。依靠这个信号，炮弹可以得到引导。这种操控方式在实验室中成功实现，但并没有真正用于战场。

斯金纳箱的概念并非斯金纳自创，却很快流行开来。甚至有人怀疑斯金纳将二女儿德波拉放在斯金纳箱中抚养。此后有传言称，德波拉进了精神病院并死于自杀。

这一现代神话似的传言始于1945年10月《女人之家》（*Ladies' Home Journal*）的一篇文章。这一女性杂志报道了斯金纳为德波拉建造的远离噪声的、温暖的托儿所。不幸的是，文章标题叫作“箱子中的婴儿”，由此很多读者断言，德波拉被藏在了一只斯金纳箱中，像她父亲的老鼠和鸽子一样，被迫参加实验。现在，斯金纳的女儿——一位生活在伦敦的艺术家，接二连三地在媒体中露面，来证明她活得很好。

斯金纳是美国思想领域一个有争议的人物。他的研究成果特别体现在教育上：显然，对于他本人以及对于他的实验，都是毁誉参半。对于斯金纳来说，世界就是一只巨大的斯金纳箱。他认为，人类所有的行为理论都可以由此找出答案。1971 年他出版了饱受争议的《自由及尊严的彼岸》(*Jenseits von Freiheit und Würde*) 一书，认为条件作用可以被用来训练儿童形成社会需要的行为方式（提议为了造福人类，可以采用设置条件的办法，训练人们按社会需要的方式行动）。

◆ 访问www. verrueckte-experimente. de 观看 4 部有关斯金纳箱的非学术性动画片。尽管那条狗叫“巴甫洛夫”，他的行为却和伊凡·巴甫洛夫发现的经典条件理论没有关系。为了观看电影，需要在打开实验室的门后，点击数字 1—4 中的一个。

◆ 在网页seab. envmed. rochester. edu/society/seab_audio. html 上，B·F·斯金纳亲自讲述他如何理解动作条件反射。

◆ 即使您不想参加一年一度的斯金纳箱老鼠训练竞赛，也可以访问www. verrueckte-experimente. de 观看老鼠“鲁比”如何在 6 周时间内通过动作条件反射学会一切。在那里您也可以找到斯金纳箱的建造说明以及训练指南。

# 1930 与中国人一路旅行

当理查德 · T · 拉皮尔（Richard T. LaPiere）拿起听筒的时候，想必他已经预料到了答案。旅馆是否可以“给一位重要的中国先生”安排住处？——“不可以。”电话的另一端答道。

心理学家理查德 · T · 拉皮尔从一次赴美旅行中发现，一个人的信念未必会落实到他的行动中。

2 个月前，这位斯坦福大学的社会学教授和一对相熟的中国夫妇就下榻在这家旅店。在这座以拒绝亚裔人士出名的小城里，这家旅店就算是态度最好的一家了。让拉皮尔惊讶的是，他们轻易获得了一个房间。

旅店老板在电话中的说法，与 2 个月前的做法大相径庭。这是偶然的么？是因为性格的反复无常么？还是另有隐情？实验旨在查明真相。

一个重要的问题是：就自己在特定情境下的行为方式给予说明，对于人们来说有原则性的困难么？大部分社会学家以问卷调查为研究基础。您信上帝么？您在地铁上会给老太太让座么？您认为亚洲人怎么样？在分析问卷的过程中，科学家们默认问卷上的回答和人们日常生活的行为是一致的。可如果这种假说不成立，问卷获得的大部分信息就是没有价值的，或者说至少是不重要的。社会学家最终想知道人们真实的做法，而不是他们在纸面上预计的做法。

在 1930—1931 年间，拉皮尔在他的中国朋友的陪同下 2 次横跨美国。他和那对年轻的夫妇驱车行进了 10000 公里。途中他们曾经在 66 家旅店中过夜，在 184 家饭馆中就餐。只有一次他们被拒绝了。一家廉价平房的主人看了看车里的人，就拉皮尔有无空房的询问作了如下答复："对不起，我不喜欢听到很大的喘气声。"

除此之外，这 3 个旅行者在其他家都得到了特别的礼遇。很多住在乡下的人虽然从未与亚洲人交往过，初次见面甚至感到有些惊讶，然而他们并没有拒绝。恰恰相反，他表现出了特别热情的欢迎。

拉皮尔对所有同接待主管、行李员、电梯童、女招待的会面情况作了详细的记录。诚然，这一切描绘的只是他主观的感受，但毕竟不同于实验室里控制所有要素的实验方法。

为了削弱自身的影响，他尽可能地让他的中国朋友询问住处，而自己负责照看行李。他也经常让他们自己去饭馆，而自己晚些出现。这么做旨在让他们展现出日常的行为方式，他甚至没有告诉他们，他们正在参与一项实验。

在旅行结束时，拉皮尔在他的记录中写道：最大程度上影响人们行为方式的并不是种族，而是他朋友整齐的穿戴、适宜的笑容以及出色的英语。在他关于这次实验的著名文章《态度与行为》中，他写道："要是有个白人想周游美国，人们只向他推荐个中国导游就够了。"

只不过：实验的结果与问卷中呈现的态度有多大的一致性？通过民意调查，拉皮尔得知，美国人对亚裔人有着极大的偏见。为了把具体的经验和人们的态度相比较，他在旅行结束 6 个月后匿名给他去过的旅馆和饭馆寄去一封信，询问："您愿意接待华裔的客人么?"在他收到的128份答卷中，只有1个肯定答复。其他所有人的答案都是拒绝中国人，还有少数不置可否。

拉皮尔思考，实验的消极结果是否是他那次旅行造成的。也许他并不知道，和中国朋友的旅行带来了不好的印象？为此，他把相同的信发给了沿途他没访问过的旅馆和酒店。结果是一样的：没有人愿意和中国人打交道。

"基于上述实验数据，一个中国人去美国旅行，是不明智的做法。"拉皮尔写道。但是经验展示了另一幅图景。社会学家由此得出："若想了解人们在特定情境中的行为，问卷调查的形式是有致命缺陷的。"一份问卷可以体现出A先生面对特定的描述词句时所写或是所说的，但是无法展现出A先生在遇到B先生时会如何行事。B先生的作用远不是一系列词句能够表达的。他是一个人，有着自己的行为。

# 1931 猴妹妹

作为一只猴子，雌黑猩猩"古亚"（Gua）有着最不寻常的童年经历。1931年6月26日，刚刚7个月大的古亚被一个人类家庭所收养。她并非宠物，而是一名不折不扣的家庭成员，与这家主人10个月大的儿子唐纳德享有完全相同的待遇。

1927年，一个不同寻常的实验想法在29岁的温斯罗普·凯洛

唐纳德和古亚一同度过了 9 个月的时光。

格（Winthrop Keuogg）的脑海中萌生了。大概是一篇关于狼孩儿的文章给了他灵感。人们在洞穴中发现了 2 个和狼群生活在一起的小女孩儿。她们吃喝都像狼一样，双手仅仅用于爬行。在被发现后，尽管她们学习双腿站立，但夜间嚎叫、扑食鸟类和吞食食物的习性却改不掉。而且她们几乎无法学习语言。

专家把这些现象归结于狼孩儿智商低下的弱点。凯洛格却有着不同的观点：2 个孩子身上带有野性的行为想必是从狼群中学来的。她们不能适应新的环境是因为，想要把生命早期已形成的习性再次革除并非易事。

为了检验这一假说，凯洛格写道：有必要把一个智商正常的婴孩儿扔到荒郊野外，研究其行为。然而对于科学的热情终究无法逾越道德和法律的界限，实验的可行性被否决了。不过如果将实验完全反过来做，让猴子的幼崽和人类的孩子在同样的环境中成长，操作起来就不再那么举步维艰了。

猴宝宝在养父母身边绝不允许有片刻被当成猴子来对待。接受亲吻与爱抚，坐在婴儿车里被来回推着走，学习用勺子吃饭和用便盆大小便，都是必须的。最初，凯洛格还从一家幼儿园领来了一些有“善解人意”的父母的孩子作为他们的玩伴。不过要是猴子能够被一个家中有孩子的家庭收养就更好了。那样就可以把双方的发展进行比较了。

 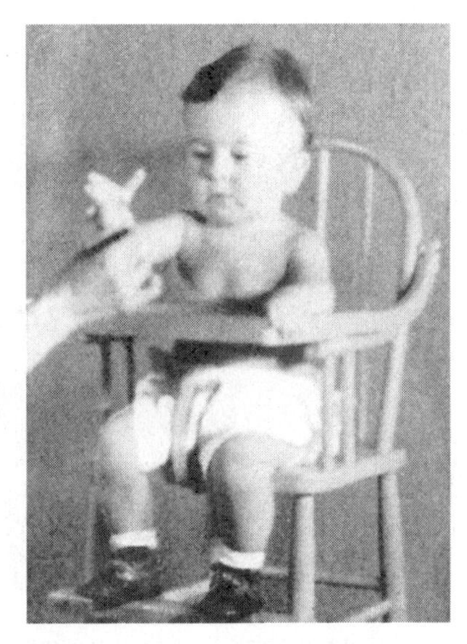

是本性还是文化起了主导作用？古亚能被培养为成年人么？猴子和人类的孩子被用完全相同的方式对待。

凯洛格希望通过这一实验，彻底澄清在成长过程中，是本性还是文化，是环境还是遗传，起了决定性作用。如果猴子没有像孩子一样成长，那就是动物遗传的本性占了支配地位；倘若猴子表现出了典型的孩童行为，那就证明环境的力量发挥了主导作用。

在开展实验之前，凯洛格必须先要说服妻子吕拉和他一同开展实验。作为养父母，把自己的孩子作为实验控制的对象，他和她要做好心理准备。通过描述这一实验的著作《猿猴与儿童》（*The Ape and the Child*）前言中的一段话，人们感觉到，进行这一实验并非吕拉所愿。书中写道："我们中一方的热情遭遇了另一方的激烈抵制，达成共识似乎不太可能。"不过温斯罗普最终还是取得了胜利。从那时起，他成为印第安纳大学的心理学教授。实验期间，他们住在佛罗里达橘园中的猴园附近。

吕拉·凯洛格与童车中的唐纳德和古亚在一起。这个实验员的妻子起初无法接受用自己的儿子做实验。

从古亚的到来开始，吕拉和温斯罗普全身心地投入到实验之中。为了以完全相同的方式对待古亚和唐纳德，他们夜以继日地悉心工作。他们每天为2个孩子称量体重、测量血压和体长、检查视力和运动情况。为了掌握2个孩子受到惊吓后的反应，凯洛格手持（专供恐吓性射击用的）自卫手枪，在孩子身后开火，并拍摄他们的反应。

关于实验的描述显示，凯洛格在这一问题上保持了科学研究的精准性："用一把勺子或是类似的东西敲击头盖骨，可以听出它们的不同。敲击唐纳德的头，声音听上去沉闷，而敲击古亚的头，声音却响亮。"

《猿猴与儿童》是一份针对古亚和唐纳德的发展的详尽报告。令人惊讶的是，书中没有明确说明，是什么原因让实验终止于9个月之后。心理学家卢迪·T·本杰明（Ludy T. Benjamin）听说，实验走向了不可预见的结果。尽管如此，古亚还是表现出了对人类环境惊人的适应

心理学家温斯罗普·凯洛格在一次惊吓反应对比实验中。他在孩子们和古亚的背后开枪，这一过程被拍摄下来。

性——她比唐纳德更听话，用亲吻请求原谅，在必须去厕所时提早做出反应。面对吊在天花板上晃动的饼干，她比唐纳德更快地领会，必须使用椅子才能够到。然而在一点上，唐纳德却更胜一筹：他是一个更优秀的模仿者。古亚是个领导，她发现玩具和游戏，唐纳德模仿她的行为。在语言方面也是如此：唐纳德完美地拷贝了古亚索要食物时的叫声，为了得到一个橘子发出剧烈的喘息声。

9 个月后，实验结束之时，唐纳德掌握了仅仅 3 个词。而与之相比，同龄的美国孩子平均可以掌握 50 个词，并开始用这些词造句。温斯罗普·凯洛格本想把一只猴子教育成人，却把一个人教成了猴子。不难理解，至少吕拉不希望再这样继续下去了。古亚在实验后回到了佛罗里达橘园的猴群，然而它很难再度适应和自己真正的母亲一起生活在铁笼里，于随后的一年死去。

在很多方面，古亚都优于唐纳德，然而在一点上却比唐纳德逊色：小孩子能比黑猩猩模仿得更好。

这一实验引起了巨大的轰动，凯洛格遭到了强烈的批判。很多人认为，让一个孩子经受如此的过程，是不负责任的。凯洛格被扣上了哗众取宠、贪图成名的罪名。他自己之后写道："这样的研究行为需要一个果敢的科学家，他能够面对一切因无法理解而将实验归于荒唐的评判。"

在《猿猴与儿童》出版之后，温斯罗普·凯洛格转向了其他领域。1972 年 6 月 22 日，他在佛罗里达去世，享年 74 岁。1 个月后，他的妻子吕拉也去世。

唐纳德·凯洛格在语言发展方面迅速赶上了正常水平，后来在哈佛医学院学习，成为一名精神病医生。在父母去世几个月后，他结束了自己的生命。实验描述中常常隐瞒的一个事实是，"无疑，会有少数人把自杀和曾经的实验挂钩，"心理历史学家卢迪·T·本杰明说，"关于唐纳德的自暴自弃，一个可能的解释是，他被一个高标准严要求的父亲养大，他周围的一切，都被要求绝对的完美。"

唐纳德·凯洛格自杀时，他的儿子杰夫 9 岁。和本杰明不同，他认为，父亲的自杀与实验有直接关系。卢迪提到，针对杰夫父亲的治疗并没有对症下药，它更像是一场表演。然而卢迪仍然否认唐纳德·凯洛格借由实验做出的明显贡献，可能因为他是个实证心理学家吧。在一份未发表的关于实验结果的专论中，他把这次自杀称作"45 岁自杀"。在唐纳德去世前 45 年——就在他出生之前——他的父亲温斯罗普已经开始有了实验想法。

# 1938 一天有28个小时

纳撒尼尔·克莱特曼（Nathaniel Kleitman）做过无数引人注目的实验，所以他早已习惯了实验结束后等候着他的镜头灯光。1938年6月6日，当克莱特曼和学生布鲁斯·理查森（Bruce Richardson）走出猛犸洞窟时，无数摄影师、记者已经摆好阵势，守在洞口。随后报纸的头版头条是2个衣衫褴褛的人，蓬头垢面。他们二人是芝加哥大学的学者，已经在猛犸洞窟中待了32天，试图揭开睡眠的奥秘。

时年43岁的克莱特曼早已习惯了在自己身上进行实验。他曾经强迫自己连续180个小时不休不眠，为的是将生物钟从每天24小时调整为48小时：他在长达1周的时间里，过着“白天39个小时”，“晚上休息9个小时”的生活，实验无果而终。他的学生也进行了类似实验，试图将生物钟调整为每天12小时：他每天睡眠2次，凌晨4点到7点半一次，下午4点到7点半一次，一直持续了33天。当然，这个实验也是无果而终。

2位睡眠研究者在这个猛犸洞中待了32天。为了避免老鼠的骚扰，不得不将床高高架起。

那时候，关于人类睡眠规律一直存在着一个谜。研究者想弄清楚，人的睡眠规律究竟只是习惯——也就是说，尽管它符合一天24小时的自然规律，却是可以更改变化的——抑或是人体内存在着生物钟，它决定着人日出而起、日落而息的作息规律？

既然将生物钟延长到每天48个小时和压缩到12个小时都失败了，克莱特曼又开始了新的尝试。他准备了2套新的方案，这2套方案都比原来的48小时和12小时要更接近一天的真正时长——24小时。在新的实验方案中，克莱特曼选择了21小时和28小时作为他的“一天”。如此一来，一周的时间刚好被分为8“天”和6“天”。这样的方案可以避免影响实验人员——克莱特曼是其中之一——的正常工作。

克莱特曼通过测量实验人员的体温，来判断他们是否适应了新的作息规律并形成了新的生物钟。当人进入睡眠状态时，体温通常会下降，反之，人醒来后因为新陈代谢的加快，体温则会上升。假设实验人员的体温变化符合新的作息规律，那么就可以认定，他们的身体已经适应了新的作息规律，形成了新的生物钟。

在芝加哥大学进行的这次21/28小时作息实验，结果模棱两可：一位参与实验的学生，体温的变化规律跟新的作息规律相吻合，然而克莱特曼的体温变化则还是接近于原来的作息规律。

这极有可能是实验地点的不同所造成的误差。例如，白天的阳光可能会唤起人体对原来作息规律的记忆，又如白天的喧嚣或气温的升高，都可能引起这一效果。因此，克莱特曼想寻找一个无法辨认白天黑夜的地方，重新进行实验。经过一番努力，他在肯塔基州找到了一个宽达20米、高达8米的猛犸洞窟。那儿被无边的黑暗笼罩，漆黑而安静。气温常年保持在12℃左右。这简直是为克莱特曼实验量身定做的理想场所。猛犸洞旅馆装修了这个位于40米深处、被报刊杂志戏称为“奥特朋大道公寓”的洞窟，为它提供了1张桌子、2把椅子、1 个梳洗台以及 2 张立在高高支架上的床——为了防潮和躲开成群的老鼠，克莱特曼和他的学生只得睡在高空。旅馆还会派人定时将给养放于洞内固定位置。

克莱特曼和理查森计划在洞中"每天"睡眠 9 个小时，起来工作 10 个小时，剩下的 9 个小时，则是自由活动时间。醒着的 19 个小时中，他们每 2 小时量一次体温；睡眠时，则每 4 小时量一次。测量体温的结果显示，理查森的身体一周后已经完全适应了新的作息规律。他的体温变化完全与 28 小时一天相吻合。而比他大 20 岁的克莱特曼的体温仍然保持着初始的变化规律。每天晚上 10 点，他开始感到疲惫，而 8 个小时候后又精力充沛。不管他如何强迫自己按照 28 小时一天作息，皆是如此。实验结果再一次显示出两面性。"我唯一的发现，是自己又长出了一把大胡子。"克莱特曼跟记者如此调侃。

随后的实验证实，人体内确实存在着生物钟。它的运转大致跟一天 24 小时相吻合，并且每天都会根据实际时长进行自动调整。

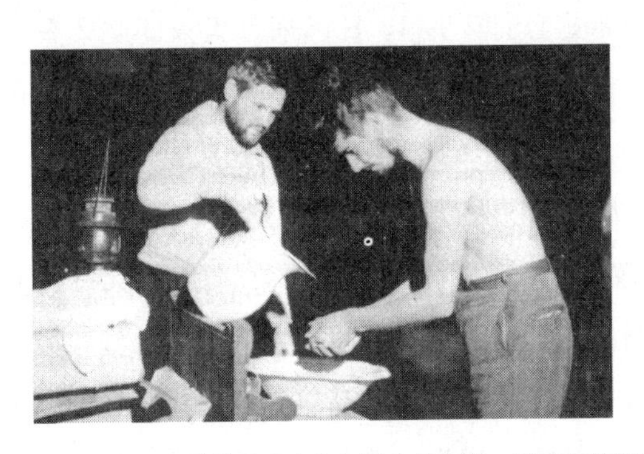

睡眠研究者纳撒尼尔・克莱特曼（左）与学生布鲁斯・理查森的清晨洗漱。

◆ 霍华德・休斯医学研究所的"时间问题：生物钟作品"（www. hhmi. org/biointeractive/museum/exhibit00）提供了精彩的生物钟展示。

# 1945 巨大的饥饿

事情发生在实验开始后的 4 个月。此前从未出过什么问题，直到 1945 年 7 月 6 日这一天莱斯特 · 格利克（Lester Glick）“为了观察人们吃饭”而去饭店。按所谓“同伴准则”的规定，他这一天也并非一个人行动，而是与另一位实验参与者吉姆待在一起。他们共同观察一位穿着考究的女士如何点了一份猪排，又是如何拨弄一阵，直到吃毕盘子里还剩了一半。当她接下来又把一块椰奶蛋糕剩下大半推到一边时，这 2 个男人不由恼火起来。

这位女士付账之后，他俩跟上她并拦住她，义正词严地告诉她世界饥荒以及她所做的好事。女士朝他俩大喊一阵并跑开了。她不会知道，莱斯特和吉姆自打 2 月 12 日以来每天只能吃 2 餐，而且油水很少，基本上就是面包、土豆、胡萝卜和卷心菜。

这 2 个拒服兵役人员其实是在响应代兵役机构的号召进行一项活动。“您愿意为了让别人吃得更好而挨饿吗?”传单上这样写着。这是生物学家安塞尔 · 凯斯（Ancel Keys）向服代兵役的人们提出的使命。凯斯在明尼苏达州圣保罗大学建立了身体保健实验室，战争期间他在军队做过事：检测士兵的食品包，调查什么样的食谱导致疲劳以及维生素是否会随出汗流失。战争临近结束时他又开始关注一个新问题：“我知道当前欧洲有几百万人口处于半饥饿状态。我想要找出答案，看看饥饿会产生什么样的影响，这一状态会持续多久以及让人们吃饱吃好必须怎样做。”

100 多个拒服兵役人员报名参加这个活动，入选 36 人。1944 年

11 月 19 日他们迁入位于大学里的住所。在前 3 个月凯斯通过正常饮食检测他们的健康状况，平均进食情况及新陈代谢的其他细节。真正的实验始于 1945 年 2 月 12 日。被试每日只吃 2 餐，一餐在早上 8 点半，另一餐在下午 5 点。在将近半年时间里交替变换的 3 份食谱都是按照欧洲饥荒地区的饮食进行制定的。其中含能量 1500 卡，是此前人们摄取能量的一半。凯斯按照实验参与者各自的体重准确计算营养含量，目的是要在这半年里使每个人减重 1/4。饥饿期过后，又将有一个为时 3 个月的恢复期：被试被分成不同小组，按照不同的饮食计划重新恢复饮食。

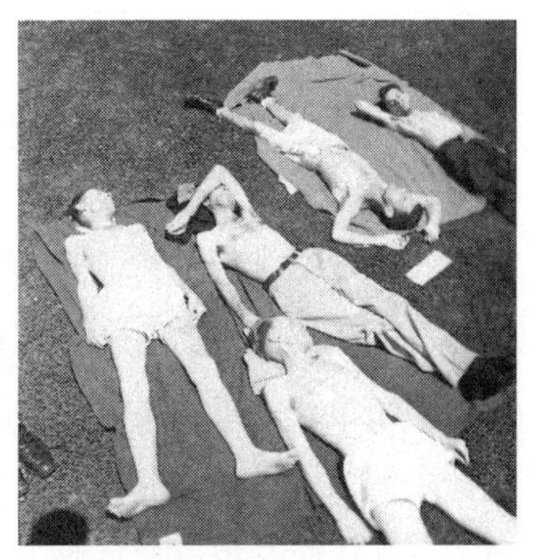

48 周的饥饿：实验结束之前不久的日光浴。几个人后来成为厨师。

4 年后凯斯发表了他的实验结果，他写的这本有指导意义的书名叫《人类饥饿生物学》（*The Biology of Human Starvation*），共 1400 页，写满了他所记录的全部数据。实验不仅研究了身体的变化过程如体重减轻、头发脱落、易感寒冷、身体化学状况及内部器官的转变，还包括食物缺乏对智力、理解力及个性造成的影响。被试每周须在实验室、洗衣店或旅店工作，必须至少在室外走 30 公里并在一段跑步带上走半小时。允许他们去听大学的常规课程，周末放假。

凯斯的实验显示了许多有趣的结果，其中之一是饥饿带来的心理变化。许多人变得无精打采、意志消沉。饥饿感掩盖了其余一切。他们忽略了身体保养和餐桌礼仪，不互相共处，只对与吃有关的东西感兴趣。他们失去了性欲。爱情电影让他们备感无聊 —— 除非影片中出现了人们正在吃饭的情景。5 月 10 日莱斯特 · 格利克在日记中写道：“饥饿的威力之大我始料不及。现在我的骨骼、肌肉、肠胃包括我的理智都好像统一于对食物的追求上了。”

同许多人一样，他的话越来越少，变得最爱读烹饪书籍。人们对吃的关心以一种奇怪的方式表现出来：对比报纸广告上的食品价格，观察其他正吃东西的人，收集食谱，购买烹调用具比如灶板或者茶壶。有3位被试在实验之后改行做了厨师。

饥饿阶段临近结束时，有几个人每次用餐要在他们少得可怜的食物前坐上2小时之久。他们总是变换新方式摆放盘里的食物，想使它们看起来比实际数量多一些。当他们把盘子舔干净之后，心中早已打算好下一餐要按怎样的顺序排列食物了。

开始时喝咖啡和吃口香糖是没有限制的。然而有些人每天喝15杯甚至更多的咖啡，吃口香糖达40包之多。于是凯斯提出数量限制，每天最多可以喝9杯咖啡，吃2包口香糖。

并非所有人都能挺住。有个人在食品店里无法自控，吃了一些饼干、一包爆米花及2根烂熟的香蕉——香蕉吃下不久就又吐了出来。另有一人偷甘蓝和糖果吃。莱斯特·格利克有一次挖去铅笔的笔芯咬食剩下的木头。“味道还不赖。”他在日记里写道。接下去还有：“我想到了食人行为，我努力把这个想法从脑海中排除，但我就是做不到。”

人们都十分想要独自进餐，凯斯便在2个月后施行了“同伴体系”：被试离开实验室必须另有至少一人陪同，否则不得离开。

在总共24周的时间里，这些男人们一直在盼望最后阶段的到来。然而这个恢复时期却很令他们失望：饮食数量是一点一点逐渐提高的，饥饿感几乎丝毫未减。1945年9月20日格利克在日记中写道：“进入恢复期已经7周了，食物不足时期的症状并没有显著消失。我们的外观、饥饿感和微乎其微的体重增加都在表明进步是多么缓慢。”

1945年10月20日17时，这个团队的告别晚餐终于开始。这是48个星期以来首次没有任何限制的一顿饭。“人们获得饮食自由的愿望急切而强烈，要是再拖延一星期恐怕就要出现情绪失常甚至公开反抗了。”凯斯写道。但是对于一些被试而言，面对这顿丰盛的宴席，他们却出乎意料地很快感觉吃饱。“快吃好时人们都盯着剩下的食物，难以相信他们居然再也吃不下去了。”

跑步带上的支架：被试的体力得到定期测量。

实验没有造成任何遗留的慢性伤害，不过身体功能完全恢复正常还得需要几个月时间。在实验之后许多人说，尽管他们已经吃不下更多东西了，还是常常会感觉到饿。许多人一直吃到呕吐，而吐出来也是为了接下来照样再吃别的。

因为不断吃和吐的症状具有普遍相似性，所以安塞尔·凯斯的论文对于当前研究进食障碍具有重要意义。饥饿的被试们难以自抑地研究饮食，他们情绪低落、离群独处，这些都与消瘦病患者的表现相似。在今天这些行为常被看作是饮食障碍的原因，同那些被试的饥饿的拒服兵役人员情况一样，这些行为很可能就是饥饿带来的后果。

对于参加实验的人们来说，这次实验永远是“他们人生中的重大事件”。他们一直到90年代还定期举办聚会。

# 1946 辍学学生使天空降水

那个周三，在匹特菲尔德地区大概几乎没人留意下雪了。1946年11月13日的马萨诸塞州，稀薄的雪片从浓重的积雨云中落下，到达地面前就融化蒸发了。即便有谁抬眼望向天空，发现飘飞的雪花来自一片浓云，也无法猜到这不起眼的自然景观意义何在。因为谁都想不到把眼前一切与那架绕云盘旋的体育飞机联系起来。

坐在这架单发动机飞机“漂亮小孩”上的是研究人员文森特·舍费尔（Vincent Schaefer）和飞行员柯蒂斯·塔尔博特（Curtis Talbot）。他们刚才在4000米的高空穿云而过，舍费尔向窗外撒出1.5公斤的干冰，看起来就像在播种核桃大小的灰白色的谷种。他没等多久便获得了收成：从他们刚刚穿过的狭长云带中落下了雪片。“我转回身摇着柯蒂斯的手说：‘我们成功啦！’”。舍费尔后来在实验日记中这样写道。看来人类的古老梦想变成了现实，再不用依靠迷信的咒语、祈雨的舞蹈和临危时的紧急祷告了。

第二天，舍费尔实验的消息传遍世界。《纽约时报》（*New York Times*）发表了一篇名为《3英里云变成了雪》的文章。《波尔塞鹰晚报》（*Bershire Evening Eagle*）介绍了舍费尔的个人情况：“在格雷洛克山上降雪的人曾早年辍学。”事实上舍费尔就没有完成过学业。他广博的理化知识得益于他在通用电气公司研究实验室的长年工作，他的实验也是在这里完成的。实验室主管欧文·朗缪尔（Irving Langmuir）对于未来人为干预天气充满信心：将干冰注入云中的技术可以“使城市避开大规模降雪，使冬季运动地区获得降雪”。

朗缪尔在“二战”期间由于偶然因素开始注意降水过程，此前他曾获得诺贝尔化学奖。当时他正与舍费尔一同研究在暴风雪可能干扰无线电联络的情况下飞机的稳定着陆问题。实验在华盛顿山上进行，这是美国东北有名的“世界极端恶劣天气”之乡，实验时他们发现了一个奇特的现象：所有器材一遇冷风马上被冰层覆盖。显然空气中充满温度极低的细小水滴，它们等待时机，碰到天线或者电缆便附着其上凝结成冰。

二位研究者停止探索无线电，转而投身考察云的内部情况。云中的水并非在云内温度降至0℃以下时就一定冻结，这在当时已普遍为人所知。但问题在于为什么。为什么冬天时有些云能降雪，而在另一些同样低温的云中，冰冷的小水滴就是不凝成小冰晶呢?

云中极其微小、借助显微镜才能看见的灰尘、炭粒、盐类晶体等物质被称作凝结核，小水滴是围绕凝结核而形成的。小水滴通常也都非常微小，汇成一滴可以落达地表的雨水甚至需要几百万个小水滴。如果云的温度在冰点以上，无数小水滴逐渐聚合，就生成一滴雨。但往往是在小水滴汇集达到临界大小之前，云就消散开了，所以没有下雨。

文森特·舍费尔使用自己发明的“冷柜”在实验室获得了低温云。

如果云的温度低于0℃，小水滴可能会凝成微小的冰晶，接着又有小水滴不断附着并凝结在这粒小冰晶上，最终集成一片大冰晶，以雪的形式或者融化成雨降落下来。另外，小冰晶同时又会不断脱离大冰晶，又有新的小水滴凝结到这些脱离出来的小冰晶上。但在许多云中显然没有发生这种连锁反应。朗缪尔和舍费尔想要找到原因。

朗缪尔开始了理论思索，而舍费尔则努力在实验室中研究这个现象。他在超低温冷藏箱上铺了一层黑色丝绒，安放了一盏聚光灯，箱内的小冰晶通过反射照来的光将会变得清晰可见。他朝箱内呵一口气，气体在 -23℃的低温下变成了小水滴，这样舍费尔就在实验室里获得了一朵低温云。

在100多次实验中，他先是添加火山灰，又用滑石、硫黄或其他材料。但不管他怎么做都没有小冰晶出现。直到1946年7月13日，一次偶然事件帮助了他。这天早上舍费尔发现冷藏箱的电断了。为了尽快继续进行实验，他放了一块干冰进去。干冰是固态的无毒的二氧化碳，在 -78℃凝结，室温条件下造成浓雾，常用于舞台演出。

干冰的使用令舍费尔看到了冷藏箱里下起的第一场暴雪。更多测试清楚表明，决定性因素在于干冰低温的特征：温度低于 -39℃时，所有小水滴都自动凝成小冰晶。

由低温水滴组成的云需要第一粒冰晶的出现，这样才能推动造雪的连锁反应。如果自然界中的情况像实验室里证明的一样，起初的冰晶就很容易生成了：只要把云朵局部温度降到 -39℃。舍费尔确实这样做了，由是便出现他在匹特菲尔德上空撒下干冰的一幕。

详尽了解这一过程中都发生了什么需要耗费大量的计算。为此朗缪尔聘任了物理学家伯纳德·冯内古特（Bernard Vonnegut）（他和作家库尔特·冯内古特［Kurt Vonnegut］是兄弟）。他负责计算产生多大量的冰晶需要多少干冰。冯内古特想了一个办法：既然初始的冰晶可以推动造雪的连锁反应，为什么不能用和冰晶形态相似的其他材料试试呢？他在表格里浏览上千种材料的晶体结构，挑选出3种进行冷藏柜实验。在若干次失败后，其中一种带来了成功：碘化银。它使冷柜里的微型云立刻成雪，与干冰不同的是，这时温度远高于－39℃。

于是要在云中造出首批冰晶就有了2种可能：降温至－39℃以下，或者散发碘化银晶体。

舍费尔还继续使用干冰进行测试飞行。有一次测试过于成功，致使通用电气的法律部门大为惊慌。1946年12月20日中午，舍费尔在纽约斯堪纳科特迪上空向云中投入了11公斤干冰。2小时后天降大雪，8小时后还没有停止。这是整个冬季最强的降雪。虽然舍费尔确定，这场大雪下了20厘米厚并不怪他，但通用电气的律师们无法相信，于是暂时禁止继续实验。

朗缪尔最终使得美国军方对他的工作产生兴趣。1947年2月，基尔鲁斯计划开始实施，此时碘化银首次投入使用。该材料的优点是不必借助飞机播撒。人们可在一朵非常可能降水的云彩下方制造碘化银烟雾，让烟雾自己升入云朵之中。

但不久之后该计划就遭到了公众的批评，就连参与计划的科学家们也纷纷指责朗缪尔分析数据过于乐观。1947年10月，为了降低一次飓风的破坏力，他曾投放过多的凝结基，以此束缚云的活跃度。朗缪尔团队播撒干冰之后，飓风的确转了个90°的弯。尽管飓风出现这类运动并没什么不寻常的，但朗缪尔确信是他改变了飓风的路线。不久他又宣称，他在新墨西哥索罗科进行的实验引发了1000多公里之外的密西西比的降雨，尽管没有任何证据证明两次事件存在联系。

对于所有了解一点天气的人而言，如此宣称简直就是“幻想”，朗缪尔的批判者如是写道。反对者中还有美国国家气象局，他们自己也进行过实验并得出结论说：向云内投放物质“并无多少科学意义”。朗缪尔对此的回应比较空洞：“控制积雨云系统需要知识、技巧和经验。”

朗缪尔直到1957年去世时仍然认为他的实验很有效用，然而大多数科学家表示质疑，实验的财政资助也遭到缩减。虽然没人怀疑向云中投注凝结核会产生冰晶，但如果说这样一来真会有更多雨水降落到地面，许多人觉得证据还不充足。朗缪尔统计性的分析有很多缺陷，直至今天处理这些数据仍是人工降雨方面的难题，因为与舍费尔冷柜实验不同，人们在大气中操作实验时无法确知假如没有投注这些凝结核，是不是就一定不会下雨。1953年基尔鲁斯计划终止后舍费尔继续研究各类气象问题。1993年他以87岁高龄逝于斯堪纳科特迪，半个世纪前他曾在那里制造过一场冬季最强降雪——也或许根本不是因为他。

时至今日，预先设计天气的研究仍在以较小规模继续进行。“人工干预天气联合会”每年都举行会议，还有一些研究小组力争在更加充分的统计数据基础上施行实验。不过人们普遍承认了这一观点：天气现象十分复杂，不能通过简单手段进行操纵。想必不久以前俄罗斯总统弗拉基米尔·普京也认清了这一点：为了确保圣彼得堡举行300周年庆典时有个好天气，政府拨款50多万欧元，动用军方10架飞机在庆典之前处理这一带的雨云。俄方气象机构表示，飞行员的任务是“不准雨水影响涅瓦河畔的庆祝活动”。但当普京在彼得大帝雕像前欢迎贵宾并将陪同他们走向伊萨克大教堂时，突然暴雨如注。

**SNOWMAN — Scientist Makes Real Snow in Laboratory; to Try It in Sky from Plane**

“雪人科学家”在实验室里做出真正的雪，目的是要尝试乘坐飞机在空中造雪。

或许正因为有这么多的失败，提供“遏制冰雹”、“提高降水”或者“驱散浓雾”之类服务的公司才少之又少。这些业务难度很大，因为涉及干预天气，无论成功还是失败都会引发一些棘手问题：1978 年啤酒酿造者科尔斯请人在他的大麦田上方处理云层以抵御冰雹，其他农民把他告上了法庭，他们怀疑科尔斯其实想用这一行为阻止收割时期的降雨。法官判他们胜诉。科尔斯只得停止他的行动。

◆ 您可以用小玻璃瓶和泡沫塑料做一个自己的“云雾屋”并使能够生成降雪的冰晶在其中聚集。访问美国物理学家科内特 · G · 里博莱希特（Kenneth G. Libbrecht）的网页 www. its. caltech. edu/atomic/snowcrystals 可以了解具体做法。此外还有关于成雪冰晶研究史和当前工作的信息以及精美图片。

# 1946 穿堂风里的度假

在“二战”结束后不久的英国，想要花费不多又能度过假期的人们应该去索尔兹伯里。小城坐落在伦敦西南 150 公里处，当时可以 2 人一间免费住进宽敞的套房，室内有书籍、游戏设施、收音机和电话，想要打发时间还可以打打乒乓球、羽毛球或者高尔夫球，这样一来甚至还可以每天赚到 3 个先令。

整件事只有一个麻烦：附近多风的小丘上有一所哈佛医院，英国政府的感冒研究部门“普通感冒科”就在医院大楼中，而度假者——

在英国索尔兹伯里感冒研究中心，人们使用这种防护服来防止传染。

多为学生——要做他们的实验品。尽管是“不理想的”但却是“我们可用的唯一动物”，普通感冒科领导克里斯托弗·霍华德·安德鲁斯（Christopher Howard Andrewes）1949年在一篇文章中这样写道。

除了人类，当时还可以在黑猩猩身上进行感冒实验。但如安德鲁斯所说，它们“昂贵、粗野又难以沟通”。学生们则完全不同：在哈佛医院的“十天免费假日”很受欢迎。一些被试会来好多次。

重来的人里肯定没有这样的12个人：在一个周六早晨，他们先是在热水里浸泡，又要在通风的走廊里坚持待上半个小时。他们感到“又冰冷又虚弱”，安德鲁斯写道，而这天早晨其余的时间里他们都必须穿着湿袜子，他们的情绪自然很难好转。

按照大众的观点，上述处理就是生成最经典最正宗的感冒的方法。而安德鲁斯正是想科学地调查这种大众观点，因为有些观察结果与之不符。去往极地进行长期考察的研究人员并不感冒。而在爱斯基摩人的村落里，人们在最冷的冬天不会生病，而当春天来临，第一批外来船只可以驶入港口时，他们倒生病了。

被安排穿湿袜子的被试是3天以前来到索尔兹伯里的。像普通感冒部其他所有实验一样，这次实验也始于周三。他们经过初始检查，2人一组住进12间套房中的某一间并且得到指示，在接下来10天里要与一切没有保护装置的人保持10米以上的距离，除了室友以外。虽然允许散步，但不得进入医院大楼和使用交通工具。医生和护士进行检查时身穿防护服，脸佩面具。每日3餐被装入保温容器，按时送到套房门前。

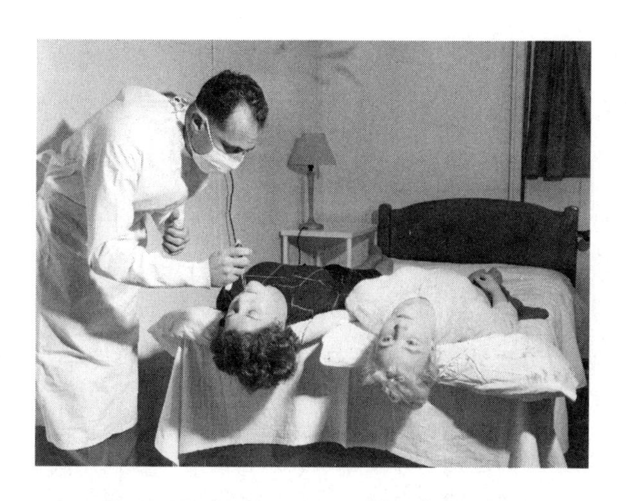

2 位女性被试接受感冒病毒感染。实验表明感冒和寒冷无关。

周三到周六这几天没安排什么值得一提的活动。观察等待的目的在于实验之前排除一切由外部带入的感冒可能。

周六早晨，医生将被试分成 3 组，每组 6 人。将一位感冒患者的鼻腔分泌物过滤并稀释后滴入第一组人的鼻中；让第二组人经受浴盆、走廊和湿袜子的冷却处理；对第三组则同时施用冷却处理和鼻腔注入两种办法。

当时人们比较确信感冒由病毒引起，而病毒大多存在于鼻分泌物中。因为大量流涕是感冒的主要症状，所以在索尔兹伯里每日所用手帕的重量增长也成为感冒严重度的考量标志。但要明白无误地确定病原体，就要对其进行培养，事实证明并不容易。

周六行动过后几天，开始出现一批生病的人：既受病毒感染又遭降温处理的人中有 4 个生病，只受病毒感染的人中有 2 个生病，而单纯受凉并未造成任何人感冒。

普遍观点得到了证实：虽然寒冷本身没有引发感冒，但病毒活动显然对感冒具有促发作用。安德鲁斯对此却无法心满意足，因为参试人数着实太少，无法形成有力论断。“我们采取最愚钝的方法又做了一次实验，”他写道，“这一次结果相反。”单纯受寒同样没有引起感冒，但只受病毒感染的小组中的感冒人数却比既受感染又遭寒冷的小组中的感冒人数翻了一番。第三次实验结果相同：也没有显示感冒与之前的受寒有何关联。

安德鲁斯的实验是20世纪50、60年代对上百名被试进行的一系列实验的开端。每次实验都没有证明受凉和感冒的发生之间有什么关系。

为什么在我们这样的纬度地带，感冒的冬季发病率高于夏季，至今尚不十分明确。已有其他研究显示，冬季感冒大量发病与虚弱的免疫系统及加热房间的干燥空气并无关系。人们推测更有可能的情况是冬季房间通风不良，人们彼此接近更利于病毒传播。阳光中的紫外线可以杀灭病原，但在冬季太阳照射也相对较弱。

安德鲁斯已经认识到科学在面对大众观念时处境艰难。“即便是最优秀的科学家在面对感冒，特别是自己感冒的问题时，几乎都会无一例外地失去所有批判评价的能力，忘掉日常工作里使用的统计方法。”

尤其是在生病之后说起缘由时。

◆ 更多信息请见前沿感冒专家杰克·M·格沃特尼（Jack M. Gwaltney）以及弗雷德里克·G·海登（Frederic G. Hayden）的网页www. commoncold. org 特别值得一读的是www. commoncold. org/special1. htm中的日常错误认识列表。

◆ 访问www. verrueckte-experimente. de观看关于感冒实验的有趣视频。

# 1948 蜘蛛实验之一：药物蜘蛛网

蜘蛛的习性让研究它们的科学家们备感辛苦：它们在凌晨4点钟的时候织网。1948年，这一问题给图灵根大学的动物学家汉斯·M·彼得（Hans M. Peter）带来了不小的麻烦。他希望拍摄织网的过程，却不想总是半夜起来。他于是向彼得·N·威特（Peter N. Witt）——一位药学系的年轻助教求教，问他是否可以通过使用兴奋剂，控制蜘蛛在合适的时间织网。威特先尝试了士的宁、吗啡和右旋苯丙胺（快速丸）。给药的方法很简单：混合在糖水中的药物被蜘蛛悉数吃下。结果却未遂人愿。蜘蛛还是大清早起来忙活，彼得由此失去了实验的兴趣。

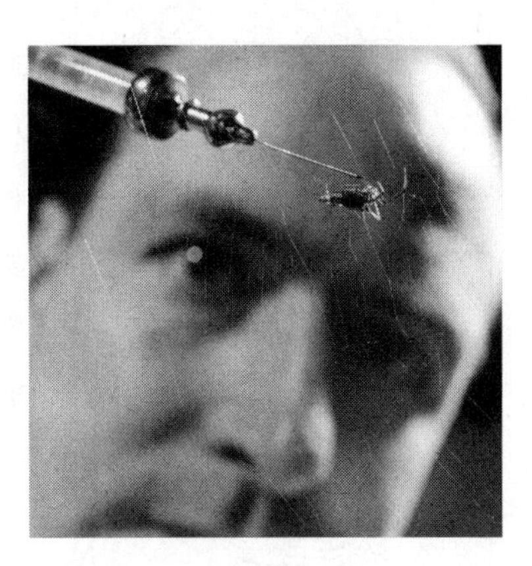

彼得·N·威特让蜘蛛服用药品。

与彼得不同，威特却对实验结果产生了浓厚的兴趣：蜘蛛在药物的影响下织出的网是他见所未见的。轻薄的、浓密的、怪诞而无规则的，也有极度精确的。能够通过蛛网来量化药物作用的效果么？那时还没有什么方法能够量化药物对有机体的影响。

威特用药柜里能找到的所有药品喂蜘蛛：莫斯卡林[①]、LSD[②]、

---

① 一种迷幻药。——译者注

② 麦角酸二乙基酰胺。——译者注

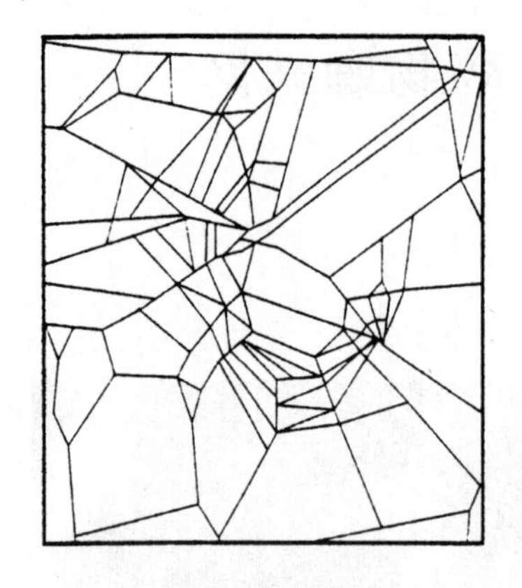

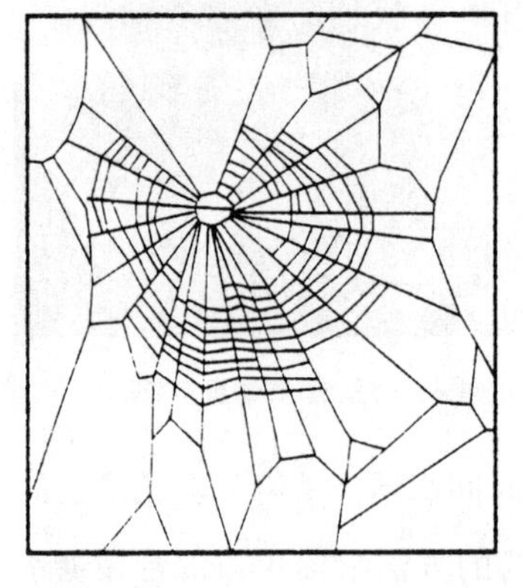

蜘蛛用药后结出的网可不适合来做禁毒宣传：咖啡因作用下结出的最杂乱的网（上），大麻作用下结出的最漂亮的网（下）。

咖啡因、裸头草碱、鲁米诺、安定。此后他让蜘蛛在 35 厘米 ×35 厘米的范围内织网，并在黑色背景下拍摄了这一过程。

因为用肉眼无法对蛛网清楚地分类，威特发明了一种统计学的方法，从蛛网的图像上，他确定角、线间距和小块面，做成一个包含织网频率、块面大小和轴距关系的表格，这样他就不用自己来一一确定不同蛛网系统的区别了。

这一办法是徒劳的：一只充分发育的小雌蜘蛛所织出的网可能就含有 35 条半径线和 40 条螺旋线，有 1400 个交叉。为了得出合理的对比结果，至少要在蜘蛛用药前和用药后分别分析 20 个蛛网的情况。这样大量的数据统计在当时——刚开始还没有计算机辅助——是无法完成的。为了简化工作，威特有限度地只测量使用某些药品时蛛网上出现的特别有趣和值得注意的位置。这就加大了对比服用不同药品后蛛网状况的难度。

在进一步的特殊实验后，把蛛网作为一种通行的化学药物指示剂的希望落空了。后期的实验不再关注对使用的药物的识别，而是特定药物对蜘蛛神经系统的影响。1995 年，NASA① 的科学家发表了他们的

① 美国国家航空航天局。——译者注

实验结果（为什么偏偏是 NASA 进行了这样的实验，让人摸不着头绪）。随着计算机技术的发展，现在已经可以通过为结晶学研究而开发的统计程序来对蛛网进行分析。蜘蛛的作品绝对不适合宣传禁毒工作：咖啡因作用下的蛛网最杂乱无章，大麻作用下的蛛网最漂亮，而最有规律的——威特已经发现了——是 LSD 作用下织出来的。

## 1949 女秘书的交易

一天，兰德公司的 2 位女秘书面临着下面的交易：或者第一位秘书得到 100 美元，第二位分文不得，或者 2 位一起得到 150 美元，前提是，她们可以商量如何分配这笔钱。这个游戏是数学家梅里尔·弗勒德（Merrill Flood）想出来的。弗勒德希望查明，如果通过合作可以获得额外的收入，人们将如何分配所得。

他之前说，第一位女秘书得到 125 美元，第二位得 25 美元。这样一来 2 位都各自比不合作时多了 25 美元。否则第一位秘书得到 100 美元，第二位却分文没有。两位秘书的决定却并非如此。她们平分了总的款额，即每人得 75 美元。很显然，弗勒德总结说，人们在处理问题时不仅按照利益最大化的数学逻辑。相反地，在弗勒德设计的情境中，社会关系极大影响了人们的行为。

# 1949 性高潮断奏

当耶拿大学附属医院的医学家格哈德·库鲁姆比斯（Gerhard Klumbies）和赫尔穆特·克莱因佐格（Hellmuth Kleinsorge）公布他们的实验结果时，出于害羞，他们采用拉丁文写了一些段落。这种做法在当时的药学文献中是很常见的，大家基本都不用德语表达私密的细节。

文章写到一个罕见的状况成就了这一实验。要想理解这句话的深层内涵，需要有足够的古典教育知识，这样才能够看懂 Femina supersexualis，quae emotione animae se usque ad orgasmum irritavit 的意思是：一个可以通过单纯的幻想达到性欲高潮的女人。这位大约 30 岁的女子来到诊所，因为她的能力让她感到不安：任何时候任何地点，单单把双腿压在一起，就能达到高潮。库鲁姆比斯和克莱因佐格很快就了解到，这种能力提供了绝无仅有的机会，更多地了解肌体在性高潮过程中承受的负担。他们安抚这个女子，并请求为她测量脉搏和血压。她同意了。

性交可能会引发中风或心肌梗死，个别情况下会致人死亡，这在当时已是尽人皆知的事。然而“整个有机体在性交的过程中承受的压力，却是不为人知的，”2 位医生在他们的论文中写道，“谁如果说，这种压力的大小可以外部估算出来，那绝对是搞错了。”因此，他们不想估计，而是想测量。

这个 Femina supersexualis[①] 是个理想的被试。她可以在命令下立

① 大意为极易产生高潮感觉的女性。——译者注

罕见影地达到性高潮，并且能够保持平静，不会产生震动干扰敏感的测试仪器，也不会有什么动作使通向隔壁的线缆纠缠起来。而隔壁房间中、线缆的另一端，库鲁姆比斯和克莱因佐格俯身在自动记录仪旁跟踪血压的变化。

论文记录了第一次性高潮中，女士的收缩压增长了50毫米汞柱达到160毫米汞柱。这是“值得注意”的，医生写道，这一数值甚至比产妇分娩承受阵痛时的血压还要高1/5。为了进行对比，他们让这位女士——“一个训练有素的女运动员”——跑上诊所的6层，血压也仅仅上升了25毫米汞柱，心跳上升为每分钟98下。

在进一步的实验中，这位女士以大概每次1分钟为周期，共产生了5次性高潮。各周期中伴随出现的脉搏加快、血压增高的基本走势大致一样，即心跳速度在最初5秒内陡然加快——与正常数值相比每分钟大概会多跳10下，在随后的15秒内始终保持这一数值，大约25秒后进入高潮，这时的心跳速度更快——与刚刚的数值相比每分钟还会再多跳5下。在此实验中，血压升高到了200毫米汞柱以上。

为了比较性交的肢体反应，克莱因佐格和库鲁姆比斯也记下了一位男士在性交过程中的各项数值。这位来检查自己的生殖能力的病人并不具有前面那位女士的特殊能力。他花了15分钟，通过手淫达到了性高潮。

与那位女士不同，克莱因佐格和库鲁姆比斯2个人肯定是对测试结果比较满意，所以只进行了一次测量。测量数值显示，这位男士的性高潮与那位女士相比，劳累程度大得多。男士的脉搏达到每分钟142下，血压达到300毫米汞柱。那2个医生估计，也许正是因为如此，“女性好像根本没有性高潮的看法并非全无根由”。

不过男性和女性脉搏和血压的变化曲线是相似的，这绝非偶然。在性高潮中的男性和女性都会达到“血压、心跳量和脉搏率的峰值”。本来走势很有规律的曲线在性高潮时出现了极大的偏差，这包含了一个人生智慧：幸福在于触及和到达的一刻，而不在于一直拥有的一种常态。

我们发现在爱情的幸福中，所有的都被献给了前者，而后者什么也没得到。

但两位医生并不认为从他们的测量中能够推断出避免性交意外的有效方法：禁止性交是绝不可能的了。医生可能拥有比巴克斯①更加强大的力量造福人类，却也怀着比维纳斯②更为柔情的心灵，无法弃绝爱之美。

# 1950 心地善良，但别做傻瓜！

1950 年 1 月的一个下午，数学家梅里尔 · 弗勒德和梅尔文 · 德雷舍（Melvin Dresher）向 2 位同事展示了他们上午发明的一个小游戏。游戏很简单，游戏双方只要同时说出 A 或 B 即可。人们当时没有想到，如此简单的游戏日后引起了政治家和将军们的浓厚兴趣。每个回合开始前，双方各在心中选定 A 或 B，分别代表着“合作”与“不合作”。然后 2 人同时说出心中的字母。如果出现一致，那么两人都能得到奖励，如果不一致，则可能受罚。游戏应当持续上百回

① 罗马神话中的酒神和丰饶之神。—— 译者注

② 罗马神话中爱与美的女神。—— 译者注

合。数学家之所以发明这个小游戏，是基于对数学领域“博弈论”的研究。博弈论是利用数学技巧研究冲突与竞争。例如在经济领域，买方希望以尽量低的价格购入商品，而卖方则希望以尽量高的价格卖出商品。最终的价格不取决于买方期望与卖方期望的任一方，而是被共同决定着。有时价格是非理性的，它不以卖方利润最大化为目标。博弈论中的冲突有趣之处在于：在公开心中答案那一瞬间，没人知道对方的答案，但是最终的结果却取决于双方答案的契合度。

弗勒德和德雷舍的游戏也是这样。阿芒·阿尔奇安和约翰·D·威廉姆斯在进行游戏时，每回合的结果都不外乎以下4种情况：2人均选择合作；两人均选择“不合作”；阿尔奇安选择“合作”，而威廉姆斯选择“不合作”；以及后者选择“合作”，而前者选择“不合作”。在各种情形下，他们所获得的奖赏或惩罚都写明在一张表格上。他们对表格进行仔细研究后，发现了他们在游戏中的两难处境：当两人都选择“合作”时，阿尔奇安能得到0.5美分奖赏，而威廉姆斯却能得到1美分。当两人均选择“不合作”，所得奖赏各减0.5美分，阿尔奇安得到的奖赏为0，威廉姆斯仍能得到0.5美分。这样看来，似乎双双选择“合作”，是他们最好的策略。然而问题在于，当两人的选择不一致时，选择“合作”的会遭到惩罚，而选择“不合作”的则会得到奖赏。

也就是说，如果威廉姆斯选择“不合作”，而阿尔奇安选择了“合作”，那么他将受到1美分的惩罚，而前者则将收获2美分。反之，威廉姆斯将受到1美分的惩罚，而阿尔奇安将得到1美分奖赏。然而他们在这个游戏中的两难处境并非起因于不同的奖罚程度。

因为任何一位游戏者都无法事前洞察对方的心理，最后他们都会得出同一个结论，选择“不合作”是最好的策略——一旦对方选择“合作”，自己将得到奖赏。即便最差的情况下，对方也选择“不合作”，至少也不会遭到惩罚。约翰·纳什（John Nash）在极小极大理论中，预见了这种情形。

这种表面上最佳的理性选择最后会导致一个荒谬的结果：双方每个回合都选择“不合作”。在此情形下，迟早他们会发现最终得到的奖赏远不如“不理性”地选择“合作”得到的多。逻辑最终混淆了游戏者的判断，遮蔽了他们最好的选择。

如同弗勒德和德雷舍猜测的一样，阿尔奇安和威廉姆斯没有陷入纳什理论所预测的逻辑怪圈中，他们的选择是“非理性”的。阿尔奇安在100个回合的游戏中，68次选择了“合作”，威廉姆斯则有78次。

弗勒德和德雷舍将这次有趣的实验记录在内部研究备忘录里。认真读过这本备忘录的人，无不隐隐感觉到这项实验的伟大之处。备忘录中还有阿尔奇安和威廉姆斯在游戏时做的笔记。

“他现在可能明白了。”

“好点了。”

“这个猪头！”

“他疯了吧？”

“看看他是不是变聪明点了。”

“他想吃独食啊。”

“我的天！他也太好了！”

“这简直不像话。”

这个游戏中充斥着信任与欺骗。从中人们能看出不少社会中存在的基本问题：个体与集体的矛盾。个体与集体关系融洽，能带来利益，然而另一方面，它们也可能给人类社会的福祉带来巨大的危害。

这个游戏之所以后来蜚声四起，原因不在于它所设计的不等的奖惩幅度。弗勒德和德雷舍的一位同事——阿尔伯特·塔克（Albert Tucker）对游戏中的两难现象进行了进一步的阐述，并赋予它一个响亮的名字：囚徒的两难处境。塔克也因此而闻名天下。关于塔克对囚徒的两难处境的阐述，一个版本是这样的：某犯罪团伙的2名成员被捕，并被警察隔离审讯。警察缺乏指控两人主要犯罪事实的证据。然而警察拥有足够证据，起诉他们所犯下的其他次要罪行。法院基于这些次要罪行可宣判这2名犯罪嫌疑人入狱一年。现在警察单独向2人分别建议，指证对方的主要犯罪事实。作为交换，警方不再追求其次要罪行的责任，而另一名犯罪嫌疑人将面临3年的牢狱之灾。对任何一名犯罪嫌疑人来说，这么做的风险在于，他的同伙也可能同时指证自己，这样的话，2人都将入狱2年。

理性的犯罪嫌疑人一般会做如下思考：如果我出卖同伙，而他为我保守秘密，那么我能马上得到自由，而无须锒铛入狱。即使他也同时出卖我，那么我也只要坐2年牢，比起保守秘密而被同伙出卖坐3年牢来说，还是非常划算的。那么也就是说，只要我出卖同伙，不管他如何，我的处境都会更有利。问题在于，他的同伙也必然做出跟他一致的判断。最终的结果很可能是双方都入狱2年。假设2人都保持沉默、不揭发同伙，他们只要坐1年牢。

囚徒的两难处境有几个制度性前提：一项奖励制度，适用于双方都合作之时；一项处罚制度，适用于双方均不合作之时；一次提升奖励幅度的机会，当一方选择合作时，适用于不合作的另一方。

我们的世界充斥着“囚徒的两难处境”。例如偷税逃税、开黑车：只要其他人还在正常缴税、驾车，这种现象就会存在，而当所有人都不再缴税、违法驾车载客时，所有人都必然受到惩罚。

“囚徒的两难处境”另一个生动的例子便是美苏之间的军备竞赛。尽管弗勒德和德雷舍在当初设计那个游戏时，未曾想到这个问题，但是这其中的关联是无法割舍的。最终这2位数学家都服务于兰德公司——一家著名的美国军事战略研究所，位于洛杉矶旁的圣摩尼卡市。

2个大国打着这样的算盘：一旦对方生产研制核武器，而本方没有，那么本方将迅速处于下风。正是在这种想法的影响下，2国军备竞赛此起彼伏、甚嚣尘上。对2国来说，最安全的状态，恰恰是双方都不装备核武器。

自从弗勒德和德雷舍1950年发明了那个游戏后，“囚徒的两难处境”声名大噪，成为学术界的新宠。数学界、经济学界、心理学界，甚至生物学界都纷纷对此展开了研究。尽管从严格意义上讲，它是无法解答的——否则也不能称为两难处境了。但是利用博弈论，人们可以精确描述冲突与竞争，并为之提供相应的策略。

如果与博弈的对手只交锋一次，那么“不合作”无疑是最好的选择。否则，便不能如此。比如常有商务往来的买卖双方、住在一起经常互相挠痒的2只猴子，为了长远计，就不能一味选择“不合作”。

政治学家罗伯特·阿克塞尔罗德（Robert Axelrod）1979年做了个实验。他让博弈论者利用策略与其他同事博弈。出乎所有人意料，最后胜出的是最为简单的策略：第一回合“合作”，从第二回合起，与对方上一回的举动保持一致。这种策略被人称为“以眼还眼”。

在随后的实验中，这一策略得到了完善，变得更为精巧。比起“以眼还眼”来，完善后的策略显得更为大度和善。例如有人欺骗了你，立刻还击。然而就此原谅对手，重新释放合作的善意。用一句话来概括，心地善良，但别做傻瓜！

◆ 访问www. iteratedprisoners-dilemma. net体验“囚徒的两难处境”。

# 1951 眩晕轰炸机的俯冲

20 世纪 40 年代，随着功能强大的喷气式飞机的横空出世，飞行医学的发展迎来了契机，它通过模仿飞行的不同过程研究飞行对人体机能产生的影响。通过离心机可以模拟在强加速状态下，人体压力的增大；通过压力实验室可以模拟高空下气压的降低。当时人们猜测，在高空飞行过程中，人体失重也是一个巨大的问题。“但是当我们试图在实验室制造出失重状态时，一切努力都无济于事。”得克萨斯州兰道夫空军基地美国空军航空医学院的弗里茨·哈贝尔和海因茨·哈贝尔（Fritz und Heinz Haber）如此写道。在其著名的论著《为从事航空医学研究而制造失重状态的方法》中，2 人尝试了各种方法，找到了唯一制造出失重状态的可能性，然而这种方法在地面上是无法使用的。

在 2 位作者当时的年代，还没有出现宇航员这一职业。航天活动也是几十年后的事情，尽管喷气式飞机能够飞到上万英尺的高空，然而在这一级别的高度上，重力与地面相差无几，很难观测。在某种特定的飞行动作下，确实能暂时性地产生失重状态。例如一架飞机在高空中突然关闭发动机，会立刻坠向地面，此时飞行员会处于失重状态。

时至今日，仍然无人能够在地面上借助仪器减少重力，更别说制造完全的失重了。尽管一直有学者声称自己制造出了失重状态，大多数物理学家对此嗤之以鼻，并不相信。在地球重力场的影响下，唯有借助运动和加速度来制造失重，弗里茨和海因茨写道。比如在一间坠落的电梯里：如果忽略电梯所遇的空气阻力，那么它坠落的速度和里面人坠落的速度是一样的，同时，人在坠落过程中处于失重状态。问题是，即使电梯再高，其坠落的时间也有限。但是电梯给了2人新的灵感：人在空气中以何种方式坠落，并不影响其失重状态——无论是在电梯里，还是在一个沿飞行轨迹坠落的机舱中。为了使坠落的过程尽可能地长，以及着地时尽可能减少冲撞，机舱必须置于一架运动轨迹呈抛物线状的飞机中，弗里茨和海因茨下了这样的结论。飞机先呈45°上升，到达顶点后，沿着与上升轨迹对称的轨道向下坠落。当弹射座舱将飞行员以45°向外弹出时，飞行员的运动轨迹就是这样一个理想的抛物线。2人在书中预测，通过这种方式，能够最多制造出35秒失重状态。

1951年夏天和秋天，试飞员A·斯科特·克洛斯菲尔德和查理·E·耶格尔证实了弗里茨和海因茨的预测：他们在一架截击机中通过45°抛物线飞行，经历了20秒钟的失重。克洛斯菲尔德事后说道，失重状态让他眩晕，但是他并未失去身体的协调性。耶格尔则声称自己失重时毫无负担的坠落让自己感觉“丢失了身体似的”。

抛物线飞行直到今天仍然是宇航员的训练课题之一。当然不是像克洛斯菲尔德和耶格尔那样，在截击机中进行这样的训练，而是在美国宇航局特制的训练飞机KC-135中进行，飞机内铺满了软垫。因为在飞机中进行此项训练时，经常会导致人体出现眩晕恶心症状，它也被人们称为“眩晕轰炸机”。

谁要是想见识一下KC-135中的失重状态，不妨看看汤姆·汉克斯的电影《阿波罗13号》。这部电影租借了“眩晕轰炸机”作为道具。

1959 年，正在进行抛物线飞行训练的美国宇航员。时至今日，飞机的抛物线飞行是在地球重力场制造长达半分钟失重状态的唯一途径。

- 美国宇航局历史事务处在www. hq. nasa. gov/office/pao/History 下放置了许多关于航天飞行发展史的完整文件。
- 在“眩晕轰炸机”的官网jsc-aircraft-ops. jsc. nasa. gov/kc135 上，有许多关于抛物线飞行的解说资料。

# 1951 什么都不做获得 20 美元

下面这则招募广告听上去是个简便的发财之道：蒙特利尔市麦吉尔大学的心理学家唐纳德 · O · 赫布（Donald O. Hebb）招募愿意每天什么都不做而得到 20 美元的学生。他们只须在一间隔音的、明亮的房间里躺在床上，手上戴着连指手套，前臂套着硬纸筒，双眼戴着仅能通过漫射光线的眼镜。在进食和去厕所的时候还是可以起身的，

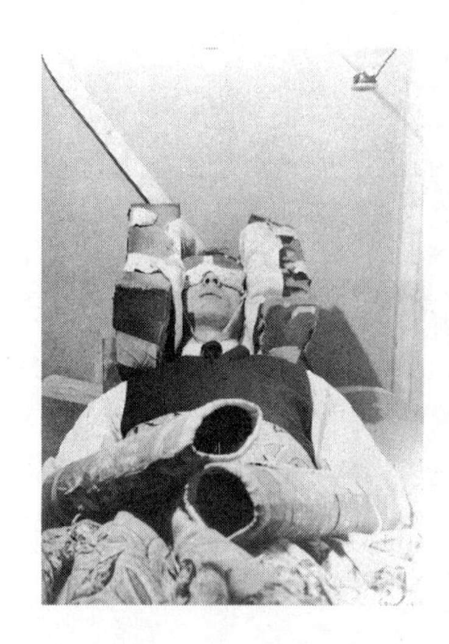

如果屏蔽对于人脑的一切外界刺激，结果会如何？这位在蒙特利尔市麦吉尔大学参与实验的被试产生了幻觉。

只是不允许取下眼镜。

一段时间以来，赫布一直在思考：如果剥夺一切外界环境刺激，大脑会发生什么变化？有理论认为，要维持大脑正常的功能，变换的感觉刺激是必要的。在动物研究方面，可以采用切开脑干的办法。“同动物们不同的是，学生们可绝不愿为实验而开颅。因此，为达到比较满意的实验效果，要把他们与环境隔离开来，只能使用这种不太极端的隔绝方式。”他在实验论文中写道。

做此类研究还有一个现实原因：人们想更多地了解为什么从事单调工作的人（比如雷达屏幕观察员）在工作中容易出错。

实验真正的原因却不曾公开。前苏联在给囚犯洗脑时使用了感觉剥夺的办法。所以军队对赫布的工作非常感兴趣。

22 名被试很快被召集齐了。然而他们之中没有人能在房间里坚持 3 天以上。尽管 20 美元比学生在相同时间里从事其他工作所得到的收入的 2 倍还多，心理学家还是费了很大力气才留住他们。参与实验的人本打算在隔绝状态中复习功课、准备讨论课的论文或是思考报告结构，然而事实上，所有人都说，经过一段时间后，无法再就某个问题集中精力思考。“我本来可以思考的东西消失了。”一名被试说。有几个人由于极度无聊开始数数儿。

学生最终出现了白日梦，注意力涣散。心理测试表明，隔绝严重损伤了思维功能。实验最重要的收获是一项意料之外的反应：所有被试都产生了幻觉。他们看到了突如其来的色彩变化、地毯式的模型以及复杂的情景：热带丛林中的史前动物或者一队松鼠扛着口袋穿过雪地。

赫布通过这一隔绝实验建立了一个新的研究方向。此后的几年时间里人们进行了几百次类似的实验。不仅部队，美国国家航空航天局也对实验的结果感兴趣，他们考虑到在太空飞机的漫长飞行中可能会出现和赫布的小屋相似的情境。

在蒙特利尔的第一次实验完成4年之后，一位古怪的美国研究者有了新的想法，如何加强与外界的隔绝从而急剧加强幻觉（见“1955　心灵宇航员的浴缸”）？

# 1952　蜘蛛实验之二：断腿蜘蛛织网

玛格丽特·雅各比—克勒曼（Margrit Jacobi-Kleemann）那份48页的研究报告可以让那些因为在孩童时期揪下过蜘蛛腿而至今心存不安的人们得到些许安慰：这位女生物学家把蜘蛛分别截去不同数目的腿后，用电影摄影机监视它们的织网情况。在约10000次个案研究后，她得出了结论：“在失去一条或者几条腿后，蜘蛛仍旧能够按照既定目标完成织网。”当然，雅各比—克勒曼最多截去了蜘蛛的2条腿：一条左侧的，一条右侧的。那些在童年对蜘蛛犯下太过激的罪行的人，科学就没法帮你们开脱了。

# 1954 改造犬类的“弗兰肯斯坦[①]”

大多数来莫斯科国立生物博物馆参观的人都毫不经意地走过有关移植医术的陈列柜。因为一眼看去很难认出展示在他们面前的是个怎样的怪物：那里不过就是有一只幼犬标本倒在一只成年狼犬前，看起来似乎因为空间太小，没法把它们整齐有序地并排陈列。

**Scientist Claims He Can Produce 2-Headed Dogs**

科学家宣称，他能创造出双头狗（莱斯布里奇先驱报，1954年12月16日）。

而事实上那只幼犬的躯体只在刚过前腿的部分就终止了。苏联外科医生弗拉吉米尔·戴米克霍夫（Vladmir Demikhov）把这一部分躯体缝合到了那只狼犬的颈部。

1954年2月26日戴米克霍夫向莫斯科外科医学协会介绍了他的工作。他在此前8年就曾经对狗实施过心脏移植，后来又进行过肺部移植和分流手术。对狗的头部进行手术是不同器官完整系统的首例移植，戴米克霍夫这样写道。在3小时的工作中，他首先将幼犬躯体在第五与第六道肋骨间的位置截下，不连带心和肺，之后将其动静脉与狼犬的动静脉连接并将其头部固定在狼犬的骨骼上。他连通其气管和

---

① 英国诗人雪莱的夫人玛丽·雪莱（Mary Wollstonecraft Shelley）在日内瓦湖畔与丈夫及朋友进行恐怖故事写作游戏时写下一部科幻小说《弗兰肯斯坦：现代普罗米修斯》（*Frankenstein, or The Modern Prometheus*），讲述科学家弗兰肯斯坦意欲创造一个“完人”却造出了一个怪兽的故事。该书出版于1818年，曾被改编为舞台剧和电影。——译者注

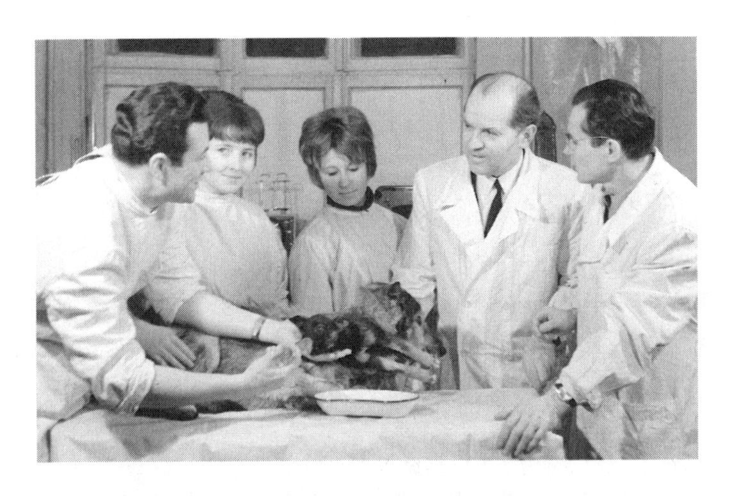

弗拉吉米尔·戴米克霍夫医生（右二）和他创造的奇特生命：他将一只2个月大的幼犬的头部和前腿缝到一只4岁大的杂交品种狗身上。

食道：幼犬的生命特征依靠狼犬的血液循环来维持。3小时后，狼犬动了动眼皮，又过了4个小时，它动了动头部。一天以后被移植到狼犬身上的幼犬头部也重获活力：它还把戴米克霍夫一位同事的手指狠狠地咬出了血。

这个可怜的怪异生命6天之后死于感染。但戴米克霍夫并没有因此气馁。在随后几年里，他共做了20例此类手术。有一次他将一整只幼崽移植到它母亲的颈部。术后动物存活的最长时间是29天，该纪录出现在1959年。

在当时对于如何认识这类实验就存在很多争议，然而实验给戴米克霍夫带来了世界声誉。1957年苏联将第一颗人造卫星Sputnik送入太空后，戴米克霍夫的手术就被看成是“外科医学的Sputnik”。

戴米克霍夫创造的一只双头狗今天在莫斯科国立生物博物馆展出。

# 1955 蜘蛛实验之三：蛛网上的尿液

1948 年，药剂师彼得 · N · 威特偶然发现，蜘蛛在药物的作用下，会织出与平常大不相同的蛛网（见“1948　蜘蛛实验之一：药物蜘蛛网”）。位于巴塞尔的弗里德马特疗养院得知这一有趣的现象后，萌生了利用蜘蛛揭开精神分裂症的秘密。

这种精神疾病的病因未知——时至今日，仍然如此。然而在 50 年前，人们对此做出了大量努力，试图揭开疾病之谜。人们发现，正常人摄入一定量的莫斯卡灵和 LSD 后，会表现出跟精神分裂症病人类似的症状。这 2 种化学物质会导致人体出现幻觉和精神错乱。精神分裂症病人的新陈代谢是否会持续不断地产生这种化学物质？是否是这种化学物质导致他们情绪持续亢奋？上世纪 50 年代初期，巴塞尔的研究者开始在精神分裂症病人的尿液中寻找此类物质。一位参与了此项工作的研究者写道：“用以实验的尿液是经过挑选的，保证实验的科学性。”尽管如此，这项工作进行得有如大海捞针，因为他们既不知道要寻找的物质是何性质、有何特征，甚至也不敢肯定是否存在着那样一种物质。

生物学家彼得 · 里德（Peter Rieder）从 15 位精神分裂症病人那儿收集了 50 升尿液，并加以浓缩处理。尔后利用经过浓缩处理的尿液，喂食蜘蛛，并将其所织的蛛网对比喂食护理人员正常尿液的蜘蛛织出的蛛网，加以分析。如果这 2 组蜘蛛织出的蛛网有着明显的、规律性的区别，那么精神分裂症的病因则可能隐藏于研究人员正在寻找的那种物质之中。如果前一组蜘蛛织出的网与喂食了莫斯卡灵和

LSD 的蜘蛛织出的一样，那么人们便很清楚，要寻找的那种物质有何特征了。

这项实验利用不同的浓缩物重复做了多次，但是结果均令人失望：尽管2组喂食不同尿液浓缩物的蜘蛛织出的蛛网确有不同，但是这些区别中并无任何规律。事后，进一步的实验研究表明，蛛网不同的几何构造对精神分裂症的病因调查无任何借鉴意义。

实验人员倒是发现了另一个现象：尿液浓缩物中“尽管含有糖分，但是对于蜘蛛来说，必定不是可口的美味”，蜘蛛的表现毫无疑问地证实了这一点，“它们在饮用了一点点尿液后，便表现得极为厌恶，不再碰触它；它们离开蛛网，把剩下的尿液抖出蛛网，直到清理干净蛛网和嘴之后，才肯重新回到网中，并且决不再碰新放入的尿液”。

## 1955 心灵宇航员的浴缸

看完1980年上映的《变形博士》结尾部分的人，肯定都记得片尾打出的那行字：“本片故事情节、人物、姓名均属虚构，如有雷同，纯属巧合。”

科学家埃迪·杰瑟普（威廉·赫特饰）在隔离箱中研究存在着意识的异度空间，然而事情的发展却脱离了他的控制。连他的妻子也没能阻止他引发宇宙神秘能量的爆发。随后他开始了返祖历程，变回了原始人。有谁会相信电影里的这段情节？

实际上，影片并非如片尾宣称的那样“纯属虚构”。《变形博士》中包含了医学家约翰·利利（John Lilly）的一个实验。利利对影片导演肯·拉塞尔的工作给予了高度评价。原著作者帕蒂·查耶夫斯基（Paddy Chayefsky）在书中融入了一段利利的自传《二元气旋》(*Dyadic Cyclone*)。例如杰瑟普被妻子救下的那一幕，甚至杰瑟普返祖那一幕也曾真实发生过，不过当然不是发生在利利身上。他的同事克雷格·恩赖特在隔离箱内进行药物实验时，突然“像只猴子那样尖声大叫、又跳又闹，足足折腾了25分钟”。事后利利问他：“你刚才在干吗?”他回答：“我感觉自己在一棵树上，就像原始人一样。一只豹子要吃我。我躲在树上，朝它大声喊叫，希望能把它吓跑。”

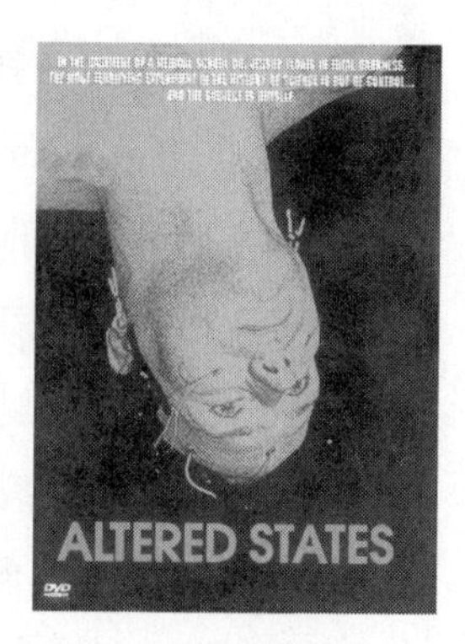

《变形博士》(1980年)中的一些场景参照了约翰·利利的隔离箱实验。

很长时间以来，没有任何迹象预示约翰·利利有朝一日能同海豚对话、与外星人会面、发现控制地外平行空间的控制器。利利非常聪明，他是生物学、物理学和医学三料博士。1954年他开始研究一个关于人脑的课题：当一切外界刺激都被阻断后，人脑会有何反应？眼睛、耳朵、皮肤或是鼻子，都不再向大脑传输信号，大脑会如何？无非两种反应：要么大脑进入休眠，人体失去意识，进入昏迷状态；要么大脑仍然活动，通过内部的调节机制保持清醒，尽管无法获得任何外界刺激（见“1951　什么都不做获得20美元”）。

为了验证自己的推测，利利在一栋偏僻的楼里建造了他的第一个巨型隔离箱，它位于马里兰州贝蒂斯达国家健康研究所内。这个巨大的浴缸中充满了摄氏34.5度的温水，被放置在一间完全隔除噪声的漆黑房间内。浴缸内所有的外界刺激包括重力都极为微弱。浴缸内安

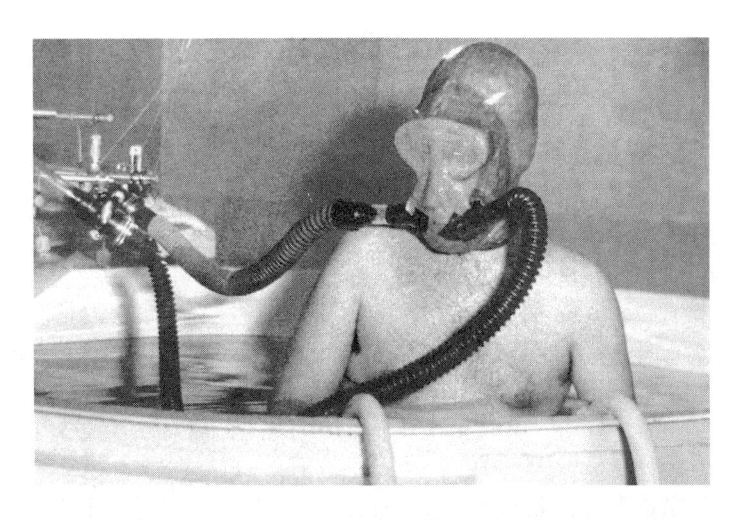

在阻断了外界刺激后，大脑会作何反应？隔离箱中戴着呼吸面具的实验人员。

装了一个舒适的呼吸面具。当实验对象仰面躺在浴缸中时，水会没过头部，需要用到呼吸面具。这个呼吸面具用橡胶做成，戴上它，口、鼻、耳均会被封住，仅仅在嘴部插有 2 根短的呼吸管用于呼吸。人一戴上它，看起来活像个魔鬼。脚用橡胶带固定着。橡胶是实验对象在浴缸中除水之外能接触到的唯一外界刺激。

1954 年底，万事俱备，只欠东风。剩下的唯一难题是如何爬进浴缸。只有利利孤身一人，他必须要先戴上那个密封面具，摸索着架好梯子，关上灯，然后爬上浴缸，钻进水里。还要小心失足溺亡。当他顺利钻进浴缸后，一切变得简单了。他只需在 3 餐时间取点吃的，偶尔爬出浴缸，到“另一个世界”活动活动筋骨。内急时，可以直接在浴缸中小便——水是定时更新的。

在浴缸中生活了一年后，利利发表了第一篇关于“隔离箱”生活的专业论文。他在文中描述了海难生还者和两极探险者在完全的寂寞孤独状态下的经历，并将其与他们其他时期的生活经历进行了对比。

在前3刻钟，脑中浮现的尽是生活琐事：利利在此期间，非常清醒地知道自己在哪儿，他回想着往日的生活琐事。3刻钟后，他开始放松，告诉自己现在什么都不用做。一个小时后，他开始渴望来自外部的刺激。他在水中慢慢地划动胳膊，希望感受到水的刺激。他所有的注意力都集中在目前仅能接触到的2种东西上：橡胶面具和脚上的橡胶带。

当他度过这个时期后，如果不离开浴缸，便会继而浮想联翩。“那些幻想太隐私了，不方便向公众透露。”随后他进入了最后一个阶段：出现幻觉。有一次在浸入水中2个半小时后，蒙在眼前的那片黑暗消失了。奇形怪状的东西出现在眼前，边缘冒着光芒。还出现了一条闪着蓝光的隧道。要不是面具松了，不得不中止实验，他还能看到更多的幻觉。通过这个实验，利利成了心灵宇航员，航行在通往自我探索之路上。

大脑在缺乏外部刺激时，不会陷入休眠状态，完全相反，我们的大脑似乎很懂得自娱自乐。何以如此？不久后利利也没有兴趣再探求这个问题的答案，他在其他专业领域的座谈会上阐述着自己的实验成果：在一次美国精神病学会的见面会上，做了题为“精神分裂症的研究方法”的报告；在另一次座谈会上，则做了“航天飞行的心理学视角”的报告。

浴缸中的经历似乎给了利利极大震撼。“我发现了许多秘密。之前我不敢写出来，因为我那会儿是国家心理健康研究所的研究人员。但是现在不一样了，现在我是个病人。”随后他从自己在隔离箱中的生活经历联想到心灵传递，发展出了关于人类心灵的新理论。他自称新理论“撼动了现代精神病学的根基”，并将自己的处境与发现分离原子方法时的爱因斯坦相提并论。

上述言论自然难登大雅之堂，没有出现在任何一家科学研究刊物上。利利后来离开了国家心理健康研究所，前往维京群岛，他在那儿学习跟海豚交流的方法。随后又前往迈阿密、巴尔的摩、马利布和智利。他进一步深化拓展了隔离箱实验。在维京群岛，他在浴缸中注入加热过的海水。通过这种方式，他发现不使用遮蔽口、鼻、耳的面具和固定双脚的橡胶带，也能顺利进行实验。他也实验过食盐水。为了防止盐水灼伤皮肤，利利下水前，把硅树脂凝胶涂满全身。在随后的实验中，利利将少量硫酸镁撒入一个长 2 米、宽 1 米、深 25 厘米的浴缸中。这样一来就算特别高大壮实的人也能够在里面漂浮而不觉狭小局促。

根据利利的描述，Samadhi 浴缸公司于 1972 年制造了第一个特殊的家用隔离箱，据说利用它能进行秘传旅程，因而得以声名大噪。Samadhi 是梵文，意思是内心深处安宁的状态。

上世纪 80 年代，一到午休时间，经理们便纷纷涌至这家公司，以 60 马克一小时的价钱体验水中生活，据说利利那样的隔离箱经历能帮助他们缓解压力、增强创造力、进行时间旅行，或者制造些令人愉悦的荷尔蒙。所有这一切美好效果时至今日仍然是 Samadhi 公司的宣传广告。这股一时间甚嚣尘上的浪潮随后慢慢趋于平缓，人们发现并非每个人都能从中体验黑暗渐渐消散、美好幻境呈现眼前的幸福经历，也不是所有人都能体会那些不便于公之于众的幻觉。在浴缸中的经历是因人而异的，这使得对其进行

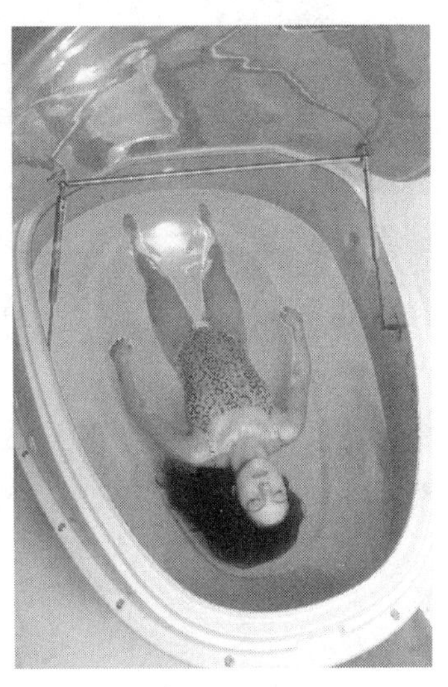

80 年代，利利制造了使人放松的隔离箱（也称作 Samadhi 箱）。今天，健身房中放置着它的改进型。图中是于尔根·塔普利希（Jürgen Tapprich）制作的模型。

科学研究尤为困难。毕竟利利所描述的也仅仅是他自己的感触而已。由于浴缸实验与洗脑的联系，导致人们很难招募实验对象，没人愿意冒这个风险。

约翰·利利在隔离箱中体验幻觉。后来，他放弃了这项研究，成为了秘传运动的领导人。

60年代，他的同行杰伊·舒雷（Jay Shurley）在俄克拉何马大学进行了一项研究，试图对隔离箱效果进行系统研究。然而实验对象的叙述让他无所适从。比如，“你怎么对这样的描述进行归类？‘我感觉自己的右腿碰到了一个勺子，勺子在装满冰咖啡的玻璃杯中不停地旋转’”。

利利后来成了一名秘传运动宗教老师，写了许多疯狂的自传。一位记者80年代时曾问过几位利利当年的同事：利利在哪儿？得到的回答是：“您是说，他在几维空间里？”

利利于2001年9月30日因心脏病去世，时年86岁。

◆ 介绍约翰·利利的神奇网站www.johnclilly.com。

◆ 想亲身体验吗？访问www.jueta.ch可以找到Samadhi隔离箱的产品目录以及一份说明书，教人们利用儿童浴缸和旧帐篷制作隔离箱。

# 1955 恐怖之雾

这次汽笛只鸣响了一次，劳埃德·朗（Lloyd Long）明白，这个夜晚终于要来临了。6 天前，18 岁的朗和一群志愿者来到了犹他沙漠中的杜格威实验基地。随后每天晚上的活动都是一样：日薄西山，朗和其他志愿者乘一辆货车抵达附近一片无人的沙漠。他们在那儿的露天浴场洗净身体，穿上新衣服，然后夹着一床被子来到目的地——那儿的沙地里插着许多高脚椅，一把挨着一把，长近一公里。椅子长阵的拐角处摆着笼子，里面装着猕猴和豚鼠。

每次汽笛鸣响时，劳埃德·朗都会屏住呼吸，全神贯注地将目光投向格兰尼特匹克山。负责这项实验的威廉·提格特（William Tigertt）上校叮嘱他们："当汽笛响起时，一定要保持安静，轻轻地呼吸。"通常情况下，随后汽笛会第二次鸣响，也就意味着实验因为糟糕的风沙天气不得不推迟，实验者则马上换回原来的衣服，乘车返回营房。

但是 1955 年 7 月 12 日这个夜晚，天气非常好。正是进行实验的理想时机。微风从格兰尼特匹克山徐徐吹来，随后劳埃德·朗听到了一声轻响，距其一公里外，大约一升溶液被洒向夜空，溶液中充满病菌。那是 Q 型热的病原体，一种能够引发强烈头痛与肌肉疼痛的病菌。Q 型热通常情形下对人体危害不大，但是患病者约有 1/30 的死亡率。劳埃德·朗的实验团队中刚好有 30 名志愿者。

当淡淡的病菌雾飘过来时，朗几乎没有感觉到。看到人们纷纷从防护服中钻出来，他才知道，病菌雾已经飘走了。他必须重新洗澡，在紫外线灯下消毒杀菌，杀死那些残留的微生物，然后再洗一次澡。衣服会做焚毁处理。做好这一切后，实验对象将被空运到华盛顿旁的德特里克基地，随后实验将进入第二阶段。这是第一次——据美国陆军称也是迄今为止唯一一次利用人体进行生物武器的投放实验。

美国政府清楚地知道，日本人在第二次世界大战期间进行了广泛的生物武器实验。而且据他们猜测，俄国人也进行过类似的实验。因而尽管美国政府表面上谴责生物武器，暗地里从1943年起，也进行了一系列的生物武器实验。参与实验的科学家被集中在德特里克基地，那儿成了美国生物武器实验的研究中心。科学家首先在动物身上完成了将各种不同病原体制作成生物武器的实验，并为美国军队发展出相应的抵抗疫苗。然而对人体进行类似实验，却是十分困难的。在美国空军的档案中记载着如下文字："空军能够很准确地预测利用生物武器空袭一座'猴子城市'的结果，但是我们无法预测，用生物武器空袭人类城市，会取得什么样的战果。"美国军方决定，必须在人体上进行类似实验。

将人体作为医学实验对象，并不是一件罕见的事情。所有药物在投入实际使用前，都必须进行临床试验。然而跟临床试验不同的是，利用Q型热病原体进行的实验，并非追求治愈病人，而是要使人致病。这才是它难以被人接受的原因。直到看到志愿者同意进行实验，德特里克基地的研究人员才松了一口气。

对于美国陆军来说，有一批人非常适合这类实验，他们都是基督再临派成员。他们的信仰一方面不允许他们参军，另一方面又赋予了他们一副健康的体魄：他们不抽烟，不喝酒，甚至也不喝咖啡。他们中很多人还是素食主义者。"一般人不适合这个实验，他们总是周六晚上喝得醉醺醺，如何能够告诉你自己是否出现了某些症状？"一位宗教上层人士为这项医学研究如此建言。

提格特上校迅速联系了基督再临派教会，并向其解释了这个实验的崇高目的，使得教会赞同基督再临派成员参与实验。1954 年 10 月 19 日，基督再临派秘书长、医学问题负责人西奥多 · 弗莱茨（Theodore Flaiz）积极回应了政府的倡议："参与这项实验，对我们的年轻人来说，并不仅仅是参与一项重要军事医学研究，他们将为全体国民的健康与安全做出贡献。"1955 年到 1973 年间，共有 2200 名年轻人报名参加这项实验。加上炭疽病、鼠疫、伤寒、脑膜炎，美军当时共进行了 153 项生物武器实验，它们有个共同的秘密代号，"白衣行动"(Operation Whitecoat)。

实验的第一部分，就是劳埃德 · 朗参与的 Q 型热实验。在他们前往犹他沙漠前，德特里克基地的实验道具"8 号球"派上了用场。这是一个高达 13 米的空心不锈钢球，因为它的颜色是黑的，类似台球桌上的 8 号球，工作人员就把这个昵称送给了它。实验开始时，作为实验对象的基督再临派成员跨入球内的小隔间，它大小近似于电话亭，被牢牢地焊在"8 号球"内壁上。然后他们戴上连接着"8 号球"内壁的呼吸面罩。一切准备妥当后，由技术人员远程操控，将细菌液和病毒注入球中。实验对象呼吸一分钟带菌空气后，马上送入病房隔离观察。

从犹他返回后，实验过程差不多：实验对象躺在配备有电视、杂志和娱乐设备的单人间中，等待着头痛症状的出现，这是 Q 型热的典型症状。大概有 1/3 的实验对象实验后染了病。症状的轻重取决于，在先前的"8 号球"阶段是否产生了抗体，以及在犹他沙漠接触病菌时所处的位置。劳埃德 · 朗当时在边上，他接触病菌一天后，仍然健康如新。所有的实验对象事后都恢复了健康。

今天，当年"白衣行动"的实验对象都为曾经那段经历感到无比自豪。"当时，我一个人都不认识，在那儿感觉像被骗了一样。"现

马里兰州德特里克基地实验中心内的“8号球”。这个空心不锈钢球被用于一次生物武器实验。现在则作为历史文物供人参观。

年66岁的劳埃德·朗说道，他如今是一家保险公司的退休人员。9·11恐怖袭击后，以及随着人们对生物武器恐惧的日益增长，几位当年“白衣行动”的志愿者还数次接受了采访。尽管存在着对基督再临派教会与军队交往过密的批评声，并且早在60年代也有人质疑：一个崇尚非暴力的基督教派，应不应当支持生物武器实验？“白衣行动”的学者们对此做了肯定回答。参与行动的志愿者时常收到美军关于实验危险性的提示，并且可以随时退出实验。尽管如此，今天类似的实验已经很难获得批准，毕竟这类实验对人体器官例如肺的损害太大了。

遗留在犹他沙漠中的病菌，第二天都被阳光杀死了。生活在沙漠中的豚鼠，也在实验前被工作人员隔离于实验区40.55公里外，没有一只染上病菌。

# 1957 心理学的核弹

1957年9月12日美国市场营销专家詹姆斯·维卡里（James Vicary）在纽约媒体会议上引发了一场偏执狂潮，对有些人而言其影响至今还在延续：维卡里为到会的记者播放了一部关于鱼的电影短片。此间一台特殊的放映机在屏幕上打出了169次命令“喝可口可乐！”——每隔5秒出现一次。投影图像只闪现1/3000秒，时间之短令在座记者无法意识到其存在。只有当放映员有意把文字颜色调暗时，它们才像水印花纹一样出现在电影画面中并被大家发现。

维卡里宣称不久前他在新泽西州李堡地区一家电影院做过相同的实验。6周之内共有45699名电影观众毫不知情地收到了“吃爆米花！”和“喝可口可乐！”的密令。结果是影院收银台可口可乐销售量提高了18.1%，爆米花销售量提高了57.5%。

据称在新泽西州李堡的这家影院，观众受到了下意识信息的操纵。

## Huxley Fears New Persuasion Methods Could Subvert Democratic Procedures

哈克斯利担心，新的诱骗手段可能埋葬民主进程（《纽约时报》，1958年5月19日）。《美丽新世界》作者奥尔德斯·哈克斯利发言。

公众十分愤慨。偷偷向观众脑中灌输购买爆米花欲望的人难道就不会操纵一场谋杀？就不会把一队僵尸般听凭摆布的无辜者送入战争？就不会唆使女人丢掉吸尘器？

“人类心智遭到干扰和入侵”，杂志《纽约客》（*The New Yorker*）这样写道。作家奥尔德斯·哈克斯利警告人们提防这个“令人震惊的危险”，如他在小说《美丽新世界》中所预言的那样，人类很可能失去对自己精神世界的控制权。禁欲女性基督教联合会怀疑罪恶的广告信息为酿酒坊和小酒店所用，来推动各自的生意。只有《时尚》（*Vogue*）从此事中找到积极之处。他们展示了一件价格达160美元的黑色乔其缎“下意识裙装”，据说“可以直击内心的潜在欲望”。

维卡里并不是唯一一个使用下意识信息进行实验的人。长久以来心理学领域早已注意研究意识感知范围之下的信息有何功用。但他却是第一个宣称实现遥控电影观众的人。在新闻发布会上他说，他的公司“潜意识制造”将在一个月内为15家影院装配特殊投影机，影院可以试用3个月。

维卡里说，隐蔽广告最终可以使电视观众摆脱插播广告的干扰。“不知有多少夜晚我想好好坐在电视机前看电影，而偏偏就在约翰要吻玛丽的时候，一段洗衣粉广告打断了播放。”下意识信息则是消费者的福音。

消费者可不这样认为。时事评论员万斯·帕卡德就是广告反对者，他在《隐秘的诱骗者》（*Die geheimen Verführer*）一书中直接揭露了广告行业影响人们购买决定的种种伎俩。该书甚为畅销，而维卡里的实验似乎证明了帕卡德的隐忧。市场专家的特别投影仪不久以后被人们称为“心理学的核弹”。看来政策干预势在必行。在参议员多次介入后，维卡里于1958年1月前往华盛顿，向政治家们演示他的广告新方法。广告小报《打印机油墨》（*Printers' Ink*）的一篇报道认为，播放带有隐蔽爆米花广告的电影，确有一些荒诞之处。“国会议员们来到这里为的是看其实看不到的东西，而正如事前所说确实没有看到，这似乎令大家感到很满意。”而《纽约时报》（*New York Times*）观察到的情况不甚相同，一些政客比较失望，因为他们并未感到吃爆米花的欲望。据说唯一出现的反应来自共和党议员查尔斯·E·波特，他在放映期间说了句：“我想我得买个热狗。”维卡里迅速找到理由解释他广告技术的表面失败：“只有个人需求与广告信息本来就有关联的人才会被鼓动。”下意识广告是种形式温和的广告，绝不会把共和党人变成民主党人。

华盛顿放映事件之后，大家开始有所猜测，觉得维卡里的某些说法不能成立。人们重新照做他的实验，无一成功。科学家们也渐渐对这位可疑的市场专家失去耐心。在专利认证过程中，维卡里还拒绝告知实验的准确日期和详尽过程。于是谣言四起，风传维卡里在此期间从广告商手里捞到的咨询费用超过450万美元。真是付之东流。而真正去“实验发生地”李堡看上一眼就会发现，这里的电影院6周时间内很难迎来45699名观众。

终于在1962年，詹姆斯·维卡里通过行业报刊《广告时代》（*Advertising Age*）或多或少公开承认了整件事情并不真实。虽然他确实使用了放映机，但好像没有收获什么可供测量的事实。“我们想在李堡电影院做好测试，之后申请专利。但记者闻风而来。所以我们就不得不在没准备好的情况下面对公众了。我只有很少数据，不足以得出一条合理结论。”

不久之后维卡里无声无息地消失了。谁也不知道他现在是否还活着，不知道他对事情的最后解释是否属实。

这个臆想中的实验成为现代神话进入了当今时代。自助磁带生产商面临减产时为寻求自信，不厌其烦地举此为例，认为这正是他们的产品效用的明证。它还进入到流行艺术领域，许多电影的主要故事框架就是关于潜意识操控原理的。甚至在1973年，《双面揭露》系列中的检察员哥伦布破获的案件的内容就是一名可疑的市场专家依靠下意识信息作案。在科学领域中，潜意识感知正在成为新兴的研究分支。今天通过简单实验即可证明，人类确会接受一些未被自己意识到的信息，并且这些信息会影响他们的行为。只是影响效果十分微小，不会使爆米花销售额提高近60%。

迄今最近一次涉及维卡里理念的著名事件是美国的大选，2000年民主党候选人阿尔·戈尔的竞选助手在一段宣传共和党候选人乔治·W·布什的电视短片中发现了异样。观众可能不大留意得到，画面出现民主党人及其相关政策的内容时，一个单词“RATS”（老鼠）在整个屏幕上迅速闪过。短片制作人给出的解释支吾不清，说这样做只是为了将下面快要提到的“bureaucrats”（官僚）一词从视觉角度富于趣味地表现出来。但实际上更加可能的情况是：共和党短片中的老鼠正是维卡里实验的后继，尽管这个实验维卡里未曾真正实施过。

# 1958 “母亲机”

心理学家哈利・哈洛和令他饱受争议的发明——“绒布妈妈”。

科学史上曾有一些手段残忍的实验引发过轩然大波，目的却是研究“爱”的本质。实验设计者叫做哈利・哈洛（Harry Harlow），是名喜爱喝酒、狂热工作的心理学家，同时也是位难以相处的丈夫和不够平易的父亲。他得出的关于“爱”的认识彻底改变了此后的育儿方法。

哈洛研究的核心题目是最基本的依恋类型——对母亲的热爱。他是在培养教学实验所用恒河猴的过程中偶然注意到这个问题的。那时为了避免猴子生病，他将出生不久的小猴与母猴分离，把小猴各个装笼，在笼内放置奶瓶。用这种方法喂养的猴子比在自然条件下长大的猴子更壮更重，哈洛也觉得自己比猴子妈妈更为出色。

不过尽管幼猴们看上去吃住无忧，却总是蜷坐在笼中吮吸手指、呆望远处。后来哈洛把众多小公猴和小母猴集合在一起，它们竟全然不知应当怎样相处。这种情形令哈洛很是吃惊，因为当时的科学界普遍相信，乳儿实现最佳成长的首要条件是充足的食物和干净的环境。

对于他的猴子而言，两项条件均已具备。

从前的心理学认为，依恋母亲是种次要情感，它在母亲解决子代更加重要的需求（比如饥饿和干渴）的前提下才会产生。人类也是如此。育儿顾问警告父母不要溺爱孩子。心理学家约翰·B·沃森（John B. Watson）就曾经摇旗呐喊反对过分依恋的各种弊端。在他出版于1928年的畅销书《幼年早期的心理抚育》（*Psychological Care of Infant and Child*）中有篇名为“母爱过度的危害”的章节。其中写道：童年时期过多的温情无疑会导致成年以后的问题。如果难以自抑、特别想要亲吻孩子，最多也只能亲吻额头。

哈洛饲养的幼猴除了漠然之外还有另外的奇特表现：对铺在笼中的布制衬垫表现出强烈的依恋。它们会抱着衬垫、用衬垫包裹自己，打扫笼子更换衬垫时它们会大叫。布料被夺去的前5天，它们几乎难以度日。这个现象会不会是在提示柔软的布同瓶子里的奶一样重要呢？

哈洛做了个实验：给他的猴子们制作妈妈。用枫木质地的弹子来做头，用自行车反光镜充当眼睛。不过这部分其实无关紧要。重要的是用毛巾卷成的筒状身体，外面覆盖着羊毛软垫。在这个“绒布妈妈”旁边，他还安放了另外一个形状完全相同的妈妈，只不过由铁丝网制成，没有柔软的表层，胸口位置挂着奶瓶。哈洛觉得，如果传统观点正确的话，幼猴们肯定会对“铁丝妈妈”产生强烈依恋，因为通过它可以消除饥饿。但事实恰恰相反：小猴子们每天紧紧拥抱“绒布妈妈”超过12小时。只有当它们感到饥渴时，才会爬到“铁丝妈妈”身上一小会儿。哈洛由此证明，乳儿对母亲依恋的首要原因是母亲躯体的柔软温暖，与该躯体是否同时作为食物来源并无关系。可见身体上的亲近对于孩童的成长多么重要。

哈洛关于什么是爱、幼猴获得不到爱将会怎样的研究项目涉及

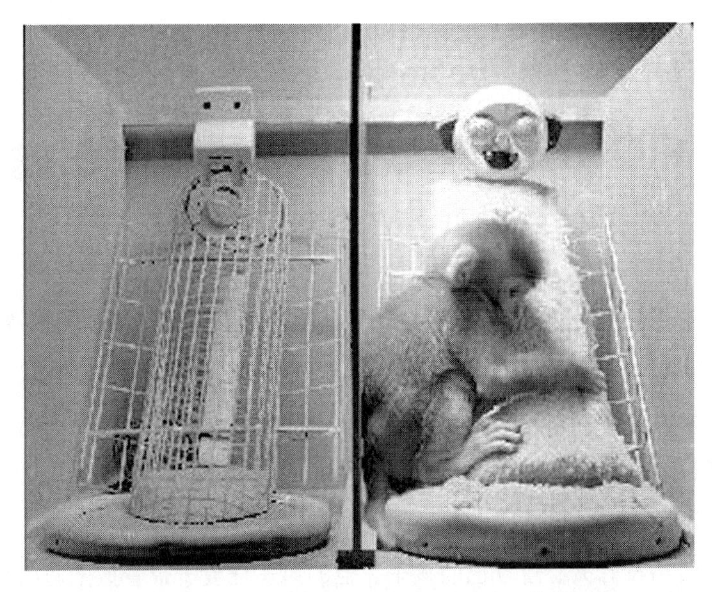

尽管“铁丝妈妈”身上有奶，幼猴还是更加依恋“绒布妈妈”。

众多方面，“绒布妈妈”只是开端。接下来他制造了些“怪物妈妈”：尽管同首个“绒布妈妈”一样，新妈妈也具有柔软的羊毛质地，但却阴险而残忍。其中一个会反复驱赶小猴，另一个排放压缩空气吓唬它们，还有一个身藏隐蔽的钢刺，往往突然冲出，把它们戳跑。而小猴子们又是如何反应的呢？只要妈妈刚一恢复平静，它们就重新跑回紧紧依偎在妈妈身边，从无例外。哈洛的“怪物妈妈”是个生动有力的明证，展示出幼童追寻母亲并且完全依赖母亲。

哈洛有个更为无情的实验叫做“绝望陷阱”：把一只猴子置于一个漏斗状笼子的底部。开始的两三天里，它不断顺着陡峭的笼壁向上攀爬，但徒劳无果。之后便孤独失望地坐了下来。实验通过最短时间使猴子出现了近似人类的抑郁症状。哈洛尝试利用药物或者集体生活对猴子进行治疗，使其症状得到缓解。

The Parent Problem—

Mother-Machine Works

"育儿问题——母亲机奏效"(《史蒂文森每日要点报》，1958年11月15日)。

哈洛从未否认实验中的猴子个个饱受痛苦。但他对此也不曾后悔。某次他对一名报刊记者说："您可以考虑一下，每只遭受虐待的猴子大概对应着现实中100万个遭受虐待的孩子。如果我能以论文阐明各种错误，由此拯救100万个人类孩子的话，即便使用十几只猴子也并不为过。"

哈洛没有关心过自己的孩子。他的第一任妻子带着孩子们离开了他，因为他们本来也就好像生活在没有他的世界之中。他66岁那年，第二任妻子死于癌症。8个月后他与前妻复婚。

## 1959 喷气式飞机里的麻烦

飞行员首次通过抛物线飞行（见"1951 眩晕轰炸机的俯冲"）体验失重状态8年后，人们开始研究，如何使乘客在失重状态下保持各项生理机能。在此期间，情况发生了变化：苏联和美国先后发射了绕地卫星，这让人们相信，载人航天飞行将在不远的将来成为现实。那么人体如何忍受长时间的失重状态？在失重状态下，人体还能维持

失重状态下，飞行员正试图饮水。

正常的生理机能吗？如何进食？如何饮水？如何睡眠？进食倒并非一个大的问题，那么饮水呢？为了回答这些问题，美国空军上尉胡利安·E·沃德（Julian E. Ward）及同事受命进行研究。

沃德招募了25名志愿者参与实验，研究如何在抛物线飞行中的失重状态下饮水。他们使用了各种不同的容器：有敞口的水杯、带吸管的敞口水杯以及能自动将水压入嘴中的人工压力杯。实验结果如一团乱麻——“这项实验的许多结果是我们事先未曾想到的”。在使用敞口水杯时，除了2名志愿者，其他人都遇上了大麻烦，当他们仰着头倾斜水杯时，水并不像在重力状态下那般顺流而下，流入嘴中，反倒如一团变形虫，糊到了脸上。当他们呼吸时，水通过鼻腔进入气管，引起一阵咳嗽。实验人员甚至声称，这种情形下，人甚至可能稀里糊涂地“溺水而亡”。在敞口杯中放入吸管一样不管用。用人工压力杯倒是没什么问题，只不过喝完一口后，下一口要等一会儿才会自动压入嘴中。这一系列实验中还出现了被沃德称为“失重倒置现象”的情形：由于胃部受到的压力减小，导致胃容物向头部运动，通过食道进入口腔。

比饮水实验更为复杂的是研究失重状态下睡眠问题的实验。通过抛物线飞行制造的失重状态长不过35秒，失重状态下入睡并不难，主要问题在于睡醒后。一些飞行医学家认为，在失重状态下醒来，人会完全丧失方位感。

克里夫顿·M·麦克卢尔（Clifton M. Mcclure）少尉奉命解答这一问题。在经过48个小时连续的不眠后，他吃了一顿丰盛的早餐，帮助自己加重倦意，然后登上了 F－94C 喷气式飞机的后座。在飞机飞行到 3500 米高空时，他摘掉耳机，于 25 分钟后进入了睡眠。而后飞行员开始进行抛物线飞行，制造失重状态。他把麦克卢尔的左腕用绳子系在座舱中，待进入失重状态后叫醒了他。麦克卢尔醒后的第一感觉是：手臂和腿正在“飘离身体”。他费尽力气才抓住座舱中的把手，完全丧失了方位感。

后来证实，失重状态下，更加麻烦的是骨骼和肌肉受压的骤减。在另一个实验中，实验对象在长达一年的时间里躺在床上，什么也不做，以此研究失重状态对骨骼和肌肉的影响（见“1986 卧床一年”）。

## 1959 邮包炸弹手的企图

1996 年 4 月 3 日，150 名全副武装的 FBI 警员闯入了位于蒙大拿州林肯镇旁的森林中的一座小屋。小屋的主人是一位 54 岁的前数学教授，毕业于精英大学哈佛，其博士毕业论文曾获过奖。随后，报纸报道了这一事件，标题中将其称为“美国有史以来最为聪明的连环杀手”。

特德·卡钦斯基（Ted Kaczynski）从 1976 年到 1995 年利用 16 枚自制的炸弹，炸死了 3 人，并导致 11 人重伤。他制造这些恐怖袭击活动旨在抗议不断发展进步的科技，在他看来，科技不可阻挡的进步将禁锢个人自由。FBI 之所以将其称为邮包炸弹手（Unabomber），是因为他的首批受害者曾供职于大学以及航空公司（Universities and Airlines）。

他被捕入狱后，人们不禁要问，是什么力量促使一位曾经学富五车、光芒四射的数学家放弃一切，躲进一间既没有电也没有自来水的小屋中埋头制造杀人的炸弹？历史学家阿尔斯通·蔡斯（Alston Chase）在他 2003 年出版的《哈佛与邮包炸弹手》（*Harvard and the Unabomber*）一书中回答了这个问题，他的答案是：默里实验。

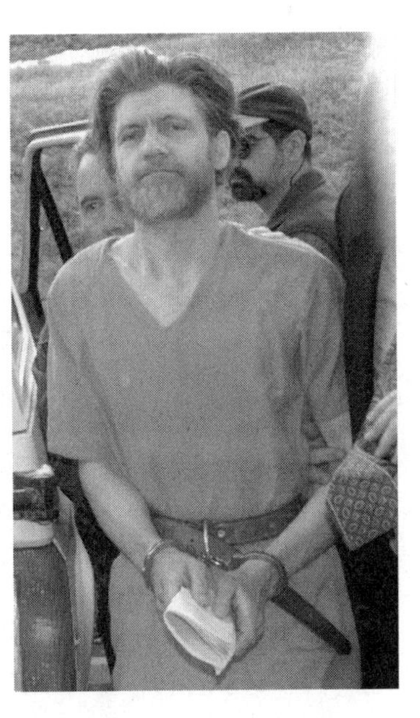

1996 年邮包炸弹手落网。特德·卡钦斯基是因为一项心理实验而转变为连环杀手的吗？

从 1960 年起，卡钦斯基参加了一项由亨利·A·默里牵头的为期 3 年的实验。默里是哈佛大学社会关系学院的教授，当他将卡钦斯基作为实验对象吸纳进其实验后，他的学术辉煌开始步入黄昏。当时的默里 62 岁，创造了一项指导性的心理测试系统（TAT，Thematic Apperception Test，主题统觉测验），并且就这个主题写了本广为流传的书，还参与了美军新兵心理测试，测试被试的心理素质能否胜任秘密任务。

卡钦斯基是如何知晓默里实验的，已经无人知道。可能是他自己看到了默里实验的征召通告：您是否已经准备好，在这一学年中作为实验对象参加一系列实验和测试（学校提供报酬），参与解决某些心理学谜题（正在进行中的人性格发展变化研究项目的一部分）？也可能是默里教授亲自挑选了他。在此实验中，默里教授希望在大学一年级新生中挑选性格尽可能不同的学生作为实验对象，例如自我安全感

心理学家亨利·A·默里主导了一项争议巨大的实验，实验中，实验对象的信念会受到极大打击。

强烈的、随和的、缺乏自我安全感的。测试结果显示，在他挑选的22名年轻实验对象中，卡钦斯基是最为缺乏自我安全感的。

为了保持实验对象私人领域的持续性，默里教授给了他们每人一个化名。卡钦斯基得到的化名是“守法的”。这听起来很讽刺，但是并非不可理解：卡钦斯基并不是一个反叛者。他出生于工人家庭，在哈佛求学时严重缺乏安全感。他朋友极少，在父母巨大期望的压力下，他学习刻苦，很少外出。

这个实验最核心的部分，默里称之为Dyade（二元对抗）：压力下的对抗辩论。实验对象坐于一间明亮的屋中，屋四面安装着单面镜，屋内景象从屋外看来，一览无余。实验者在屋外透过镜子观察和拍摄着实验对象的一举一动，同时有机器记录着实验对象的脉搏和呼吸频率。

默里告诉所有实验对象，会有一位同学跟他们一一辩论。但是他没有告诉他们，这名学生是一名极有辩论天赋的法学院学生，并且接受了默里的特殊训练，专门学习如何激怒与他辩论的实验对象。这位学生应当语气生硬地与实验对象辩论，并且毫不留情地嘲笑他们的生活哲学。牺牲品一般的实验对象的相关信息，默里已经通过属于这一实验其他部分的测试获得了。实验一开始，实验对象都试图为自己的举动辩解，但是最终无不败在那位法学院学生的唇枪舌剑下，受尽嘲弄，直至最后完全丧失反抗的勇气。

这番交锋过后，还有一系列的测试和讲演。实验对象最后必须同其他人一道，观看自己的对抗辩论录像，并且要对自己辩论时暴跳如雷的举动做出评论。

默里想通过这一实验解答的问题，时至今日已无人知晓。他的实验目的成了未解之谜。他自称想“发展二元系统理论”，借助实验数据支持人性格发展理论。然而连他的助理都不清楚，这到底指的是什么。在他的自传中有这样的话：“默里想看看，当一个人攻击另一个人时，会发生什么。”

默里 23 岁成婚，7 年后，他认识了克里斯蒂娜·摩根，随后，他跟这个女人陷入了长达一生的桃色纠纷。一些他早期的助理认为，默里实验就是这段男女关系的反映。1988 年在其临死前，默里间接承认了这一说法。“经常有人问我，为什么我跟克里斯蒂娜之间有这样的二元关系（Dyade），”他写道，并且列举了一些理由，其中包括如下两条：“我一直想发展我的理论，2 个人（不仅仅是一种性格）如何在一个系统，或者说一个二元系统中融合。”“我们同时想测试工作和自由的不同形式的联合。”默里像是用一种观察实验的方式看待他与克里斯蒂娜之间的纠葛。阿尔斯通·蔡斯认为，默里实验中的对抗恰是他与克里斯蒂娜感情纠纷的反映。

卡钦斯基将默里实验中的二元对抗视为“极不舒服的经历”。这一经历是否成为他人生的拐点？蔡斯认为不尽如此，伦理观念的缺失以及崩溃的个人性格都是卡钦斯基转变的罪魁祸首。他在哈佛的最后几年中，产生了厌恶科技的世界观。他认为，科技威胁着人类的自由。

特德·卡钦斯基离开哈佛后，在密歇根大学写了一篇极为出色的博士论文，并于 1967 年获得了加州大学伯克利分校助理教授的职位。1968 年，他离开了伯克利分校，在林肯镇旁的森林中建造了那座小屋，用于制造炸弹、策划恐怖活动。他的覆亡起因于他 1995 年 6 月 24 日寄给《纽约时报》、《华盛顿邮报》（*Washington Post*）以及《阁楼》（*Penthouse*）杂志的一篇文章，这篇文章标题为“工业社会和它的未来”，后来被人称为“邮包炸弹手的檄文”。他要求，只要刊登这篇文章，他便停止恐怖袭击。

1995年9月19日，华盛顿邮报在56页报纸上刊登了这篇文章。随后，戴维·卡钦斯基向FBI报案了。他猜测，这位“大名鼎鼎”的邮包炸弹手可能是他的哥哥特德·卡钦斯基。在“邮包炸弹手的檄文”中，他发现好几处与哥哥的信中类似的表述。

1998年5月4日，特德·卡钦斯基被判终身监禁，不得保释。阿尔斯通·蔡斯在《大西洋月刊》（*The Atlantic Monthly*）2000年6月号上发表文章，指出卡钦斯基的转变可能跟其参加过默里实验的经历有关后，哈佛大学默里研究中心反驳了这一说法。他们指出，参加过默里实验的其他学生，并未在两人对抗辩论中感受巨大的压力，蔡斯对默里实验存在着误解。

在特德·卡钦斯基的实验代号“守法的”曝光后，默里研究中心将所有默里实验原始数据无限期封存。

◆ 访问www.unabombertrial.com/manifesto/index.html查看声明全文。

# 1959 3位基督

这场不可思议的会面发生于1959年7月1日，地点在底特律附近伊普希兰蒂的国立精神病院D-23部。被心理学家米尔顿·洛基奇（Milton Rokeach）聚到一间矮小而又朴素的探望室里来的3个男人依次做着自我介绍。首先是个秃头豁牙的58岁的人。

“我叫约瑟夫·卡塞尔。我是上帝。”

接着是个70岁的，他的喃喃自语叫人很难听懂。

“我叫克莱德·本森。我已成为上帝。”

最后是一个38岁的人，身躯消瘦，表情庄重，他拒绝说出他的真名（其实是莱昂·加博尔）。

“我的出生证上写着我是重生的拿撒勒的耶稣基督。”

Three 'Christs' Together In State Hospital

EAST LANSING, Jan. 29 (AP)—Three mental patients — each claiming to be Jesus Christ—have been brought together at the Ypsilanti State Hospital.

3位“基督”同在国立医院。（《先锋通讯》，1960年1月29日）

这就是精神病学史上一次怪异实验的开场。

当人们面对最难以想象的矛盾——另外一个人宣称和自己有同样身份的时候将会发生什么？发觉一下子出现了不止一个耶稣，3个男人又将做何反应呢？（在他们3个看来上帝和耶稣是一回事。）

米尔顿·洛基奇很久以来就在研究人的自身认同与内在信仰体系间的关联。哪些内心标准是形成人格的核心？哪些即使变化也无关紧要？而当信仰体系的支柱遭到威胁时又会怎样？

人们对于身份受损极为敏感这一点，他已在他自己的孩子那里发现了。有一次为了好玩，他把2个女儿的名字换过来叫，但最初的乐趣很快让位给了疑惑。“爸爸，这是个游戏对不对？”小女儿问。他予以否认，于是两个女儿都请求他不要再这样叫下去了。洛基奇动摇了她们内心最深处的信念——她们知道自己是谁。

洛基奇隐约预想到如果他坚持混淆姓名一周之久将会出现什么状况，但这种实验出于伦理原因不能实施。洛基奇努力寻找一种方法，使他可以放心大胆地开展实验，于是他想到了精神病患者——一群认为自己是别人的人。如果能把其中某些具有同样身份认同的人聚集起来，那么他们内心的2条准则：对于自己是谁的错误信念，以及2个人不可能拥有同一个身份的正确想法便会发生碰撞。

洛基奇在文献中找到有关此类事件的2段简洁描述：17世纪，一家精神病院里有2个男人偶然碰到一起，他们两个都以为自己是基督。3个世纪后，又是在精神病院里，2个玛丽见了面。这两次对峙都使当事人的精神状况有了一定程度的好转。

洛基奇希望通过实验不仅对人类内心信念体系有更多了解，而且发现治疗严重身份认同障碍的可能。为了寻找身份认知相同的2个精神病人，他打探了密歇根州5所精神病院。在25000个病人中只有少数几个符合要求。没有那么多拿破仑、克鲁齐斯科夫，也没有那么多艾森豪威尔。只有几个人自认是福特或者摩根家族王朝的一员，此外还有一位女上帝，一个白雪公主以及十几个基督。上文提到的用于实验的3个人中，有2个本来就在伊普希兰蒂精神病院，另有一个被送往这里。2年时间内，他们床挨床睡觉，同一张桌吃饭并且在洗衣房分到相似的工作。

莱昂·加博尔在底特律长大。他的父亲离家出走，母亲是个宗教狂人。她整天去教堂祈祷，让孩子们独自在家。加博尔读了一小段神学院就去参军了。后来重新和母亲一起生活，母亲对他很是依赖。1953年，加博尔32岁，他开始听到有声音跟他讲他是耶稣。一年以后他进了精神病院。

克莱德·本森在密歇根的农村长大。42岁那年他的妻子、岳父以及他自己的双亲相继去世。长女远嫁他方。本森开始酗酒并再婚，耗尽财产，暴力伤人，后来入狱，在狱中他声称自己是基督。1942年，他53岁，被送到精神病院。

约瑟夫·卡塞尔生于加拿大魁北克。他为人不甚随和，总躲藏在书的世界里，还要求妻子工作挣钱以方便自己写书。他随家人搬到岳父母家并一起居住后，一直担心会被毒死。1939 年他因为妄想症来到伊普希兰蒂精神病院，当时 38 岁。10 年之后他开始认为自己是上帝、耶稣和圣灵。

几次碰面后每个人都对另外 2 人也想成为耶稣的情况有了理解。本森说："他们并不是活物，是他们体内的机器在讲话，把机器拿出来他们就不再说话了。"卡塞尔的解释具有令人折服的逻辑性：加博尔和本森不可能是耶稣，因为很显然他们是精神病院里的病人。加博尔对于另外 2 人的假身份有许多不同的解释。例如：他们想成为耶稣只是为了赢得威望。但他承认他们俩有可能是"权力被削减的名字需要小写的辅助神"。为了更好了解这 3 个人，洛基奇在每天的会面中都提出一些话题。他们会说到家庭、童年、妻子，当然也会一再说到自己的身份。讨论往往很激烈，并在 3 周之后终于导致了首次暴力冲突：当加博尔说亚当是黑人时，本森打了他一个趔趄。接着他们又动过 2 次手，一次是本森和卡塞尔，一次是卡塞尔和加博尔。此后这 3 位耶稣就和平共处直到实验结束。但在自己是谁的问题上，每个人都立场坚定。只不过加博尔大概受了本森那一耳光的影响改变了观念，认为"亚当有可能不是黑人"。

2 个月后洛基奇开始让他们自己主持对话。3 个人轮流组织每日例会，选择讨论话题并分发定量香烟。题目已经变得五花八门：电影、共产主义、宗教，他们不再谈论各自的身份。就算有谁提到自己是上帝，另外 2 个人也会改变话题。

当然这并没改变每个人的信念，他们仍旧认为自己是唯一的真正的耶稣。加博尔向医务人员展示过他自己写的名片，人们能看到这些字样：多米诺 · 多米诺洛姆及雷克斯 · 雷克萨洛姆博士，简称克里斯蒂安努斯 · 珀尔 · 门塔利斯博士，拿撒勒的耶稣基督之化身。1960

年1月，距第一次碰面大概已过了半年，加博尔出人意料地改了名字。这时名片上写的是：莱彻斯（公正）·伊蒂阿里德（理想）·唐博士勋爵，简称克里斯蒂安努斯·珀尔·门塔利斯博士。

“我们应该怎么称呼您呢?”洛基奇问。

“您有特权叫我唐（Dung）博士。”

这个名字给医院带来一些难题。护士不想把她们的病人称作“屎”(dung 意为牛马的粪便)，但加博尔对其他名字不予反应。最终加博尔和护士长达成一致，可以从他 Righteous Idealed 的名字叫他 R. I. 。洛基奇马上想要知道，名字的改变是否表示加博尔以为自己成了另一个人。但看起来加博尔似乎只想以此省些麻烦，不用再引发什么冲突了。

实验过程中洛基奇多次尝试有意介入，以便深入了解这些人的内心世界。例如他曾建议他们接受彼此的身份，只是采取不同的称呼：像卡塞尔叫“上帝先生”，本森叫“基督先生”之类。遭到他们的拒绝。他们好像都清楚，除了他们自己之外没人相信他们的想法，正式更名只会加剧他们坚持自我的困难。还有一次洛基奇给他们朗读当地报纸的一篇文章，写的正是这几个人和这次实验。他问本森：“你知道这些人是谁吗?”

“我不知道。”

“你想想看吗?”

“想不出，文章里也没写他们的名字。”

“你怎么评价那个后来把名字改了的人呢?”洛基奇问。他指的是加博尔。

“他不再浪费时间打算变成耶稣了。”

“打算变成耶稣为什么是浪费时间呢?”

本森回答时有点结结巴巴：“一个人连自己都还不是，为什么要打算变成别人呢？干嘛不就做他自己呢？”

随着谈话继续进行，本森表示觉得文中的3个人是在精神病医院里。

1960年4月加博尔说他盼望收到妻子的来信。洛基奇从中看到进一步实验的可能，因为这个女人只存在于加博尔的想象中——他从未结过婚。洛基奇想要探究加博尔是否真的相信有这样一位妻子的存在，如果是，在妻子的请求下他会不会抛弃自己的错误身份。因此他开始给加博尔写信，落款都是“真心的R·I·唐博士夫人”。

加博尔的确以为妻子是存在的。他会去信中约定的见面地点——当然她从未露面。第一封信写过之后大概一星期，他对洛基奇解释说他的妻子其实是上帝。洛基奇借唐夫人之口在通信里传达指令，比如加博尔须同其他人唱某一支歌或者分享钱财之类。起初他是执行命令的，但当妻子请求他换掉R·I·唐博士的名字时，他没有照做。

1961年8月15日，初次碰面的2年之后，伊普希兰蒂的3位基督（洛基奇为实验所写的书就叫这个名字）最后一次聚在一起。洛基奇放弃了通过治疗把他们带回现实的希望。他认识到，这3个人更希望平静地共处，而不是最终澄清他们的身份。

# 1961 服从到底

1961年的夏天，当莫里斯·布雷弗曼走进康涅狄格州纽黑文市的耶鲁大学林斯利—席腾登大楼的时候，他并不知道，一个小时以后自己会无故折磨另一个人。布雷弗曼是位39岁的社会工作者，应征了刊登在当地报纸上的一则招募广告：我们需要500位纽黑文人来帮助我们完成一项关于记忆力和学习方法的研究，并付给报酬。实验持续约一个小时，参与者可获得4美元酬劳，外加50美分路费。布雷弗曼把自己的申请表发送到相应的地址。几天后，他接到了电话邀请。

此后出现了社会心理学研究中最具争议的一项实验。一些人将其视为有史以来最重要的人类行为实验；另一些人则认为根本就不该进行这样的实验。不久，人们就普遍把实验称作“米尔格拉姆实验”，得名于实验的设计者——27岁的助理教授斯坦利·米尔格拉姆（Stanley Milgram，见“1963　丢失的信件”和“1967　六度空间”）。

时至今日，这一实验仍很知名，关于卢旺达种族灭绝和伊拉克刑讯的报道都会提到它。在法国，一支朋克摇滚乐队叫做“米尔格拉姆”；在纽约，一个滑稽剧团叫做“斯坦利·米尔格拉姆实验”。米尔格拉姆使得这一实验世界闻名，这一实验却让他断送了前程。

当布雷弗曼走进实验室的时候，实验指导者——一个身着灰色实验制服的年轻人——上前迎接他，并向他介绍了先他而到的第二位被试：詹姆士·麦克唐纳，来自西纽黑文市的47岁的会计师。首先，实验指导者向2个人讲解了实验目的：测量体罚对于学习效果的影响。为此，他们两人要一个人担任教师，另一个人担任学生。实验指导者让布雷弗曼和麦克唐纳通过抓阄儿决定各自扮演什么角色。布雷弗曼并不知道，事情已经被做了手脚，2张字条上写的都是“教师”。麦克唐纳是一个

米尔格拉姆实验备受大众文化关注。图为法国朋克摇滚乐队“米尔格拉姆”的影集“450伏”，是实验中程度最强的电击数值。

演员，被请来扮演第二位实验参与者。在米尔格拉姆设计的实验中，布雷弗曼这个不知情的被试，必须担任教师。

抓阄儿之后，实验指导者把麦克唐纳带到了隔壁的房间，把他绑在一把椅子上，远看上去就像一把电椅。米尔格拉姆在他左手的手腕处固定电极，并告诉布雷弗曼：电极与控制室中的发电机相连。麦克唐纳的右手享有充分的自由，手指可以操纵桌上放置的一台 4 键仪器。麦克唐纳询问电击有多强，这位实验指导者回答说，“非常痛苦”，但不用担心“永久性组织损伤”。

回到了控制室，米尔格拉姆向布雷弗曼讲解了他的任务。他将通过一部对讲装置向隔壁房间的麦克唐纳朗读词组：“蓝—箱”，“好—天”，“野—鸟”，等等。在第二轮中，布雷弗曼只需给出词组中的第一个字，麦克唐纳的任务是回忆起每组词的第二个字，比如布雷弗曼说“蓝”，而后给麦克唐纳 4 种选择——“日”“箱”“天”“鸟”——麦克唐纳必须通过敲键选出正确答案。

当麦克唐纳选择正确，布雷弗曼将继续朗读表中的下一个词。如果麦克唐纳回答不正确，布雷弗曼将通过一次电击来惩罚他——第一次犯错 15 伏，第二次 30 伏，第三次 45 伏，以此类推，最高达到 450 伏。摆在布雷弗曼面前的是一只带有一连串开关的盒子，铭牌上写着“震动发电机，型号 ZLB，戴森器具公司，沃尔瑟姆福雷斯特，马萨诸塞州，输出电压 15 伏—450 伏”。倘若布雷弗曼熟悉沃尔瑟姆福雷斯特这座城市的话，他应该知道，并不存在这样一家公司。

1960 年，在新泽西州普林斯顿大学做学生的米尔格拉姆产生了这一实验想法。通过另一个日后广为人知的实验，米尔格拉姆在普林斯顿的导师——心理学家所罗门 · 阿施（Solomon Asch）——证明了一个团体能够向个人施加巨大压力。因为为了与其他小组成员达成一致，被试在评估任务中有意给出了错误的结论。

心理学家斯坦利·米尔格拉姆和让被试误以为真的可以发出电击的模拟振动发电机。

米尔格拉姆希望测试在不太和善的条件下团队压力对个人造成的影响。被试可能按要求无故给另一个人施加痛苦么？米尔格拉姆想在前期实验中确定，在没有团队压力的情况下，被试能够走多远。实验看来，团队都不必要了：一个人就足够了。

布雷弗曼对这一切毫不知情，在麦克唐纳第一次犯错后，他给了他 15 伏电击。麦克唐纳继续犯错，布雷弗曼就按照自己在实验前所接受的指示，每次提高 15 伏电压。

在电击达到 120 伏后，麦克唐纳通过对讲机告诉实验者，电击到达了疼痛的程度。150 伏时，麦克唐纳大叫起来："让我出去！我不想再在这里了！我拒绝继续！" 180 伏时："疼痛让我受不了了。" 270 伏时，麦克唐纳咆哮如雷，并表示他不会再回答问题了。

布雷弗曼征询指导者的意见，实验指导者说："请您继续进行"，并告诉他把不回答按照错误答案处理，用电击惩罚学生。布雷弗曼在椅子上紧张不安，并开始喘着粗气机械地笑，但仍继续着。麦克唐纳

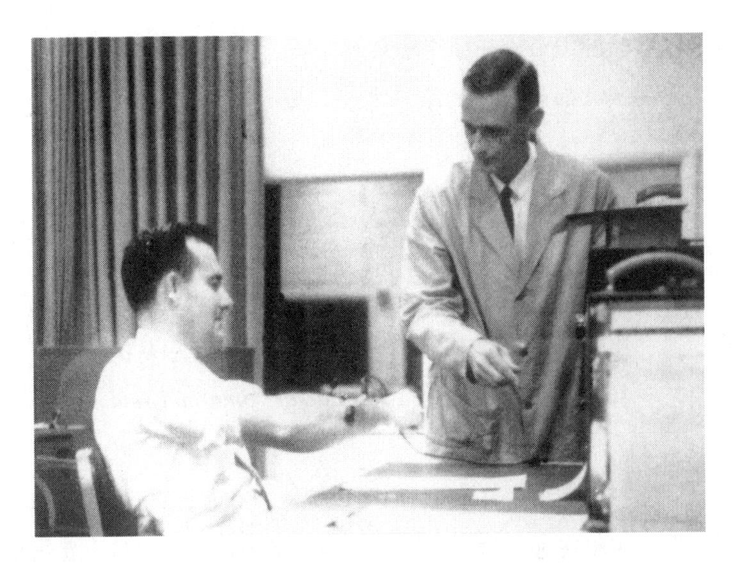

被试被命令对隔壁房间里答错的“无辜者”实施电击。

不再给出答案，而只是在每次电击后哭叫。

布雷弗曼再次转向实验者询问：“我必须继续给出指示么？”实验者回答：“实验要求您继续下去。”布雷弗曼继续进行。330伏后，麦克唐纳沉默了。布雷弗曼犹犹豫豫地请求和他换位，然而仍旧继续。在仪器表375伏的控杆处，贴着“危险，强烈电击”。布雷弗曼继续实验直至最后一个控杆——450伏。

莫里斯·布雷弗曼，一个纽黑文的社会工作者，并不是1961年夏天唯一一个向他人发出致命电击的人，而且仅仅因为一个并没有特殊权力的实验指导者要求他这么做。工人杰克·华盛顿、电焊工勃鲁诺·巴塔、护士卡伦·冬茨和家庭主妇埃莉诺·罗斯布鲁姆也都在电击中采用了极限电压。超过1000名被试参加了不同形式的米尔格拉姆的实验。其中2/3执行了450伏的电击。

米尔格拉姆并没想到结果会这样。没有人能想到的。在报告中，他描述了实验的细节，并征求观众的反馈。不论是心理学家还是普通人，给出的预计都与最终的结果大相径庭——大部分人猜测，没有人会达到150伏以上。

米尔格拉姆知道，他的实验引起了轰动，但从科学家的角度来看，他却陷入了困境：实验既没有解决一个问题，也没有证明一个理论。专业期刊曾两度拒绝帮其发表。直到1963年，在米尔格拉姆第三次描述并比较了实验的不同变体后，他的“关于服从的行为研究”在《病态与社会心理学期刊》(*Journal of Abnormal and Social Psychology*)上发表了。

米尔格拉姆完成了几乎20种实验变体。有时，“学生”声称心脏衰弱，有时实验在远离学校的简陋的办公楼中进行，有时由女士执行电击。结果却是一样的：超过一半的实验参与者完成了最大程度的电击。

在实验的另外一种变体中，“学生”和被试被安排在同一个房间中。尽管服从程度明显降低，但即使实验指导者要求被试亲手把学生

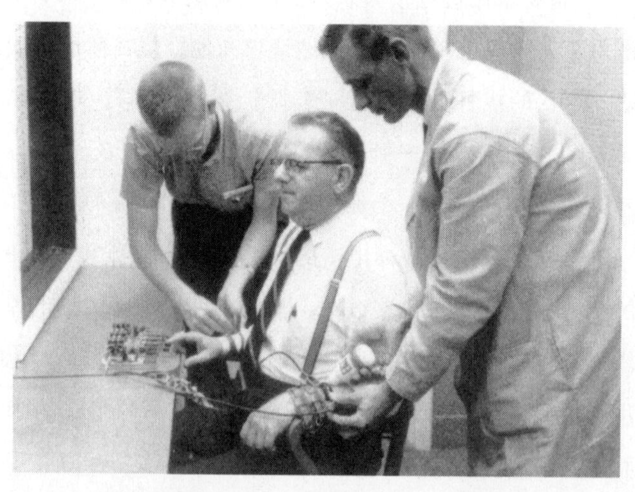

给假定患有心脏病的实验者——事实上是演员——安插电极。

的手压到电流发出的电击盘上，还是有 1/3 被试达到了 450 伏。虽然被试与受害者的身体距离看起来很重要，但被试与指导者的距离才是更具决定性的。当实验指导者通过电话发出指令时，仅有 1/5 的实验者服从命令。

米尔格拉姆刚一发表他的实验结果，全世界便知道了。报纸对实验进行报道，并试图解释实验的出发点。时至今日，一个尚存争议的问题是：生活在正常状态中的人会像承受压力的实验者这样处理问题么？米尔格拉姆本人一直认为实验结果与“二战”中纳粹的罪行有一致性。战争结束以来，全世界都在找寻对大屠杀的解释。米尔格拉姆相信，深藏于很多人内心的服从意识，是一个可能的原因。

当研究发表时，哲学家汉娜 · 阿伦特刚刚完成了对于纳粹战犯阿道夫 · 艾希曼在耶路撒冷的审判报告。在她写给《纽约客》的著名文章中，她提出了“平庸的邪恶”的观点。阿伦特认为，艾希曼并不是像法院认定的那样，是施虐成性的恶魔，而是一个仅仅完成了他的本职工作的平凡的官僚。

这正好与米尔格拉姆的实验结果吻合。他的实验主体既没有特殊的攻击性，又没有从电击学生的过程中获得消遣。相反，他们中的很多人会紧张，开始出汗或是同实验指导者争吵，但有勇气中止实验者寥寥无几。很明显，拒绝服从对他们来说是一种极端的做法，所以他们宁可放弃他们最基本的道德原则。“影响他们行为的关键不在于被压抑的愤怒或者进攻性，而是与权威的关系。”米尔格拉姆概括说。

1961 年 9 月，在这一令人震惊的结果出现不久，米尔格拉姆写信给他的赞助机构——国家科学基金会：“起初我问自己，是否一个灭绝人性的政府能够在整个美国找到足够的道德白痴，来满足国家系统对于集中营的私人要求，就像在德国那样。现在我慢慢相信，仅仅从纽黑文就能找到这些人。”

实验与大屠杀的联系使米尔格拉姆成为一个有争议的形象。更加不利的是，他的实验被谴责为不道德的。问题在于，施加给被试的压力有没有一个限度。米尔格拉姆的一些同事认为他走得太远了。对这种指责，他本人是有准备的。然而令他失望的是，他严谨的实验安排并没有得到认可。

1 小时后实验结束了，学生被带出隔壁的房间，被试被告知，事实上此人并没有受到电击。在后续研究中，米尔格拉姆询问所有被试对于参加实验的看法。少于 2%的人后悔参加实验。尽管如此，实验在今天无法再进行了：米尔格拉姆的实验带来的混乱使得所有大学都对从事实验的道德准则提出了要求。

只有少数几个直接参与者愿意或是能够谈论当时的实验。参与实验的 1000 多人中目前还健在的都不愿意再谈论此事。米尔格拉姆的实验数据被秘密安放在耶鲁大学图书馆的文件柜中。所有出现的与实验有关的被试的名字都经过了修改，包括本文中的这些人。

艾伦是米尔格拉姆的实验助手，也是当前少数愿意证明实验的人士之一。他目前在加利福尼亚大学任心理学教授。他说，当听说他参与了这次实验时，很多人表现出一种混有着迷和厌恶的反应。

米尔格拉姆为实验付出了高昂代价，因为他传达出令人不安的人类本性。他后来在哈佛担任助理教授，但没有固定职位。1967 年他转到了并不知名的纽约城市大学，并于 1984 年在那里由于心衰去世，享年 51 岁。不久前，他的妻子刚刚有了第一个孙辈。她告诉记者，她的孙子的中名是斯坦利。为什么不用他的名字做前名呢？“我想，背负着斯坦利 · 米尔格拉姆的名字走完一生，可能会沉重。”她说。

◆ 由演员重现实验过程的影片请见www. verrueckte-experimente. de.

# 1962　服用毒品的耶稣受难日

1962年耶稣受难日的祈祷，对于安多弗·牛顿神学院的十位神学学生来说，是一番不同寻常的经历。对于霍华德·瑟曼神甫的传道，这些学生毫无印象，他们只记得一片色彩的海洋，一阵阵似乎来自彼岸的声响，以及一种与世界融化在一起的感觉。他们陶醉其中。

在蒂莫西·利里成为60年代反传统文化的代表人物之前，他在哈佛大学进行了毒品实验。

在60年代初期，一些有勇气的科学家转向研究改变意识的物质。这一时期，神秘主义的课程会包括一项实验，即让学生吞下含有致幻成分的蘑菇，然后通过观察学生在药物作用下的行为，完成博士论文。沃尔特·帕恩克（Walter Pahnke）所做的恰恰是这种实验。这位来自哈佛大学的年轻医生和神学家想要通过实验发现，致幻剂是否能够使人产生类似极少数人在宗教狂热中所感受到的神秘感觉。那些服用LSD、赛洛西宾[①]和麦司卡林等药物的人一直都这样认为。

帕恩克找到了蒂莫西·利里（Timothy Leary），他那时在哈佛大学刚刚开始进行毒品实验，后来成为60年代反传统文化的代表人物之一。帕恩克向利里提议进行一项实验：被试参加一次祈祷活动，其中半数的人服用一种意识发散药物。然后所有被试填写问卷，并回答

① 采自墨西哥一种蘑菇的致幻剂。——译者注

问题。通过与在宗教环境下所经历的神秘感受的描述进行对比，来确定这两者之间是否有区别。

利里听了帕恩克的提议，在感到惊讶的同时也感到有趣。“帕恩克的提议好比让20个处女吃春药，从而制造集体性高潮。”利里在后来的自传中写道。他对帕恩克解释说，致幻剂体验是非常个人的经历，研究者首先自己得有过那么几次经历，才有可能去考虑进行这样的一个实验。但是帕恩克不准备在他自己的博士论文通过之前进行这种亲身体验。不能让人对自己有偏见。要想这个实验有机会进行，一个先决条件是，实验者自己不能是吸毒者。

帕恩克的坚持给利里留下了深刻印象，最终利里在自己家组织了几名神学院学生进行了尝试。利里在他的自传中写道：每个参加实验的人都看到“和摩西或者穆罕默德曾经看到过的富有戏剧性的景象”，那“是来自于《圣经·旧约》的强烈幻觉”。其中一个人面临着死亡的恐惧，另一个则开始“和地毯交合”。对于利里来说这些都没什么好担心的，“出现了意识和身份危机——但并非不健康，而是自然的现象”。

当帕恩克和利里确定了实验的步骤之后，实验就可以开始了。在耶稣受难日早晨，祈祷仪式开始前2个小时，20名神学院的学生走进波士顿大学小礼堂的地下室。他们被事前提示，“在实验过程中，不要试图去克服药物的作用，即使感觉到特别不舒服或者恐惧。”

学生们4个一组，在隔开的房间里等待，将有装着赛洛西宾粉末的胶囊送到他们手上，这种神奇的药片普通大众也会在宗教仪式上服用。每个小组由2名工作人员陪同。在头天晚上，一名不参与实验的工作人员把胶囊打开，每组的4颗胶囊中有两颗装上赛洛西宾，另两颗装上安慰剂。帕恩克想要严格按照医学实验的双盲规则进行他的实验：这样实验数据的分析将不会受到先入为主的偏见影响，实验实施者和实验参与者双方都不知道，哪些人得到的是真正的药物。他甚至还追加了更多的“致盲”因素：胶囊中的安慰剂并不是毫无药效的粉末，而是200毫克烟碱酸，这是一种可以给人带来发热感觉的维他命，借此让被试无法分辨自己服用的是安慰剂还是赛洛西宾。但是实验中这并没有获得预期效果，因为人们很快就明白，在致幻剂实验中遵循双盲规则是多么地没有作用。在实验开始，烟碱酸还造成了一点混淆，但很短时间之后就能看出来谁服用的是哪种胶囊。而那份写着谁服用安慰剂谁服用赛洛西宾的名单，在分析实验数据的时候则完全用不上了。

这5组学生被带到礼堂地下室，瑟曼神父的声音将通过扬声器传到那里。他在礼堂地下室的楼上举行正式的耶稣受难日祈祷。参加实验的20名学生中，有10名坐在长凳上专心听神甫祈祷，其他的10个人中，有几个喃喃自语地在地下室里来回走动，有一个躺在地板上，一个横躺在长凳上，一个坐在管风琴边弹出没有调子的声响。陪同实验的10个人当中的5个也觉得有很特别的感觉。利里让这些人也服用了药物，这和帕恩克的想法相反。“我们都坐在同一条船上。但是我们面临不一样的未知领域，怀着不一样的期望，承担着不一样的风险。”利里说出了他的理由。

祈祷持续了2个半小时，之后学生们接受了第一次谈话。5点的时候利里邀请所有人到家里吃饭，利里还记得，那些服用过赛洛西宾的学生们“还是一直显得亢奋，除了不停地摇头，一直说‘哇哦’之外，根本做不了别的事情”。

在实验的第二天以及6个月后，这些被试又分别被询问在实验中的经历。帕恩克想要用他的问卷来测试他们神秘经历的程度。问卷由9个方面的问题组成，其中包括陷入自我的感觉、超越时间和空间的感受，以及情绪、无法描述性和瞬间性等。结果是清晰的：10 名服用了神秘药片的学生中，有 8 个人体验到至少 7 种神秘和超验的感觉和感受。在对照组中则没有人达到这一程度。在所有项目上，他们都远远落后于实验组的人员。

在谈话中也能看出区别。服用了赛洛西宾的学生表示，实验的经历对于他们的日常生活也产生了积极的效果：他们因此而活得更有自我意识，更多地思考自己的生活哲学，更多地融入社会。帕恩克相信，这些积极的效果要归因于那次祈祷为吸毒的体验提供了一种亲密而熟悉的解释框架。

服用 30 克白粉导致人们进入一种意识状态，这种意识状态和基督徒、佛教徒或印度教徒在自残、入定或长年累月的冥思中所经历的状态没有什么区别。这是一个大胆的认识。“借助毒品的帮助，人们可以随便在一个周六的下午就获得超验的感受，有些神学家可能会对这一结论表示讥讽，或者认为这是一种亵渎。”帕恩克写道。对于他来说，这种可能性只是一个符号，一个“人们用以获得超验感受，但却不能随便使用的方法”。

帕恩克自己知道，致幻剂对于宗教来说是一个敏感话题。这个实验不仅仅是抛出这样的问题：神秘的体验仅仅基于神经系统吗？人们脑中的幻象就是神的闪光吗？它同时对一个原则提出质疑：人们必须坚持禁欲主义才能获得超验的感受吗？

尽管如此，帕恩克仍然相信，对于这种新的意识状态的研究，将大有前景。他梦想着建立一个由心理学家、精神病院的大夫和神学家组成的研究机构，对神秘主义进行实验研究。但是结果大大出乎他的意料：帕恩克的博士论文虽然获得了通过，但是接下来的实验，他得不到研究经费了。致幻剂是禁药，因为卫生部门认为这种药物是危险的。利里被解雇了，帕恩克则于 1971 年在一次潜水事故中丧生。

在这个实验25年后，心理学家里克·多布林（Rick Doblin）着手寻找当年参与实验的人。在4年的搜寻工作中，他成功找到了20名被试中的19名。其中16个人接受他访问，并且再一次填写同样的问卷。结果令人惊讶：实验组和对照组的人员给出了和1/4个世纪前相似的回答。实验组的被试将1962年耶稣受难日的祈祷视作自己精神生命中的一个制高点。所有人都表示，实验对他们的生活的影响是积极的。有几个人把自己后来取得的社会地位归因于那次实验的体验，其他人认为自己的努力是由于对死亡的忧虑。

然而，大部分参与实验的人也记得实验的消极方面。在实验中有些时刻，他们甚至害怕会疯掉或死去。对此帕恩克在他的博士论文里只是一带而过。首先他没有提及其中一名学生被注射了镇静剂，因为情况变得无法控制：这名学生想要立即响应瑟曼神甫的号召，以实际行动去传播耶稣的教义，于是冲出地下室，来到了大街上，人们不得不将他从大街上拉回地下室。尽管如此，多布林对这个实验的评价仍然是积极的。实验组的人虽然没有变成毒品解禁的完全拥护者，但是都同意：在恰当的场合获得毒品体验，是应该被允许的。

在对照组中，有一名被试透露：实验给他带来很多。但并不是这个实验中的祈祷本身，而是在祈祷中他决定，下次参加祈祷的时候，自己也要尝试服用一些致幻药物。

◆ 2篇文章以及关于神秘经验和毒品的更多研究论文请参阅：www.druglibrary.org/schaffer/lsd/relmenu.htm。

# 1962 饼干模子中的知识

美国心理学家詹姆斯·J·吉布森（James J. Gibson）在做那个实验时，并没有预料到自己会因此而出名。因为，那个日后极为有名的实验其实非常简单，任何人都能效仿，只需从厨房里找出几个饼干模子即可。当然，吉布森透过实验结果挖掘出了其背后深层次的含义，并利用实验结果，在人类感知能力研究领域，发展出了范例更迭。

实验过程如下：被试用布帘盖上双手，布帘下放着一块饼干模子，他的任务就是说出饼干模子的形状。共有6种不同形状的饼干模子。当允许被试将模子拿在手里触摸时，回答的正确率高达95%；不允许他们自行触摸，而是将模子压在他们的手心时，正确率只有49%。这一结果并不奇怪。最可靠最便捷的感知某种形状的方法，显然是用手指触摸它。

然而吉布森从这一结果中看到了特别之处。假设饼干模子是星形，那么将模子静止地按在人体皮肤上，大脑感知其形状的难度要大大降低。因为皮肤触觉神经向大脑传递的信号所反映的星形形状，刚好和饼干模子的形状吻合。而当手指指尖主动触摸星形模子时，大脑从指尖触觉神经接收到的信号是杂乱的、随时间不停变化的，由这些信号无法形成模子的形状。当第二次用指尖触摸同一个模子时，大脑得到的信号甚至跟第一次不一样。尽管如此，通过主动触摸，被试对模子形状的判断正确率是原先的2倍。

事实真是如此吗？还是因为指尖的感觉灵敏度高于掌心，因而导致指尖触摸模子时，对形状的判断准确率更高？吉布森这样想着。于是他策划了第二次实验：像先前一样，将饼干模子按在被试的手心。然后或者保持模子静止不动，或者让它绕着中心的轴，在被试手心上向左或向右以微小的频率移动。2种情形下，被试对模子的感觉强度相差不大。而用指尖感知形状时，在模子移动的情形下，判断准确率由49%上升到了72%。

“皮肤对物体形状的感知越是不清晰，大脑对它的感知则越清晰，”吉布森写下了这样一个听似荒谬的结论，“当初步印象变幻莫测时，大脑的感知反倒清晰稳定。”

对这种貌似荒谬的结论，吉布森给出了唯一可能的解释：以前对触觉的理解是错误的。触觉并非是神经对外界刺激的被动反应和消极传递过程。触觉对形状做着主动搜索，产生对外界刺激的反射生物电流。大脑随时准备对不停变化的触觉信号做出筛选，从以前的生活经历中，寻找一个相匹配的固定形状。

# 1963 丢失的信件

您想象一下，您在您家周围散步时，在街上拾到一封付过邮资的信，地址为“纳粹党的伙伴”。您会把这封信投进信箱么？如果信是写给“共产党的同伙”的呢？是写给“医学研究会”的呢？或者就是给某个沃尔特·卡纳普？

1963年春天，很多居住在康涅狄格小城纽黑文的居民都碰到了这样的信。路人不知道的是，表面上看，这是封遗失的信，事实并非如此。而是耶鲁大学的学生小心地放在那里的：在大街上，在电话亭里，在商店里，在汽车的雨刷器上——配有铅笔字的注释：在本车附近拾到的。在信件的分发方面，学生们尽量不让同一个人拾到2封这样的信。因为他们有可能发现，虽然收件人不同，地址却是相同的：康涅狄格，纽黑文11，304哥伦布大街，P. O. 7147信箱。

这个7147信箱是心理学家斯坦利·米尔格拉姆（见“1961　服从到底”和“1967　六度空间”）租用的。在分发完信封的2周后，在每100封“丢失的信件”中，有25封到达了民族社会主义党的手中，同样地，有25封到达了共产党手中，72封到达了药学研究会，71封到达了沃尔特·卡纳普手中。

M. Thuringer

Medical Research Associates
P.O. Box 7147
304 Columbus Avenue
New Haven 11, Connecticut

Attention: Mr. Walter Carnap

M. Thuringer

Friends of the Communist Party
P.O. Box 7147
304 Columbus Avenue
New Haven 11, Connecticut

Attention: Mr. Walter Carnap

两封由斯坦利·米尔格拉姆分发的“丢失的信件”。通过这种办法，他可以了解不易察觉的人们对于不同主题的态度。

米尔格拉姆对实验结果感到满意。不同的转发结果表明，可以通过这种“丢失的信件”的办法了解不易察觉的人们对于特定组织或主题的态度。

传统的调查研究往往采用直接询问当事人，或者让当事人填写问卷的方式。这种方式无法判断当事人是否说谎。特别是在一些棘手的问题上，问卷结果很难与真相吻合。而米尔格拉姆的实验却与此不同：因为人们并不知道自己在参与实验，他们并不伪装自己。

乍看上去，这种方法像是对工作有些胆怯的社会心理学家的技巧，米尔格拉姆写道，的确，这办法也就是四处放些信，然后等待反馈结果。然而事实上，分发几百封信是相当困难的。为了实验数据的准确，每封信的放置都要手动完成。

尽管如此，米尔格拉姆还是试图简化这一过程。他曾在一天晚上从行驶的汽车里向外散发信件，结果信件很多反面朝上。还有一次他乘坐飞机在马萨诸塞州伍斯特上空朝下投递信件。这一办法成功率很低。很多信掉到了房顶上、树上或者池塘里，要么就是缠在了飞机侧翼上，这些做法“不仅妨碍了实验结果，也威胁了飞机、飞行员和分发者的安全”。

丢失信件这一方法从此被应用到了几百项调查研究中。在1964年的总统竞选中，借助这种方法，米尔格拉姆成功预测了约翰逊总统的胜出，尽管他大大低估了约翰逊的得票率。这种方法首先适用于非常有争议的话题。近些年，对于创意、性启蒙课程、同性恋教师等问题，研究者都是通过这种办法了解公众想法的。

# 1963 遥控斗牛

实验地点选的不错：一位来自“西班牙”的神经学家要展示他对于动物大脑的控制，还有比斗牛场更合适的地方么？在 1963 年一个春日的夜晚，何塞 · M · R · 德尔加多（José M. R. Delgado）面对着庄园主拉蒙 · 桑切斯的一头 250 公斤重的斗牛卢瑟若站着。出于实验需要，科学家借用了拉蒙在科尔多瓦的阿拉米里拉农庄作为小的练习场地。在第一项实验中，由有经验的斗牛士将牛激怒，德尔加多站在隔板后面，与之保持安全距离。

现在轮到教授本人上场了。尽管童年时代在村子里的庆典上偶然学会的“舞红布技巧”非常有限，德尔加多日后写道，作为一个研究者，他必须要采用自己的办法，亲自面对公牛。西装革履的他走出了隔板，慢慢地走向了卢瑟若，右手挥着红布来吸引公牛，左手拿着一台无线电遥控器。几天前，他为卢瑟若和其他的几头牛在大脑中植入了无线遥控电极。当卢瑟若向他跑来时，德尔加多放下披风，按下了遥控器上的一个按钮。芯片接通，一毫安交流电穿过了卢瑟若的大脑，这一方法使其暂时失去了攻击性：卢瑟若止住了脚步，悠闲地溜达走了。

西班牙报纸唯一的担忧是，实验宣告着斗牛运动的终结。他们使用诸如“遥控斗牛”或者“他们夺走了我们的斗牛士”之类的标题，写出的文章对实验并无多少恭维。德尔加多的实验 2 年后也出现在了《纽约时报》的头版上是因为研究者在纽约作了一场报告，《纽约时报》的记者刚好出席了这一活动。实验的影响并没有停止。“从那

神经学家何塞·德尔加多拦住一头公牛……

时起，每年我都能收到人们的来信，认为我将控制他们的思想。”德尔加多日后说。

身为年轻学者的德尔加多从西班牙迁居美国，实验期间担任耶鲁大学的教授。他希望更多地了解电击刺激下人类和动物的行为。就像对待他的很多实验动物一样，他把电极也植入了公牛的大脑中，通过刺激产生特定的行为方式。通过按动电钮让猴子打哈欠或者让猫进攻。他可以操控羊癫疯病人表现友好、侃侃而谈或者惶恐不安。

……通过在牛的大脑中植入了无线遥控电极。

德尔加多不仅相信，大脑的电流刺激是了解社会行为的生物基础的钥匙，他也预言了一个新的“心理文明社会”，在这样的社会里，社会成员受到一种技术的控制可以变得“更幸福、更少破坏力、更加平和”。

同事们不时地称德尔加多为“发疯的科学家”或者“研究大脑的爱迪生”，对于那些害怕人类因此被完全控制的批判家，他抱有一句古老的真理：知识本身并没有错，如何去应用知识，结果会有不同。“假如一次癫痫病的发病能够通过电脑识别出来，进而得以避免，难道要被解释成对确认谁是癫痫病人构成了威胁吗？”“或者想想那些因为大脑功能障碍而施行暴力的病人，我们不做救治而把他们当成患有精神疾病的犯罪分子投入监狱，就是保护了他们的本来身份吗？”

德尔加多关于心理文明的社会的观点虽然至今尚未实现，然而对于大脑的电击刺激在长期处于被忽视的状态后，被当今的人类真正应用起来：在不同的神经病学疾病比如帕金森氏病的治疗中，这一方法有助于疾病症状的控制。在2007年夏天，有一件事情广为人知，一个昏迷了6年的人，在大脑接受电击后，重新醒了过来。

# 1966 按喇叭心理学

对于到底要研究什么，身为学生的艾伦·E·格罗斯（Alan E. Gross）和安东尼·N·杜布（Anthony N. Doob）并没有明确的想法。他们只知道，必须进行一项实验。这是他们在斯坦福大学参加的社会心理学课程所要求的。而其中仅对实验方法作了规定。

实验前不久出版了一本书，提醒人们注意在实验室里得出的研究结果往往隐藏着许多玄机：被试在得知自己被监视时，其行为方式会有所改变。问卷调查的问题通常也具有提示性，可能会引导答题人想到一些原本不会想到的看法。于是，选课学生的任务是，开展一项在自然情境中悄然进行的实验，要求参与实验的人对实验本身没有察觉。

格罗斯和杜布思索着如何创造一种自然情境，以最简便的办法完成实验。他们抛弃了那些必须利用昂贵的实验仪器或者侵犯实验者个人隐私的想法。一天下午，当他们探讨受挫和侵犯时，眼前豁然一亮："堵车"正是一个最常见的展现人们此类情绪的情境。

就在当天下午，2个人驾驶着杜布17年的老普利茅斯在帕罗奥多四处游逛，并多次在信号灯变绿时按兵不动。被挡住的后车司机对此肯定是很快做出反应，于是提供了一种简便的确定受挫程度的方法：测量后车按喇叭的时刻。

至此还不能称其为一项实验。一般来说，实验者希望知道：在不同的条件下开展实验，实验的结果或是实验效果会有怎样的不同。格罗斯和杜布已经找到了实验效果（也被称为"依赖变量"）：通过计算后车等待多久开始按喇叭测量受挫程度。“独立变量”又该是什么呢？如何才能改变实验条件，在不同的情况下对受挫程度进行测量呢？首先他们想到了被拦截车辆上的乘客数量——可他们无法对这一数量施加影响。而后他们又想到了阻断交通的前车司机的性别，可惜他们的女同学中没有人愿意冒这个风险参加实验。最终，他们选定了自身汽车的状态：如果不用同学的廉价汽车，而改用一辆价格不菲的高档车，后车司机的行为会有所变化么？

这马上引出了另一个问题：从哪里搞一辆昂贵的车呢？有个同学有辆崭新的黑色凯迪拉克（Fleetwood），然而他说什么也不愿意把它换成一辆生锈的1949年的普利茅斯使用一天。最终，格罗斯和杜布在Avis公司租了一辆新品克莱斯勒帝国皇冠。他们还选用了一辆生锈的福特大篷车和一辆灰色的漫步者作为低档实验工具。因为2个人对车都不熟，他们雇了2个中学生，分别报告被阻后车的品牌和型号。

1966年2月20日，一切准备工作就绪。从上午10点30分到下午17点30分，格罗斯和杜布选用他们的3辆车（每次一辆），在帕罗奥多和门罗公园的6个路口间（每次一个），交替进行拦阻实验。另一个人藏在后座处，测量从转换成绿灯到第一、二次喇叭声响起的时间。如果之后信号灯仍旧是绿色，他们则向前行驶。

格罗斯和杜布从中感受到，不引人注目的实验并非总是没有危险的：有2个被阻的后车司机根本不按喇叭，而是撞向实验车辆，在这种情况下，格罗斯和杜布就不再期盼按喇叭了。

实验结果很清楚：如果后车司机是男性，被生锈的福特车挡住时从指示灯变绿到按喇叭的平均时间是6.8秒，被克莱斯勒帝国皇冠挡住时则是8.5秒。女司机的情况大致相当，但普遍更矜持。进一步的分析表明，老福特被18位司机2次按了喇叭，而对于新的克莱斯勒，只有 7 位司机这样做。

很多杂志拒绝发表这一实验。直到《社会心理学期刊》(*Journal of Social Psychology*) 的主编从中看到了“一种精练的研究方法”。他应该保留版权：格罗斯和杜布的论文被很多教科书使用，引发了一场按喇叭实验的浪潮。有的实验研究是否女性比男性更早被人按喇叭（在美国：是；在澳大利亚：否），有的研究自行车阻挡汽车与后窗处明显摆放武器的载重车阻挡汽车相比，结果有何不同。此外，还有研究发现，路边身着薄衫的女子阻挡汽车，第一次按喇叭的时刻有所延迟。

# 1966 搭车技巧之一：要弱不禁风

第一项研究汽车司机对待拦车搭乘者的态度的实验出现在挪威大学一个叫詹姆士 · H · 布莱恩 (James H. Bryan) 的人的论文《帮助与搭乘》(*Helping and Hitchhiking*) 的记述中。夏日里，一个男生，刮净的脸蛋，剪短的金发，短裤，白 T 恤，网球鞋（这很可能描写的是布莱恩自己的装束），用 4 天的时间站在洛杉矶一条 4 车道的马路边尝试搭车。有时膝盖裹着绷带并拄着拐杖，有时则没有。

实验结果第一次从科学的角度给搭车者提供了建议：原则上讲，绑绷带拄拐杖准没错！通过这种方式，布莱恩获得了至少双重的搭乘机会。实验给搭车者的另一个忠告见“1971　搭车技巧之二：是个女的！”，可惜在没有外科手术的情况下并非适用于每个人。

# 1967 六度空间

这一问题在数学界流传已久：随机选出分别处于世界上任意2个地方的两个人。平均来说，需要经过几度关系，从朋友，到朋友的朋友，再到朋友的朋友的朋友，可以使他们建立起联系？简单说来，世上的2个人之间间隔几个人？这个世界有多小？

这个问题也被称作“小世界问题”，要找到它的答案乍一看不难办到：如果知道每个人平均认识几个人，进行简单的推算就能知道答案。比如我认识10个人，每个人又认识10个人，经过2度我已经和10×10也就是100个人建立了联系。经过3度是1000人，4度是10000人，以此类推。

不过2位数学家：来自麻省理工学院的伊锡尔·德·索拉·普尔（Ithiel de Solla Pool）和计算机制造商IBM公司的曼弗雷德·科赫（Manfred Kochen）在20世纪50年代进行了这一演算，遇到了2个问题。第一个看上去可解：目前并没有什么数据说明独立的个体平均认识他人的数量是多少。解决的办法是研究者将任务分派给很多人，在100天的时间内将书传递给他们认识的人，得出的结果是平均来讲一个人认识500个人。第二个问题却始终没有答案：很有可能，我朋友的很多朋友直接就认识。由于存在这种共同的朋友，上述例子中并非每增高一层就增加10倍的人，而是明显要少于这个数。要少到何种程度取决于我和我的朋友以及他们的朋友所活动的团体的开放程度，以及团体间如何连接。平均500个认识的人使得事情在几步之后就变得复杂起来，以至于德·索拉·普尔和曼弗雷德·科赫决定，不发表他们 1958 年所撰的相关论文。“我们并没有感到自己真正找到了问题的答案。”他们日后写道。他们暂时的结论表明：人们通过极少的几站就能相互建立起联系。

心理学家斯坦利·米尔格拉姆（见“1961　服从到底”和“1963　丢失的信件”）了解了这一实验结果后，决定进行测试。米尔格拉姆的实验日后变得广为人知，发展成为一种团队游戏，还有一部戏剧以实验的结果来命名。

米尔格拉姆首先选出了目标者——位于马萨诸塞的剑桥神学院一个学生的妻子，米尔格拉姆当时在哈佛大学工作。实验的起始点是在威奇托、堪萨斯、奥马哈以及内布拉斯加的几十个人。他们获得了目标者的名字、一份简短的描述以及说明：“如果您不认识目标，请不要直接联系她，而是把这个信封发送给您认为最有可能与目标建立联系的亲友，而此人必须是您知道全名的熟人。”

第一封信 4 天后到达目标。它起始于一个堪萨斯的农民，农民把信发给了他家乡的牧师，牧师把信转给了一个剑桥的同事，那人认识神学院学生的妻子。只经历了 2 站，信就到达了目标。这是米尔格拉姆当时观察的比较短的传递链之一。奇怪的是，关于第一次研究，米尔格拉姆在他的论文中并未公布进一步的结果。他的第二次实验平均历经 5.5 站。

世界如此之小的结论以一种惊人的方式进入了流行文化。1990 年美国作家约翰·瓜尔（John Guare）写出了戏剧《六度空间》，间接反映了米尔格拉姆的实验，随后被拍成电影，由威尔·史密斯担任主角。1994 年宾夕法尼亚州阿尔布赖特学院的 3 个学生创立了游戏“凯文·培根的六度空间”，游戏要求，在一个受欢迎的电影演员同凯文·培根间通过尽可能少的共演影片建立起联系。比如威尔·史密斯：他在《欢迎来到好莱坞》（2000）中和劳伦斯·菲什伯恩共同拍戏，菲什伯恩在《神秘之河》（2003）中结识了凯文·培根。对于史密斯来说，一个培根值就是2。

约翰·瓜尔的戏剧《六度空间》（1990年）体现了实验对流行文化的影响。

每个种植水稻的中国农民都可以经过很少的中转站与麦当娜建立起联系，这一事实令很多人着迷。在捷克甚至有个金属摇滚乐队以“六度空间”命名。尽管科学家在近期取得了进步，来自所有可能领域的人们——比如计算机网络专家和流行病学家对“小世界”理论表现了兴趣，但这一问题始终没有真正解决。

直至今日，米尔格拉姆的5.5个联系是否正确尚无定论。他并没有像通常那样选择一份专业杂志，而是在一份大众科学杂志《今日心理学》（*Psychology Today*）上发表了他的实验。文中的数据是有缺陷的，没有经过检验。比如米尔格拉姆引用了堪萨斯农民的成功案例，他的信经过2站中转就到达了剑桥，但一份未发表的存档资料记载了这一研究的精确数据：在堪萨斯被分发给起始者的信封只有3封到达了目标——平均经过8站。米尔格拉姆于1984年去世。他的5.5站结论来自后期的实验，其中有意识地选择了一些社会交往广泛的人。

2003年哥伦比亚大学的科学家在纽约以电子邮件而非邮寄信件的方式重复了米尔格拉姆的实验。他们选出了来自13个州的18名目标。和米尔格拉姆的实验结果类似，只有很小一部分完成了实验（24163 封中的 384 封）。从起始者到目标者的平均中转站数量为 4.05。但这个数值是骗人的，因为大部分链条未能达目标。当然在获知链条于哪一站断掉的前提下，存在将连接补全的可能。最终出现了一个介于 5 和 7 之间的数值，令人惊讶地与米尔格拉姆的 6 站理论吻合。尽管如此，并没有明确的论据。毕竟，实验的参与者和一般的世界公民还有一定距离。所有没有网络连接的人都未被包括在内。

◆ 您可以访问 oracleofbacon.org 尝试“凯文·培根的六度空间”。

◆ 一起来参与哥伦比亚大学的实验吧。访问smallworld.columbia.edu，您也会被分到一个目标人物，您要通过电子邮件经过尽可能少的周转与其建立联系。

## 1968 螨虫与人

有 2 类实验是人们很难做到的，其一是研究者因其实验一生都得到同事的赞誉，其二是实验令研究者永远被视为可笑的怪人。科学上的真英雄，要在第二类中寻找。比如来自纽约西岸的兽医罗伯特·A·洛佩兹（Robert A. Lopez）就是一个。

洛佩兹为了研究耳螨（Otodectes cynotis），曾 2 次给一只猫治疗耳螨。恰好与此同时，他的女房东及其女儿抱怨很痒。所以他想到了这个问题：耳螨能够传播给人类么？科学文献中并没有发现关于人类耳螨的任何报告，于是洛佩兹决定自己成为一个人类被试。他从一只猫那里得到耳螨，并通过显微镜的检查，证实这些确实是耳螨。然后，将大约1克混有耳螨的猫的耳垢放到自己的左耳里。没过多久就有了反应："随着螨虫在我的耳道中开始探险，我马上听见了乱抓的声音，然后是移动的声响。瘙痒的感觉袭来，然后所有3处瘙痒化为一种奇异的刺耳声音，而疼痛也从那一刻——下午4点——开始加强。"

洛佩兹对耳螨的生活习性有了深入的认识。"随着螨虫向耳鼓深处进发，我耳朵中的声音（幸好我只选择了一只耳朵）也在增大。我感到无助。难道这就是感染螨虫的动物的感觉吗？"令洛佩兹感到不适的是，螨虫的饮食习性与他的睡眠周期格格不入。"在晚上大约11点我就寝后，螨虫的活动性又逐渐增强了，到午夜的时候，螨虫们因为要咬、抓和到处蠕动而异常繁忙。到凌晨1点的时候，声音非常大。1个小时之后，瘙痒感非常强烈。2个小时之后，瘙痒感和搔抓感达到了顶峰。"这一模式夜夜不息，"无论你多想睡觉，都不可能入睡"。然而洛佩兹还是坚持了下来。

"到第三个星期，耳道里充满了耳垢，左耳的听力消失了。到第四个星期，螨虫的活动性减少了75%，而且我可以感觉到螨虫在夜间爬过我的脸。"当耳道完全被耳垢充满后，他用热水进行清洗，2周后——此时没有耳螨了——听力恢复了正常。

如果洛佩兹至此鸣金收兵，他还不能算是一个真正的研究者。如果一项实验无法重复，实验的结果就算不上证据确凿。"我决定再次进行实验，验证第一次实验是否存在缺陷。"洛佩兹从另外一只猫的耳朵里获得了耳螨，像第一次那样放到了自己的左耳中。这次耳螨表现出了与第一次实验相同的行为，到第十四天的时候偃旗息鼓。洛佩兹觉得很多问题还是未知数。他自己是否通过第一次的实验获得了免疫力？人类的耳道是耳螨理想的生活场所么？"需要进行第三次，也是最后一次实验。”症状再次减轻，或许真的存在一种针对螨虫的免疫反应，洛佩兹猜想。

实验结束后，洛佩兹还找到了一份医学文献中的案例记载：一名女子抱怨耳螨引发的耳鸣。“我问自己，”洛佩兹在著作的结束语中写道，“这个人是否像我一样享受这一经历呢。”

洛佩兹凭借他的论文在1994年获得了科学工作的搞笑诺贝尔奖，“他的研究不可能也不会被重复”。

◆ Ig－诺贝尔奖（搞笑诺贝尔奖）每年由《不可能的研究之年鉴》评出，获奖研究成果通常都十分荒诞离奇。与之相关的网站www. improb. com提供了有关科学上的离奇实验的丰富素材。

# 1968 8个人飞越疯人院

这个实验的准备工作总是一成不变：斯坦福大学的心理学教授戴维·罗森翰（David Rosenhan），故意连续数天不刷牙、不洗澡，也不刮胡子。然后他还穿上脏衣服，用戴维·路瑞的假名给一家精神病院打电话，并约定前去见面的时间。他的妻子驾车在入口处让他下车。

在接待室里，他向大夫抱怨，总是听到莫名其妙的声音，就他能分辨出的，有“leer”（空的）“dumpf”（沉闷的）以及“hohl”（空洞的）之类的词，并请求为他提供治疗。接待他的精神病院的大夫不知

充当假病人的戴维·罗森翰查明了一位健康的人会被精神病院收治多久。

道，这些症状是罗森翰费心思编造出来的，因为在研究文献中还没有任何已知的例子和他的这种情况吻合。在这之后，罗森翰立即停止提起上面那些症状。他像个完全正常的人一样，和其他病人以及医务人员聊天、等待。要经过多少时间，他才会被发现精神正常，并被要求离开呢？这个问题的结论让传统的精神病学面临很严肃的困境。

当1968年罗森翰40岁的时候，他开始想弄清楚，是否有“正常”和“精神病”的区别？人们是否能区分这两种状态？如何区分？“这个问题既不是多此一举，也不是神经有问题，”他在稍后使他蜚声世界的文章《病态环境中的健康》中写道，“即便我们自己可能坚信，我们可以区分正常和病态，但我们的证据却不具有绝对说服力。”

美国精神病学会的诊断手册根据症状将病人分成若干类别，这本该使得区分正常人和精神病人成为可能。但是罗森翰渐渐开始相信，心理疾病与其说是表现为客观症状，不如说是决定于观察者的主观判断。他相信，这个问题可以得到解答，人们只需要测试，一个从未有过某种严重的心理困扰症状的心理健全的人，在精神病院能否被确定为心理健全人，如果可以，如何确定？

在1968年到1972年之间，罗森翰和7个参与这个课题的人员，用假名字和同一个编造的症状，前往共计12家精神病院。在这些假病人中，有1名心理系学生、3名心理学家、1名儿童医生、1名精神病院的大夫、1名画家以及1名家庭主妇。他们的共同任务就是，通过自己的努力，让精神病院的医务人员相信他们是心理健全的人，从而让他们离开。他们表现得很配合，遵守病院各项规定，服用医师开的药——至少假装按要求服用：罗森翰在他们走进精神病院之前就告诉他们，如何将药片藏在舌头下面，而不将它们吞下去。他们8个人共计获得2100片五花八门的药片——全部是开给罗森翰所编造的同一种症状。

这些假病人将面临怎样的危险，罗森翰直到实验开始进行才有机会认识到：有几个人害怕遭到强奸或殴打，而罗森翰发现，他根本没有力量让他的实验小组成员在必要时脱离险境。从那时开始，就有一名律师随时候命。由于几乎没有人知道这项实验，罗森翰还留下了遗嘱，以防不测。

所有的假病人都担心很快被揭穿。一开始他们只能偷偷地记录实验日志。通过一个精心谋划的渠道，这些材料每天被从病院里偷运出来。但是他们很快就发现，根本不需要这么小心谨慎：病院的医务人员一点也不注意这些事情。

这些假病人中没有一个人穿帮。虽然他们最终都被放出来，但平均都在3周之后，而且并不是因为他们康复了，大部分都是因为一纸“轻度精神分裂症”的诊断结果。罗森翰有一次等了52天才被放出来。“那真是很漫长的时间，”他至今仍记忆犹新，“但是我已经习惯了精神病院的生活。”

讽刺的是，病院里的其他病人看穿了这些假病人的把戏。在头3次进驻精神病院的时候，就有1/3的病友怀疑这些“病人”根本就没有病，有几个还言之凿凿地认为：“他们没有疯。他们是记者或者教授，他们是来对病院进行检查的。”

这个实验揭穿了精神病学的抽屉思维的可怕力量。一名假病人通过入院检查被确诊为精神分裂之后，他还可以做他想做的事情，但是精神分裂这个印记，却再也抹不掉了。病史被不知不觉地扭曲了，以配合诊断的结果。一旦被划为精神病人，那么精神病院的医务人员就会忽视或者误解他的正常行为。有一位假病人在写实验日志的画面落到护理员的笔下就变成：“病人保持着书写的习惯。”

罗森翰和其他的实验者还针对精神病院医务人员做了一些小实验。他们一遍遍地向护士和医生要求，允许他们出去，然后观察随后发生的事情。绝大多数的反应是一句简短的回答，同时扭过头去，或者根本没有回答。通常这样的交往具有同样的模式。假病人：“对不起，××医生，您可不可以告诉我，我什么时候可以到花园去散步?”医生：“早上好，戴维。今天怎么样?”（医生继续走，根本不等病人的回答。）

剥夺精神病院里病人的行为能力，在那时候也有人从其他方面谈及。1962年，嬉皮作家肯·凯西（Ken Kesey）出版了《飞越疯人院》（*One Flew over the Cuckoo's Nest*）一书，1975年该书被拍成电影，由杰克·尼克尔森主演，获得了极大成功。尼克尔森在里面饰演小流氓兰德·帕特里克·麦克墨菲，他为了躲避牢狱之灾，进了一家精神病院。

这本书被视作是这个实验的灵感来源，因为在书中读者经常遇到“谁才是疯子？病人还是医生?”的问题。然而在1968年实验开始的时候，罗森翰自己说，他并不知道《飞越疯人院》这本书。

实验在1973年发表之后，引起了一场抗议风暴。许多学者批评这项研究，因为罗森翰的实验缺乏理论基础；还有人把“轻度精神分裂症”看做“健康”的同义词。

尽管遭到很多批评，罗森翰的研究还是有结果的。罗森翰没有证明特定的行为会偏离正常，以至于人们承受幻觉、紧张或者沮丧情绪的痛苦，但是他认为，对这些痛苦的诊断是不明晰的，在最坏的情况下甚至是伤害性的。虽然在他的实验发表之后，并没有人废除对精神病症状的分类和诊断，但是一些行为方式被列出来，在某些特定的病症确诊的时候，病人必须表现出这些行为方式。“精神分裂”以及“精神病”等带有耻辱性质的诊断，至今仍然存在。人们看起来还是强烈地受到病人分类的影响。一旦一个人被认为有精神疾病，那么他的所有行为都会被放在这一前提下对待。

这一验证性偏见在相反的情况下依旧成立，罗森翰在第二个可以算得上优雅的实验中给予了证明：他进行实验的一家精神病院的院方坚称，他们对于精神病人不会误诊。罗森翰建议进行这样的测验：在接下来的3个月里，他将让1—2个人假装病人前来这个精神病院，院方可以借此来证明自己的诊断能力。这个医院在3个月时间里收治了193名病人，其中19个被医院的一名精神病院的大夫和另一名医务人员确定可能是假冒的病人。其实罗森翰一个假病人也没有派来。

# 1969 所有人的心里都住着一个汪达尔人（Vandale）①

心理学家菲利普·津巴多（Philip Zimbardo，见“1971 教授的监狱”）在上班途中总有足够机会来研究纽约城中的破坏行为，一天时间内，从工作地布朗克斯区的纽约大学到住处布鲁克林区218号共

① 汪达尔人：属日耳曼民族，公元4—5世纪进入高卢、西班牙、北非等地并攻占罗马。其名字往往作为肆意破坏的同义语。——译者注

出现在布朗克斯区的破坏及盗窃企图。26 小时后实验用车几乎被洗劫一空。

30 公里长的线路上，他发现不少辆遭受破坏的汽车。

这些破坏背后隐藏着什么？津巴多做了个测试：他和同事一起买了辆已经使用 10 年的奥兹莫比尔车，把它停在校区对面。通过观察得知：破坏行为的发生需要促发因素。他摘除了号码牌，发动起引擎，然后再次退至观察地点。26 个小时之内，一连串人顺手牵羊，先后拿走了电瓶、制冷器、空气滤清器、天线、雨刷、右侧的铬板、全部轮踏盖、拖缆、汽油罐、一盒护理蜡、左后轮的外胎 —— 其余轮胎磨损过于严重，似乎谁都不愿费力去偷。第一批偷盗者是一对夫妇和他们 8 岁大的儿子，3 人开始行动时津巴多刚刚隐蔽 10 分钟。母亲站岗放哨，儿子给父亲递送拆卸电瓶的工具。全过程持续了 7 分钟。

津巴多通过观察得知了破坏行动的基本模式：那些仍然可用或者可卖的东西会被首先偷走。当再没剩下什么有价值的东西可拿时，孩童和青少年会占领汽车，打破头灯以及玻璃。接下来陆续有人使用石头、锤子和钢管来搞破坏，最终使这辆车变成一堆垃圾。

汽车在“23 起破坏性接触事件”后变成一堆废铁只用了不到 3

天时间。跟津巴多所预想的情况不同的是，常会有路人围观破坏者，破坏行为就在光天化日众目睽睽之下发生。

同时，在加州著名大学城的帕洛阿尔托区，街道旁边也有一辆津巴多停放的摘去牌号、引擎开动的汽车。但什么事情也没有发生。当开始下雨时，有位路人甚至上前熄掉了引擎。津巴多在大学校区内做了第二次尝试，同样没有发生什么。

但是他深信帕洛阿尔托区的人也具有破坏潜质。“很明显，促发因素在纽约相对充足，而在这里还不太够。”为了推动破坏进程，津巴多和他的 2 名学生带头抡起大锤砸车。果然没过多久，其他大学生便参与进来。他们跳上车顶，卸下车门，打碎所有玻璃，最后把车翻了个底朝天。深夜里还有 3 个少年过来，使用棍棒把早已破烂不堪的车体打得更加粉碎。

在帕洛阿尔托区，夜幕的保护或者群体行动中个人的隐匿感显然是唤醒沉睡破坏力的必要条件。在纽约布朗克斯区，破坏开始的原因则不那么直接可见。津巴多猜测，大城市的规模和人口、嘈杂和喧嚣也会造成人的隐匿感，加上衰败迹象遍布于没落街区，这些共同成为破坏行为的诱因。

从这些认识出发，犯罪学家乔治 · L · 克林（George L. Kelling）和政治学家詹姆斯 · W · 威尔森（James W. Wilson）创建了犯罪学史上极有影响的一系列理论。1982 年 3 月他们在美国知识杂志《大西洋月刊》（*Atlantic Monthly*）发表了标题为“破窗”（*Broken Windows*）的文章，建议使用新策略消除犯罪：最好在混乱情况初露端倪时就消灭它。“仅仅一片没有更换的破玻璃也是一个强大信号，暗示无人管理、打碎玻璃不用承担后果。”

克林和威尔森通过实验及调查发现，一些很不起眼的小事物往往造成人的不安，比如涂鸦、街道上的废弃物、破坏行为。这些事物在人的内心造成一种感觉，似乎形势已经不受控制，谁也不必为什么负责。这种感觉提供了滋生犯罪的土壤：一方面人们甚至包括警察都不觉忽视起公共活动地带，使这些地方沦为法律薄弱区；另一方面，罪犯实行严重犯罪行为的心理抑制因素也有所降低。

反之，通过克服杂乱无序的外部特征就可以减少犯罪几率，这一观点尚未得到毫无质疑的接受。该观点认为，要真正有效克服犯罪，只有直捣根源。根据不同的政治色彩，可以将根源归为社会不公或者道德沦丧。

20 世纪 90 年代纽约警察总长比尔·布拉顿（Bill Bratton）将“破窗”理论应用于纽约城市。画有涂鸦的地铁列车马上停止运行并接受清洗，醉酒者和行乞者遭到驱赶，垃圾被打扫干净。自布拉顿 1994 年任职以来，纽约的谋杀率降低了将近一半。这一成果是否真的源于目的明确的“零宽容政策”，仍然是有争议的，我们只能期望这个办法的确奏效。

◆ 访问www.theatlantic.com/politics/crime/windows.htm阅读威尔森和克林的著名文章《破窗》（1982）的全文。

## 1969 镜中的猴子

动物是否具有自我意识？这是科学界一个古老的问题。长久以来，没人找到回答这个问题的方法，许多研究者甚至干脆认为，这个问题是无法回答的。他们声称，自我意识并非一个理性的科学研究对象。“很遗憾的是，我们没法问问动物，从进化史的哪一天起它们产生了自我意识。也没法弄清，意识中的‘自我’部分是何时产生的。”一位心理学家如此总结道。

表现自我感知最简单的工具是镜子。达尔文甚至也利用它做过实验。“许多年前，我将一面镜子摆在一只年幼的猩猩面前，据我所知，这只猩猩以前从没照过镜子。”1872 年，他在《人类和动物的情绪表达》一书中写道。猩猩在镜子面前表现得很有活力，他时而想亲吻镜子里的那只猩猩，时而冲它做着鬼脸，时而把头探到镜子后面。然而过了会儿，它就对此丧失了兴趣，不再看镜子了。

达尔文也无法确定，猩猩是否知道镜子里的那只猩猩就是自己，抑或是把它当成了另一只猩猩。尽管他能观察猩猩的一举一动，但是他所有的结论都来源于主观解释，没有任何科学证据证明其准确性。

达尔文之后的研究者们也都在这一问题前一筹莫展，直到戈登·G·盖洛普（Gordon G. Gallup）在刮胡子时灵光一闪，想出了一个简单而天才的方法。那是 1964 年，当时盖洛普还在华盛顿州立大学攻读博士学位。其后 5 年时间里——在此期间，他成为一名教授——他在新奥尔良杜兰大学将这一想法付诸实践。

像达尔文一样，盖洛普也在实验中利用了镜子。他将 4 只幼年黑猩猩关进 4 个相互隔开的笼子里，笼子前摆着一面大镜子。盖洛普对此观察了整整 10 天。黑猩猩能否意识到，镜中的那只黑猩猩就是自己？在实验开始头两天，猩猩对待镜中的自己如同遇到另一只陌生的猩猩似的，它们冲它尖叫怒吼，做出威胁和攻击的举动。这些行为都在盖洛普的预料之中，毕竟这些猩猩都是头一次照镜子。一个 2 岁的小孩儿也不可能在第一次照镜子时意识到镜中的便是自己。但是从第三天起，事情有了变化：猩猩站在镜子前，冲着镜子张开嘴清理牙缝，或者从那些平常看不到的部位捉虱子。盖洛普至此能够确信，猩猩已经知道镜中便是自己，但是这一结论并未超越达尔文，它仍然只是个人的主观判断与猜测。谁要提出黑猩猩也具有自我意识，那就必须要同时拿出确凿而充分的证据。盖洛普玩的一个小花招帮他解决了这个难题。

第十天时，盖洛普将黑猩猩麻醉，并在它们的一边眉毛上涂了红点，另一边的耳朵上也涂上红点。经过盖洛普的亲身实验，颜料无臭无味，黑猩猩无法通过嗅觉觉察。

盖洛普如实记录了黑猩猩醒来后触摸红点的次数。一开始移开镜子，随后将镜子摆回原处。结果一目了然：在有镜子的情形下，黑猩猩触碰红点的次数比没有镜子时多25次（没有镜子时，黑猩猩即便触摸到红点，也是偶然的）。为了进一步证实他的推论，盖洛普也在之前从没照过镜子的黑猩猩身上重复了这一实验。结果显示，之前从未照过镜子的黑猩猩，对着镜子也不会触摸眉毛和耳朵上的红点。

这就意味着，黑猩猩在十天时间里，认识到了镜中的自我。“在漫漫进化史上，人类可能并非唯一一种发展出了自我意识的动物。”盖洛普写道。

随后，盖洛普的红点测试被运用到很多动物上。这也常常成为许多动物行为学家在自己孩子身上做的第一项科学实验（通常情况下，是趁孩子不注意，将一个小纸条贴在他们的前额上）。能够通过测试的，除了2岁以上的人类，只有黑猩猩、猩猩和一只由人类抚养长大的大猩猩，2005年布隆科斯动物园的大象“快乐”也通过了这个测试，而跟它关在一块儿的另2头大象马克西和帕蒂则双双失败。喜鹊应该也能认出镜中的自己，然而海豚和喜鹊进行这类实验却惹来了争议。因为它们没有上肢，盖洛普的实验并不适合。

当初盖洛普在刮胡子时，对着镜子看着不慎粘在脸上的泡沫，这是否就是他灵感的来源，没人能肯定。尽管盖洛普本人也未给予肯定，但是在科学史上偶然间冒出绝妙灵感的事例层出不穷。

尽管盖洛普实验取得了不菲的成果，它仍然存在着缺陷。动物拥有辨认镜中自我的能力，到底意味着什么？是否意味着它已经可以明确认识到那是自己？是否意味着它也能同样辨别出同类？是否意味着它也会像人类那般做出计划或者撒谎？——所有这些都是跟人类自我意识密切相关的。

盖洛普的实验表明，很多科学实验能够带给人有趣的答案，然而却未必真正触及了问题的本质。

## 1969 从林里的色彩实验

当1969年夏天埃莉诺·罗施（Eleanor Rosch）穿过巴布亚新几内亚和西伊里安国界被发现的时候，边境官员看着她包里数百张扑克牌大小的各种颜色卡片，没有一点儿头绪。罗施压根儿就没打算向这些官员解释，她想要用这些卡片来推翻语言学中一个存在争议的假说。在一番含糊其辞的回答之后，根据官方文件的规定，她得以和她当时的丈夫——人类学家卡尔·海德（Karl Heider）一起，进入西伊里安。

罗施当时是哈佛大学的一名博士生，在那里她听海德讲述了达尼族人的奇特之处。海德已经数次拜访过这些猎人和采集者，并且确认，他们只知道2个表示色彩的词："mili"表示深色，"mola"表示浅色。罗施立即意识到，这可能提供语言学研究领域一个古老谜题的答案，即：语言是如何影响思维的?

语言学家爱德华·萨皮尔（Edward Sapir）在30年代的时候倾向于这样一种观点：语言决定思维。并非语言适应现实，而是相反，现实只有通过母语的描述才能被人们所认识。每种语言都形成不同的世界观。这样的观点推出一个结论，现实并非存在于外面的世界，而是在人们的脑中——一个用母语的元素布置成的世界。

萨皮尔的学生，本杰明·李·沃夫（Benjamin Lee Whorf）借用爱因斯坦的相对论，将上述原则命名为“语言相对论”，后来也被广泛称为“萨皮尔—沃夫假说”。如果按照这一理论向后推演，将得出“任何2个语言不同的民族都永远不可能真正理解对方”的结论。

沃夫相信，在印第安人的语言中可以找到能够证明他假说的证据：例如荷匹人（hopi，印第安人的一支）只用一个词来表示除鸟之外所有能飞的东西，相反爱斯基摩人表示“雪”的词就有7个。在语法层面，沃夫也找到他的证据：由于荷匹人的语言中没有时态，他和他们对话的时候仿佛处于不同时间。但是他的这些例子陷入了循环证明的怪圈：从语言的特别之处，推出另一种世界观；同样反过来也是可以的：因为印第安人生活在不同的世界，所以他们的语言也不一样。

从一开始，这个困难看起来就是无法解决的，因为，人们可以把思维和认知看作和语言相互独立的过程，并将其用一个客观的标准来衡量。然而世界观却无法客观衡量，也无法脱离语言相互交流。似乎并不存在一个确定的物理量，可以避免那种与荷匹人对话时好像不在同一时空的情况。

解决这个难题的钥匙是颜色：颜色由波长决定，因此具有独立的可认知性。考察被试怎样区分单一的颜色，也是可以不依赖语言而实现的。现在就只需要找到这样的一些人，在他们各自的母语中都存在许多不同的表示颜色的词，通过对他们的测试来确定，这种语言上的不同有没有导致他们生活在色彩不同的世界里。

在20世纪50年代进行的第一次实验，并没有获得明确的结果。但是60年代末的时候，来自加利福尼亚大学伯克利分校的布伦特·伯林（Brent Berlin）和保罗·凯（Paul Kay）对100多种语言进行对比发现，表示颜色的词在不同的语言中是按照一个固定的模式发展出来的。如果一种语言只有2个表示颜色的词，那么这2个词总是“黑”（表示深色）和“白”（表示浅色）；如果有3个词，则是“黑”“白”“红”；如果是4个，就会是“黑”“白”“红”“黄”或者“绿”。表示11种基本颜色的词汇，就是这样逐个增加而来的。这一原则表明，在人们对于色彩的认知中，形成了某种普遍的规律。一项测试也指向上述结论：伯林和凯给20名说不同语言的人一托盘各种颜色的卡片，并交给他们一个任务，将他们的语言中有名字的颜色区分开来。这样他们可以把每一种颜色的名字与颜色对应起来。

虽然参加实验的人对于色彩之间的界限区分并不一致，但是对于那些典型的颜色，他们的选择是相近的。显然，独立与语言和文化之外的“热门色彩”是存在的。

然而，仅凭这些，还不能完全推翻语言决定思维的假说：参与实验的人是移民，本身已经在英语的影响下生活了一段时间了。真正有说服力的实验，应当选取那些还没有接触过其他语言的人来参加。

达尼族人正是符合要求的一群人。在1969年夏天，罗施在荷兰殖民地伊比卡和40名男子进行了第一次实验。罗施用5秒钟的时间向被试展示一堆颜色卡片中的一张，等待30秒，然后要求他从一些已经按照颜色深浅排列好的色卡中选出颜色相同的一张。将一堆卡片如此展示完，罗施同时计算，被试选错颜色或选到相邻颜色的次数。

她的实验目的很简单：如果沃夫的假说是正确的，语言决定认知，那达尼族人面对他们只用一个词来表示的颜色，应该比面对在他们语言中用多个词语来描述的颜色，更容易产生混淆。

实际却并没有这样的效果出现。比如找出蓝色和绿色之间的某个颜色，达尼族人并没有比美国人遇到更大的困难，尽管他们的语言中只有一个词“mola”来表示这些颜色。这样，萨皮尔—沃夫假说看来被推翻了。

事实上，混乱从此才开始。一个人是不是会仅仅因为说另一种语言就用另一双眼睛来看这个世界？在这个问题背后，隐藏着另一个问题：人类的思想在多大程度上受到环境的影响？这个看似人畜无害的颜色实验，却把环境和基因对人类的影响截然分开。

讨论在热烈地进行着，因为这件事在政治上的地位是尴尬的。如果我们更多地讨论女医生和男护士，而不是总在说男医生和女护士，那么在与健康相关的职业中，会不会造成角色互换呢？如果一名女孩经常听到“化学家”这个词，那么她是不是会更倾向于成为一名化学家？

可以预见，在这个问题上，人们不会达成一致。1999 年有一项反对罗施实验结果的研究发表，伦敦大学的迪比·罗伯逊（Debi Roberson）在新几内亚对另一个民族的人重复了罗施的实验：贝里摩人只使用 5 个表示颜色的词，他们的结果显示他们的语言影响着他们对颜色的认知。罗伯逊猜想，埃莉诺·罗施在她的实验里应该是犯了理论性错误。罗施则认为：罗伯逊对颜色卡片的选择不恰当。

顺便说一下，爱斯基摩人的雪是当代的一项传奇。语言学家弗朗茨·博厄斯（Franz Boas）是这个传奇的发现者。他于 1911 年在爱斯基摩人的语言中发现了 4 个表示雪的词，沃夫将这一数字提高到了 7 个，媒体对这一传奇报以极大热情，直到有一次，克利夫兰的一次天气预报中说爱斯基摩人有上百个表示雪的词。今天，专家们认为，爱斯基摩人表示雪的词应当有 12 个左右。

女心理学家埃莉诺·罗施在巴布亚新几内亚进行一项关于面部表情的认知实验。她同时进行色彩实验。

# 1970 难堪，尴尬！

霍华德·加兰（Howard Garland）的目光落在开着的洗手间窗户上，他知道，他的方法奏效了。加兰是纽约康奈尔大学的学生，研究尴尬处境下的心理学问题：为什么人会觉得尴尬？人们怎样掩饰尴尬，保全脸面？为了解答这些问题，他必须在实验室中安排一种会使人感觉尴尬的场景。在以往的实验中，他的教授本特·R·布朗让学生叼着橡皮奶头，站在街头，描述当时的感觉。“那场景让我感觉尴尬极了。”加兰回忆道。这是60年代初心理学研究尴尬处境的方法，这一方法包含着强烈的性暗示。因而尽管它非常有效，加兰仍在寻找使被试陷入尴尬的更为柔和的方式。后来他想到，让被试当街放声歌唱。

他的方法确实奏效了。一名学生在歌唱前向他告假上厕所。加兰答应了，并且告诉了他洗手间的位置。然而这名学生却再也没有回来。加兰去洗手间找他，发现窗户开着，而洗手间是在一层——这名学生分明是借上厕所的机会，偷偷溜走了。这名偷偷溜走的学生不知道，实验的规则允许被试在实验开始前拒绝歌唱。

为了防止再发生类似的事件，加兰将实验伪装成测试一种新式电脑设备，它能够对人们的歌声进行评分。他要求被试在电脑前唱一次，对着街头的公众唱一次，以便综合2次评分对电脑程序进行改进。

加兰特意挑选了 *Love is a Many-Splendored-Thing* 作为实验歌曲。这是一首50年代的口水歌，音域广阔，歌词俗套无趣。总之，这是一首很容易让歌唱者尴尬的歌曲。被试可以先听磁带练习，然后对着那台所谓的“歌声评分设备”歌唱，唱完后电脑会给出评分：“好”或是“水平不高”。

随后，加兰将被试引入一间小屋，屋子的一面墙是单面镜，只能从外面看到里面。他告诉被试，屋子外面坐着很多观众（实际上只有加兰一人）。被试每唱5秒钟，就能得到1美分。当被试停止歌唱时，便是他感觉到尴尬之时。

第一个实验结果如加兰料想的一样：那些先前被电脑评为“好”的人，平均唱了132秒钟，而被评为“水平不高”的人，则平均只坚持了82秒（实际上根本不存在评分的电脑，所谓的评分都是随机给出的）。当被试确信外面坐着朋友时，要唱得稍微久些；当他们感觉外面都是陌生人时，则会短些。当加兰进行分性别测试时，结果让他大吃一惊：确信外面坐着的听众都是女性时，女性被试只唱了16秒；而当她们相信外面坐着一群男性听众时，却唱了64秒，是先前时间的4倍！他推测，原因可能在于，女性认为男人的音乐修养不如女人，所以在面对男人时，她们愿意唱的更久。“就算走调了，男人们也听不出来。”

## 1970 缺乏善心的撒玛利亚人

心理学家约翰·M·达利（John M. Darley）和C·丹尼尔·巴特森（C. Daniel Batson）做了个实验，实验导论直接引用《圣经》原文：“有一个人从耶路撒冷下耶利哥去，落在强盗手中。他们剥去他的衣裳，把他打个半死，就丢下他走了。偶然有一个祭司从这条路下来，看见他，就从那边过去了。又有一个利未人来到这地方，看见他，也照样从那边过去了。唯有一个撒玛利亚人行路来到那里，就动了慈心，上前用油和酒倒在他的伤处，包裹好了，扶他骑上自己的牲口，带到店里去照应他。”当巴特森认真读完圣经中这个关于善良的撒玛利亚人的故事后，在其中发现了3个关于乐于助人的预言。

第一，匆忙的人，难以助人。巴特森提到，祭司和利未人都是负有宗教使命的人，“他们匆忙赶路，夹着记满行程要事的黑色小本，不时看看日规，盘算着时间”。撒玛利亚人则不然，他只是个小人物，有的是时间。

第二，当人在思考道德或宗教问题时，遇到求救，施以援手的几率比思考其他问题时要低。祭司和利未人肯定会经常思考宗教问题，或许在他们遇到那个可怜的人时，也在思考这类问题。撒玛利亚人当时则可能在思考些世俗问题。

第三，那些试图借宗教实现人生价值的人，比借宗教追求日常生活内在意义的人，更难以向人迅速伸出援手。祭司和利未人属于第一种人，而撒玛利亚人属于第二种人。

巴特森想证实这 3 个假说。他需要寻找一些宗教人士充当被试。“这就意味着，不能像往常一样，在大一的新生中寻找‘小白鼠’了。”巴特森调侃道。他迅速地有了目标——普林斯顿大学神学院学生。

“从耶路撒冷下耶利哥”的路巴特森也选好了——一条从心理学系通往普林斯顿大学社会学系大楼的沥青小路。尽管这条小路上从来没出现过强盗，但是它偏僻、幽静、昏暗。少数需要从这条路上通过的学生，巴特森也都一一打好了招呼，希望他们在实验期间“另辟蹊径”。

1970 年 12 月 14 日上午 10 点，巴特森开始了他的实验。第一位神学院学生踏上那条沥青小路。他自然不知道，脚底下踩着的是“从耶路撒冷下耶利哥”的路，巴特森隐瞒了实验的内容。那位学生在心理学系大楼接到一个宗教任务：他要在那儿准备一个 3—5 分钟的报告，录在磁带上。巴特森告诉他，心理学系大楼没有适合的场所，他必须要通过那条挑选出来的沥青小路，赶到普林斯顿大学社会学系大楼完成这一任务，那儿有位工作人员准备好了磁带，正在等着他。

他将在这条路上“如期”碰见一位需要帮助的“可怜人”：他头发蓬乱，双手深深地藏在上衣口袋里，双眼迷离，坐在社会学系大楼

社会学系大楼门前的那个“可怜人”。一批神学院学生马上要进楼作一篇关于善良的撒玛利亚人的报告，他们会帮助他吗？

门前。扮演“可怜人”的实验人员严格遵照巴特森的指令行事：当神学院学生走近时，他会咳嗽两声，然后开始呻吟。要是那位学生的目光被吸引了过来，他会说：“哦，谢谢（咳嗽）……没事，我撑得住。（停顿）我呼吸道有点毛病（咳嗽）……医生给我开了些药，我刚吃了一片……我在这里坐着休息会儿，过几分钟就没事儿了。”要是那位充当被试的学生要将他领进大楼，他会跟着进去。

巴特森要解答的问题是，在何种情况下，那位“可怜人”能获得帮助。他将一部分被试置于非常匆忙的处境中——“你已经迟到了。”“有人已经等了你好几分钟。”“我们最好快点儿。”“那边的工作人员已经在等着你了。”同时对其他被试声称，他们有的是时间，完全能够按时赶到目的地。被试要求做的报告题目也有所不同，一半人的题目是“神学院毕业生最钟爱的职业”，要求报告不超过3分钟；另一半人的题目则是“善良的撒玛利亚人的故事”。能够影响实验结果的第3种因素是被试的宗教观点。巴特森通过问卷获悉了他们的宗教观点。在三天的时间里，巴特森依次将47名神学院学生派往社会学系大楼。当然，实验并非一帆风顺。在那47名被试中，就有一个超级热心的：他不光帮助了那位“可怜的人”，还请他喝咖啡，跟他高谈阔论耶稣基督。这让巴特森很头痛，因为几乎每半个小时就会有一名被试通过沥青小路，而配合实验的那位“可怜人”还在喝咖啡呢。

实验结果令人惊讶：决定被试是否提供帮助的唯一因素是时间。那些被告之有充足时间的被试，向路边的“病人”提供帮助的几率是其他人的6倍。尽管教义主义者中出现“超级热心肠”的几率更大，宗教观点对实验结果的影响并不明显。但是最让人惊奇的不在于此。被试是否提供帮助，居然与他们所做的报告题目丝毫没有关系。事实上，好多被试，一面思考着“善良的撒玛利亚人的故事”，鄙夷着故事中祭司和利未人不人道的做法，一面熟视无睹地绕过路边“可怜人”继续前进。当实验结束后，巴特森将这背后的故事告知了所有参与实验的神学院学生，不少人当场面红耳赤，并进行了忏悔。

巴特森还想在同一地点进行更大规模的实验，然而在他为此进行准备时，传来了坏消息。因路面坑洼，普林斯顿大学已经对这条沥青小路进行了修整与美化。在原来的位置，铺着一条笔直的林荫大道，两旁摆着长椅，栽着树苗。“大家都说这条路变漂亮了。但是我仍然会为原来那条小路的消失感到惋惜。”巴特森后来写道。

# 1970 拍卖1美元

1970年艾伦·I·泰格（Allan I. Teger）在宾夕法尼亚大学和学生们一起讨论国际关系心理学，他们的直观材料比比皆是。美军正在越南作战，报纸每天都在报道泰格研究项目中的重要话题：寻求决断、报复、群体动力。

美国政府一再提出的一条论据引起了泰格的特别关注，因为他觉得这正是争论升级的重要原因：即使战争的收益永远无法平衡战争的代价，美国也要继续打下去，否则“我们战死的士兵就白白牺牲了”。换一种表达就是：已经投入太多，现在无法抽身。

泰格考虑如何生动地向学生阐释这一机制。其实数学中的游戏就可以模拟这种冲突，比如“囚徒困境”（见“1950　心地善良，但别做傻瓜”）的例子，但是参与游戏的学生们一般都比较平静，既不愤怒也不沮丧。泰格寻求更加贴近生活的例子并且想到一种具有特殊规则的拍卖形式。不久之后他在书中看到经济学家马丁·舒比克（Martin Shubik）已经设想过类似的游戏，于是他选定了舒比克提出的拍卖品：1美元纸币。

拍卖1美元纸币同正常的拍卖一样，纸币最终属于出价最高的人。但是还有一条残酷的附加规则，多数参与者看透它的作用时已经追悔莫及：最终出价第二高的人也必须付款，并且不能得到什么东西。其余所有出价更低的买主则不必付款。

泰格拍卖第一张纸币是在他的大课上。开始时大家都出价参与。用比1美元低的价钱买走1美元，谁都不愿看着这个机会从眼前溜走。当叫价大概达到70美分时，许多人发现了附加规则是多么阴险，于是退出争夺。只剩下2名出价最高的学生困在这个难以想象的窘境当中。第一个人出了80分，第二个人又叫了90分。如果第一个人就此罢手，就必须支付80美分并一无所获。他只能出1美元来阻止这种情况。这样一来他虽然没捞到好处——花了1美元买了1美元，但也没损失什么。现在轮到第二个人进退两难了：如果退出他将损失90美分。倒不如叫价1.1美元。此价一出，教室当中议论纷纷。怎么能够为买1美元而花掉1.1美元呢？可是赔了10美分呐！但他要是不出价，亏损就是90美分了。于是双方拉锯，局面越发难以挽回。

泰格大概作了40次实验，每一次拍卖的1美元都被叫到高于1美元的价钱，有时达到20美元。他从没有收取这些钱。人们能在游戏当中确实相信需要付钱，这对实验而言已经足够。当泰格在拍卖之后向参与者们询问体会时，许多人都为自己的冲动行为寻找借口。经济系学生尤其因为赔钱感到尴尬。有一个人用“当时喝醉了”的说法解释他的行为。其实他们的行为是完全正常的：游戏的规则注定将人们引向毁灭。越战也是如此。“他们并非一群热衷杀戮的蠢货，而是一些力图走出困境的人。”但是他们也由此越陷越深。

泰格通过对出价人的采访还得出“动机严重偏移”的结论。起初吸引人们的是迅速的收益。当出价越发接近1美元时，每个人都遇到了同样的窘境：要么停止争夺并且失去报出的价钱，要么提出更高价格。但在多数情况下，继续参与的动机不再与钱相关，而更多在于求胜的心理，不论付出多大代价。同时也有惩治对方的心理，因为大部分出价人都会觉得是对方让自己陷入绝境的。当问起一些人觉得对方有什么动机时，他们会说：“他可能疯了吧？”谁都没有认识到对方的境地其实与自己一样，想法肯定也和自己相同。

“1 美元拍卖”是对冲突升级的形象譬喻。泰格为他的研究写成的书影响甚广，出现在北爱尔兰争端研讨班上，也应用到公司之间的争论中。当他本人面对“是否投入太多而无法停止”的问题时，他的回答是“否”。1981 年他结束学术研究，成为一名摄影师。

# 1970 福克斯博士胡言乱语

演员迈克尔·福克斯用表演技巧蒙骗专家。

迈伦·L·福克斯在集会专家面前所作报告的题目《培训医生过程中所应用的数学博弈理论》给人留下深刻印象。南加利福尼亚大学医学院进修项目负责人为参加一年一度的会议再次来到北加利福尼亚的塔奥湖。会上福克斯以“将数学科学应用于人类行为的权威”的身份出席，作了首场报告。他登台之优美熟练让听众们深为惊叹，甚至都无暇注意到这个男人其实不止是阿尔伯特·爱因斯坦医学院的迈伦·L·福克斯，还是《蝙蝠侠》里的无线电超人里奥·戈尔、《绝顶猎鹰》里的律师阿莫斯·菲德尔斯以及《哥伦布》里的兽医本森博士——他悉心照顾检察官的狗。福克斯真名叫迈克尔·福克斯，是一名演员（与《回到未来》的迈克尔·J·福克斯没什么关系），对博弈论一无所知。

福克斯所做的一切就是通过一篇关于博弈论的专业文章制出一份报告，这份报告充满了含混不清的言语、凭空捏造的词句和自相矛盾的结论，他借助大量的幽默和参阅提示把这些胡言乱语的内容组织起来。这些假象的幕后策划是约翰·E·韦尔（John E. Ware）、唐纳德·H·纳弗图林（Donald H. Naftulin）和弗兰克·A·唐纳利（Frank A. Donnelly），他们想要通过这种演示引入对进修项目内容的讨论。实验要回答的问题是：是否可能用眩人耳目的演讲技巧欺骗一组专家，使他们注意不到内容的荒唐无稽。约翰·韦尔和演员操练了很久，保证文本中所有具备意义的内容都被排除出去。“关键就在于福克斯不能说出明确实际的东西。”福克斯觉得这个骗局肯定会败露。但听众却完全被他的伶牙俐齿所蛊惑，一小时后报告正文结束，大家积极提问，他仍旧使用高超巧妙的方式予以回答，谁都没有听出其实他根本就没答出来。接受评价问卷时，全部10位听众都表示这次报告启迪了他们的思考，此外他们中的9位还认为福克斯材料整理清楚有序、内容介绍妙趣横生并且穿插了丰富的阐释性事例。

韦尔和同事们又向另外2组人播放了报告的录像——结果相似。有一位居然认为他以前读过迈伦·L·福克斯的论文。这2个小组的成员同样不是学生，而是经验丰富的教育学家，他们很容易就被演员能力超群的架势迷惑住了。

科学家们又面向更多听众继续进行实验。事实表明报告的风格完全可以掩饰贫乏的内容，不久这种现象就得名“福克斯博士效应”。

这些结论促使韦尔怀疑课程评估的说服力。学生们在问卷中写下的课程评价可能无非是他们自己的满意感和“学到了东西的错觉”。“授课远远不止是让学生们高兴。”撰写关于这个实验的文章时，作者们这样说道。

但有一件事却出乎人们意料，从而使实验结论显得不那么绝对悲观：得知福克斯的真实身份后，有几位听众想要询问更多的文献信息。尽管报告是个一无所云的骗局，但很明显，它的风格唤起了听众对题目的兴趣。因此韦尔建议人们创新方法提高学生的学习动力：教授其实不必亲自上课，而是培训演员去做这些。

不久《洛杉矶时报》（*Los Angeles Times*）的一位通讯员这样写道：“本次调研给了我们一些提示，可能书的作者都没有意识到。如果一个演员可以成为高明的老师，为什么不能成为出色的议员甚至优秀的总统呢?”7 年以后，罗纳德 · 里根成为合众国的总统。

# 1971 教授的监狱

2005 年 4 月 28 日的夜晚，菲利普 · 津巴多（见“1969　所有人的心里都住着一个汪达尔人〔Vandale〕”）打开了电视机。当时任美国心理协会主席的他出于会议原因在华盛顿停留。他不停地切换着频道，直到目光凝视在屏幕上的一幅画面上 —— 赤裸的囚犯叠摞在一起，这座人堆后面是 2 名美军士兵 —— 一男一女，边看边笑。在下一幅画面中，一名女兵用绳子牵着赤裸的、躺在地上的囚犯。再后面的一张后来成为了“圣像”——一名囚犯头上举着袋子，手持带电的铁丝，站在一只小箱子上。士兵们告诉他，只要他从箱子上掉下来，就会受到致命的电击。

这些图片来自巴格达阿布扎比监狱，美军士兵在进驻伊拉克后虐待了那里的战俘。华盛顿的领导曾说，这些施虐者只是个别的败类。正常的美军士兵不会做出这样的事情。菲利普·津巴多马上意识到，并不是这样的。他知道，在30年前，他自己也曾建造了一座专门折磨人的监狱。

在1971年春天，当时38岁的津巴多在《帕洛阿尔托时代报》(*Palo Alto Times*)上发布了一则公告：征男学生参与一项关于监狱生活的心理学研究。每天15美元，从8月14日起持续1—2周。更多详情请来斯坦福大学约旦会堂248室商洽。

开展这一实验的想法源于津巴多在斯坦福大学的课程。有几个学生选择了“关押心理学”的主题，用一个周末的时间进行了监狱体验。津巴多惊讶于这一简短的实验对学生产生的深远影响，决定进行进一步的研究。

有超过70名申请者来到248室，津巴多选出了21名在性格测试中表现出诚实、可靠、稳定的特征的学生，把他们通过掷硬币的办法分成囚犯和看守两组。11名学生接到电话通知，将扮演囚犯，要在8月15日星期日那天在家做好准备。在实

ility required. No selling
Guar. hrly. Wage. Write Redwood City Tribune AD No. 499, include phone no.

Male college students needed for psychological study of prison life. $15 per day for 1-2 weeks beginning Aug. 14. For further information & applications, come to Room 248, Jordan Hall, Stanford U.

TELEPHONE CONTACTS
Sell security systems. New air cond. office, parking. Exc. location & understanding boss

《帕洛阿尔托时代报》上的公告："征男学生参与一项关于监狱生活的心理学研究"。

验开始的前一天，10 名扮演看守的学生被介绍给监狱长菲利普·津巴多和他的副指挥戴维·贾菲——一个研究助理。学生们被带到位于心理系地下室的监狱。房间由 3 间带有门禁的小实验室组成。监视房供看守使用，一条 9 米长的走廊作为吃饭和锻炼的院子，上面安装有摄像头。通过房间中的内部通信联络系统，看守可以给囚犯下达命令，并监听他们的谈话。

看守们在一家军用服装店挑选了他们的制服——咔叽布衬衣和裤子，并配备有口哨、反光墨镜和警棍。他们每 8 小时换一班岗，接到的命令为“维持秩序以实现监狱的正常运作。”

第二天，斯坦福校园巡警以入室抢劫罪逮捕了其他 11 名学生。警察在他们的房前鸣响了警笛，在邻居们好奇的目光中用手铐将他们铐走。学生们被蒙住眼睛带到监狱，被要求脱掉衣服，照相，进行除虱子处理，换上狱服——一套前后标有号码的像妇女的围裙似的白色囚服（不允许穿内裤）、胶鞋，还拿到一只尼龙长袜做睡帽。囚犯还被用带锁的链条拴住脚踝。

在模拟实验的不长的时间内，津巴多试图让他的囚犯拥有真正的囚犯需要经历更长牢狱生活才会有的感觉：无能、依赖、绝望。这种着装方式旨在让囚犯感到自卑并剥夺他们的个性。脚上的镣铐使他们即使在睡觉的时候也不会忘记自己在哪儿。

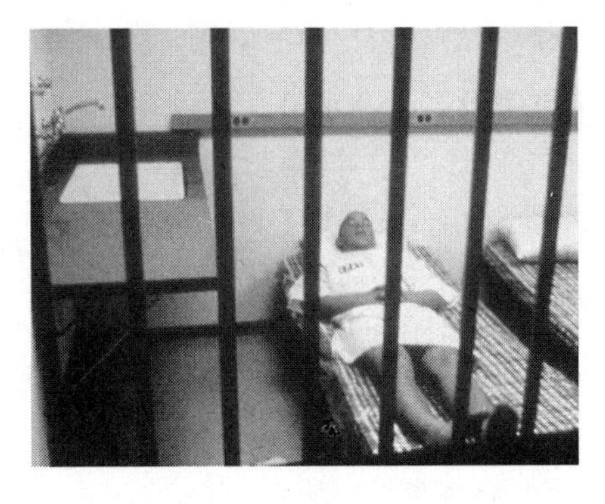
一名囚犯穿着指定的白色围裙似的囚服。被试被随机分成囚犯和看守两个组。

第一天，看守宣读了他们和戴维·贾菲一同拟出的 16 条狱规：“第一条，犯人在休息期间、吃饭时间、熄灯后以及在监狱院子外面的时候禁

实验开始后不久，看守通过叫号来刁难囚犯。

止交谈；第二条，允许并且仅允许犯人在吃饭时间进食……第七条，犯人要用身份号码称呼彼此……第十七条，没有遵守以上规范将遭到惩罚。”在每一班岗上，看守都会对囚犯进行若干次点名，即使在深夜也是如此。此间犯人要背诵自己的号码以及16条狱规。在开始时，这一监管过程持续10分钟，后来可以持续几个小时。

有趣的是，津巴多并不知道事态将如何发展。实验目的在表述上有些含糊：旨在查明，当人们作为囚犯和判决的执行人员时，会受到怎样的心理影响。他希望了解在看守通过监控囚犯生活而获得强权的过程中，监狱服刑人员如何失去自由、独立以及隐私。他的早期实验揭示了普通人在把自身看作团体的一员而不是一个个体时，或者把他人当作敌人或对象时，是多么容易产生邪恶的行为。这个在今天被称为“斯坦福监狱实验”的研究将些机制结合在一起。这一实验后来声名远播，曾有一支洛杉矶的摇滚乐团以之命名。

斯坦福监狱实验影响了一些洛杉矶的音乐家，他们用这一实验命名自己的乐队。

在第二天——在清早2点30分点名后——囚犯造反了。他们摘下绒线帽，撕下身上的号码，在狱室中设障碍自卫。看守从门口用灭火器驱赶他们。带头闹事的人被丢进走廊尽端的黑暗密室禁闭。没有参加叛乱的人享有特别房间的优待，得到更好的食物。不久，没有解释原因，看守有意地把参加叛乱和没参加的人分在一屋。囚犯们很困惑，开始不信任彼此。从此，他们不再进行群体抗议。

此时看守开始将荒唐的要求强加于囚犯，专横地训练囚犯，交给他们无意义的工作。他们不得不把箱子从一间房间搬到另一间，徒手清理厕所，一连几个小时从毯子上摘刺（看守事先把毯子拽到荆棘丛里）。此外他们还要按照命令奚落反叛的狱友或假装和他们发生性关系。

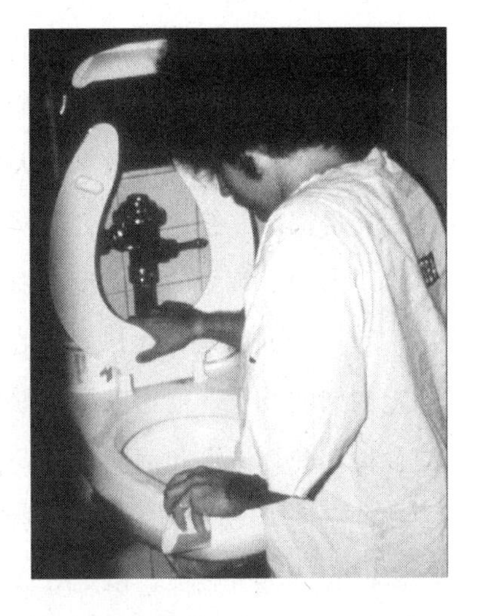

看守施加侮辱性惩罚，诸如囚犯必须徒手清洁厕所。

实验进行了不到36个小时，津巴多不得不让囚犯8612退出实验。这名囚犯表现出了极度沮丧、失控的号哭和暴怒。起初津巴多有些犹豫，他觉得这个学生只是假装达到极限。他无法想象被试在一间虚拟的监狱中经过如此短的时间就展现出极端的反应。但在后3天中，同样的状况发生在其他3名参与者身上。他们反应之所以这样激烈，是由于他们误以为自己不能中途退出，所以很绝望。

一点点地，对于囚犯和看守双方、实验和现实的界限变得越来越模糊。实验进行得越久，越要不断提醒看守，身体暴力是不允许的。实验赋予他们的权力使得这些有和平主义倾向的学生变成了虐囚成性的监狱看守。就连津巴多本人的行为都很奇怪。一天，一个看守声称听到了囚犯的越狱计划。“读者诸君，你们觉得对于这种传言我们会作何反应？”津巴多日后描述这一事件时这样写道，“认为我们会记录流言的传播并启动对可能发生的越狱行为的监视？当然，如果我们真像社会心理学家在做实验，我们的确该这样做。”事实上，津巴多去了帕洛阿尔托警局，请求将犯人转移到城市监狱。当对方拒绝时，他开始变得愤怒并抱怨监狱之间缺乏合作。津巴多自己已经变成一个监狱长。当然，策划的越狱没有发生。那只是一个传言。

下一个问题是，津巴多担心被试学生的父母在探视后可能会要求带走他们的儿子。他让人把监狱里里外外收拾干净，给犯人提供良好的食物，允许淋浴和刮脸，并安排一位年轻性感的女子接待来访。为了进行一次 10 分钟的探监，他们要登记并等上半个小时。一些家长被监狱的状况所震惊，但是好像就连他们也接受了这是一个监狱的事实，并和监狱长单独提出改善自己孩子的监狱状况。

不久以后，津巴多请来了一位有着监狱工作经验的天主教牧师。有半数的犯人向他介绍自己时使用了身份号码。在没有被要求的前提下，他也自觉扮演了监狱牧师的角色。尽管犯人并没有犯罪，津巴多也没有掌控他们的法律权力，牧师向囚犯建议聘请律师协助出狱，好像他就在一所真正的监狱中。

在第四天，津巴多建立了一个由学院秘书和研究生组成的假释小组，犯人们想要提前出狱须向小组提出申请。几乎所有人为了出去都愿意放弃每日 15 美元的酬金。在考虑犯人的请求期间，假释小组要求他们回牢房等待。令人惊讶的是，所有的犯人都接受了，尽管他们只要放弃酬金就可以中止实验。但是他们并没有对此提出质疑。“对现实的意识已经发生了改变，”津巴多写道，“他们不再觉得关押只是在进行实验，在这所心理学监狱中我们有明文规定，只有改过自新的人才有权利获得假释。”

与此同时，一位律师出现了。有学生家长与他联系，希望自己的儿子出狱。他与犯人讨论了如何筹集保释金，并答应周末过后回

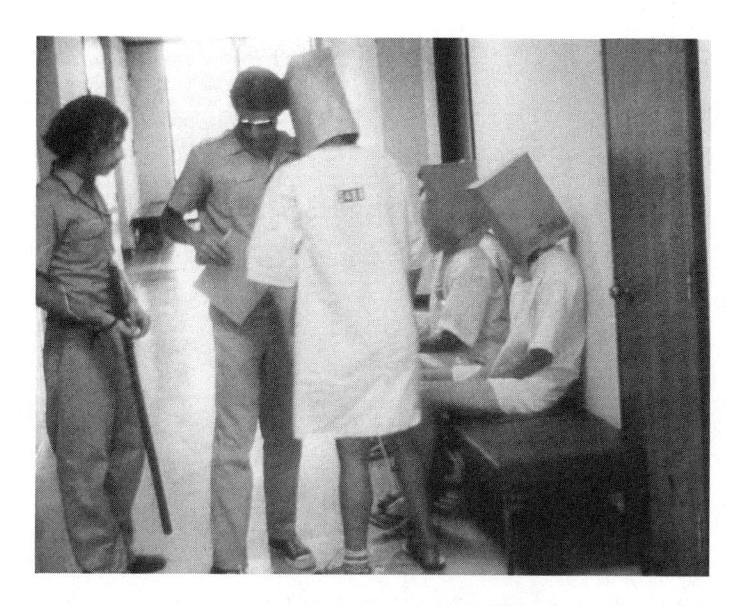

通向厕所的路，囚犯每晚必须头罩纸袋子通过。

来——尽管他也知道这是一次实验，保释的问题本身就是无稽之谈。在这一点上，没有一个被试对于自己的角色什么时候结束、自己的真实身份什么时候恢复有清楚的认识。

实验的第五天，星期四晚上，津巴多的女友、他未来的妻子克里斯蒂娜·马斯勒走访了监狱。她是一名心理学家，并且已经宣布在第二天与犯人见面。没有什么太多的事情，于是马斯勒就在控制室中翻阅文章。接近夜里11点的时候，津巴多拍拍她的肩，指着屏幕说："快看，快看，他们在干什么！"马斯勒抬起头来，眼前的景象令她不快。一个看守正冲一群犯人叫嚷，犯人们的脚被镣铐拴在一起，头上套着纸袋。这就是他们睡前上厕所的情景。在夜间，犯人只能在房间的桶里面解手，看守很专制地不给他们倒掉。"你看到了么？快来，看啊，多么神奇的一幕啊！"但是马斯勒已经看够了。在离开监狱的时候，津巴多问她对于实验的看法，她冲他喊道："你们对这些孩子的所作所为太可怕了！”二人进行了激烈的争吵，津巴多渐渐意识到监狱破坏性的价值观已经内化到参与实验的每一个人的意识之中。他当即决定在第二天一早结束实验。

津巴多用隐蔽摄像机一刻不停地监视监狱内的情况，使得他的研究成了当前电视真人秀节目的鼻祖，但是也有一点根本区别，实验研究并不考虑收视率的高低。不过现在有人把这个遗漏给补上了：2002 年，BBC[①] 播出了标题为《实验》的真人秀，将斯坦福监狱实验重现在百万电视观众眼前。津巴多认为这项由 2 名心理医生进行引导的实验很不科学，因为所有参与者始终都知道他们的言行都会被摄像。

通过一年之后的跟踪研究发现，实验的参与者中无人表现出消极影响。犯人 8612 —— 第一位中止实验的人 —— 日后成为旧金山当地监狱的心理医生。

斯坦福监狱实验最重要的实验成果是意识到环境有着多么大的影响力。在米尔格拉姆实验（见“1961　服从到底”）中，平常的学生在一个不熟悉的环境中展示了完全意想不到的行为。很明显，在一个人们不知道规范的环境中，人格不能控制行为。“所以任何人所作的任何行为，不管多么可怕，在某一特定情境的对和错的压力中，都可能发生在我们每一个人身上。”津巴多在实验后写道，“这种认识不是在为恶行作辩解，反而更加凸显了恶行的普遍性，虽然不是严格批判普通民众，但是却表明他们都有可能负有罪责。”这个关于人性的不太乐观的认识的确难以接受。有谁愿意相信自己的内心隐藏着施虐的倾向呢？

为了了解发生在阿布扎比监狱的极端事件，津巴多作为专家参与

---

① 英国广播公司。—— 译者注

了对一名名叫齐普·弗雷德里克的37岁的被控士兵的诉讼。然而他的陈述丝毫没有影响到惩罚的效果：弗雷德里克被判8年监禁。对此，津巴多认为："他们必须向世界和伊拉克人民表示，他们采取严厉措施迅速惩治了士兵群体中的流氓'败类'，不过除此之外，美军将士整体上无可指摘。"但他们没有考虑到虐囚事件也正表现出部队领导不力，没有对未经培训、素质较差的士兵下达严密准确的命令，却让他们担负起守卫监狱的重大职责，并承受不小的压力。

心理学家菲利普·津巴多在实验中担任"监狱长"。

◆ 在菲利普·津巴多关于斯坦福监狱实验的网站www.prisonexp.org上，有幻灯片式的实验过程的激烈视频片段（包括德语的）。访问www.verrueckte-experimente.de观看介绍实验的文献纪录片《寂静的群山》。

◆ 实验的原始资料（诸如16条狱规和被试对于实验的描述）以及对于被试所作反应的研究可在www.prisonexp.org/links.htm上找到。

# 1971 搭车技巧之二：是个女的！

研究结果并未"大幅偏离大众的预期"，玛格丽特·M·克利福德（Margaret M. Clifford）和保罗·克利里（Paul Cleary）在他们的论文《搭乘的成功率》(*The Odds in Hitchhiking*) 中这样写道。他们研究了男女在穿着不同服装时，站在路边等待搭乘的成功率。研究表明，衣着邋遢的比衣着整洁干净的难以搭车；男人比女人更难搭车。克利福德和克利里也研究了不同人数和搭配对司机态度的影响：2个男人，是最难搭车的；单独一个男人搭车的成功率跟一对情侣相差无几；成功率最高的是2个女人在一起时。至于单独一个女人的情形，克利福德和克利里没有进行研究："当我们让2个女孩儿站在路边等待搭车时，司机们蜂拥而上，以至于招来了警察，指责我们'破坏交通'。"针对拦车搭乘者的下一个建议，"见1975　搭车技巧之四：丰胸！"

## 1971　月球上的伽利略

早在17世纪，伽利略就通过一个漂亮的思维实验证明了物体下落的速度与其重量无关（见"1604　头脑中的石头"）。但对我们来说，总觉得这一论断难以置信。在日常生活中，我们的经验经常会与之相悖：一只瓶子比一片树叶下落快，一粒冰雹比一片雪花下落快，一只锤子比一片羽毛下落快。当然，物理老师告诉我们，不同的下落速度与空气阻力有关，与质量无关。但我们亲眼所见的事实，却有着不可小觑的影响。

这就是为什么1971年8月2日宇航员戴维·斯科特（David Scott）在实况摄像机前进行了一项实验：在没有空气的月球大气中，

他同时放下一片羽毛和一把重量为羽毛的 40 倍的锤子。二者同时降落在月球表面。日后美国国家航空航天局就阿波罗 15 号任务的报道称，尽管实验之前已经能够预计结果，但事实更加令人心安。毕竟，实验要论证的规律是不是行得通，对于宇宙飞船回程着陆至关重要。

◆ 访问www. verrueckte-experimente. de 观看实验的电影片段。

# 1971 原子钟环球飞行

“那东西特别沉，”约瑟夫 · 黑费勒（Joseph Hafele）记得很清楚，“当我们把它拽进飞机的时候，它挂在我们中间，我觉得我自己都变重了。”

2 只重 60 公斤的原子钟，在 1971 年 10 月 4 日晚上 7 点半，被美国海军天文台的理查德 · 基廷（Richard Keating）和华盛顿大学的约瑟夫 · 海富勒带上了波音 747 飞机。它们有抽屉那么大，在飞机上需要有自己的座位，基廷和海富勒为它们单独以“时钟先生”的名字订了机票。

“给原子钟买的机票要比我们自己的便宜 200 美元，毕竟它们在飞行途中不用吃东西。”海富勒说。在旅行过程中他戒掉了“原子钟”这个名称。“飞机在伊斯坦布尔暂停的时候，记者们问我这个实验和原子弹有什么关系。”当这位物理学家怀着善意告诉大家他身边的箱子里是一只原子钟的时候，飞机上的乘客还是躲得远远的。“之

物理学家约瑟夫·海富勒（左边）和理查德·基廷带着原子钟两度环球旅行。

后我们就只称它为铯钟。”

一位乘客看了看铯钟的钟面，然后看了看自己的腕表说：“您的钟快了一点儿。”他不知道，在他眼前的是世界上最准确的时钟之一。只有这样的钟才能检验1905年伯尔尼专利局一位三流技术人员①所提出的假说是否正确：

那一年艾伯特·爱因斯坦26岁，他以一篇薄薄2页纸的文章提出了这一物理学假说。在毫不引人注意的标题《论动体的电动力学》之下，爱因斯坦第一次提出了后来的狭义相对论，这一假说建立起了一种新的世界观。在这一假说中，爱因斯坦否定了绝对的时间。时间在不同的地方流逝的速度是不一样的，而是和物体运动的速度有关。运动快的物体，它的时间也就过得更慢。爱因斯坦想到的并不是所谓的

① 这里指的是爱因斯坦，1905年他在伯尔尼专利局任技术人员。——译者注

时间的个体感受，而是时间在物理学上的尺度。当一个人运动速度很快的时候，时钟指针跳得就慢些，烧开水的时间就长一些，一盘棋就要下得久一些。但这个人是感觉不到的，因为他自己感受到的时间也变慢了：他衰老的速度变慢了。如果一对双胞胎中的一个乘火箭出去旅行，那么当他回来遇见他兄弟的时候，就能看出这种时间尺度不同的效果：虽然出生于同一天，但没有出去旅行的这一位突然显得更苍老。

无论对专业人员还是对门外汉来说，这在当时都是荒谬可笑的。爱因斯坦的理论在日常生活中无法被证明。这很正常。要检测上述效果，人们必须以接近光速（大约 30 万公里每秒）的高速运动，或者使用足够精确的时钟。

10 年后，爱因斯坦提出广义相对论，提出时钟的快慢不仅与它的运动速度有关，也和重力有关。时钟在山顶上要比在山谷中走得快些。而在地球上这一区别很小，我们还是无法感觉到这一效果。

当美国航空公司在 20 世纪 70 年代开始提供环球航行的时候，约瑟夫 · 海富勒考虑，是不是可以通过简单地把时钟带到飞机上来检测爱因斯坦提出的这个假说。可以在上飞机前将时钟和留在地面上的另一只时钟同步，然后绕地球飞行一圈，如果爱因斯坦是正确的，那么这 2 只时钟将产生时间差：运动得更快的时钟，它的时间必然会慢一些。

海富勒计算出，这个时间差将是以十亿分之一秒量级。当他在一个物理学术会议上作报告提出自己的想法的时候，来自美国海军天文台时间服务部门的理查德 · 基廷正坐在听众席上。基廷所处的是当时美军用来守护“自由世界”准确时间的部门。拥有精确的时间是无线电导航中最重要的环节。基廷自己经常携带原子钟乘飞机旅行，前往世界各地为那里的原子钟调整、校正时间。基廷立刻认识到：这样的时钟正好可以测量海富勒所计算出的时间差，于是开始和海富勒一起

海富勒和基廷在下飞机。原子钟重达 60 公斤。

策划这次环球飞行。其实基廷自己也怀疑，人们会这样想：“我不相信这些‘教授’，他们总是在黑板上写写画画就认为自己无所不知了。我做过无数次的测量，结果并不是像预言的那样。”

海富勒和基廷先向东，4天后又向西做了环球飞行。第一次飞行用 65 个小时从华盛顿特区飞到伦敦，然后从伦敦经法兰克福、伊斯坦布尔、贝鲁特、德黑兰、德里、曼谷、香港、东京、火奴鲁鲁、洛杉矶和达拉斯回到华盛顿。

旅途十分辛苦，不仅仅因为这 2 个物理学家总是要扛着那台沉重的钟（实际上是 2 台组合起来的时钟，这样可以让时间更精确），而且由于这台时钟很脆弱，需要时刻照看，他们很少睡觉。更糟糕的是，由于时钟内的连线出现差错，基廷不得不切断了接地线，这导致这台机器始终带电，2 位物理学家时不时地就得被电击一次。

飞行结束后海富勒将收集到的数据填入爱因斯坦的方程式，计算出速度和重力共同作用的效果：飞机上的时钟在向东方向的旅行结束后应该走慢十亿分之十七到十亿分之六十三秒。事实上它走慢了十亿分之五十九秒。因为留在华盛顿的那只时钟随着地球自转向西运动了，现在华盛顿时间比飞机上的时钟时间慢了十亿分之二百七十三秒。这乍一看很奇怪，即使是算上地球自转，飞机上的时钟也比留在华盛顿的时钟运动得快。但是从地球外来看，就是另外一回事了：留在地面上随着地球自转运动的时钟要比飞机上的时钟运动得快，因为飞机是逆着地球自转的方向飞。

令那些认为这个实验将徒劳无功的物理学家恼火的是，海富勒和基廷的原子钟飞行实验引起了媒体的强烈反响。事实上狭义相对论早从 1938 年开始就数次被实验证明是正确的。只是早期的实验测量的是时间变化的最基础的物理学数据，对于门外汉来说十分不直观。现在基廷和海富勒使用原子钟让这一时间的变化更加有说服力。“不知道什么时候，我就决定，这个实验是做给普通人看的，而不是给专家。”海富勒说。

“如果您想活得更久，您只需要向东飞。”著名物理学家霍金写道，但是他也同时泼了冷水：“您得到的数十亿分之一秒，将被飞行给养的消耗抵消得一干二净。”

◆ 访问webpsysics. ph. msstate. edu/jc/library/25-5/index. html 观看当前有关相对论的特殊影响的动画片。

◆ 网站www. pbs. org/wgbh/nova/einstein 上仍然有一部关于艾伯特·爱因斯坦的纪录片的链接。这部纪录片制作于 1996 年，它回顾了爱因斯坦一生的重要成就，并且阐释了不同时钟快慢不同的现象。里面还有一个视频小游戏，是关于相对论著名的孪生子谬论的。

## 1972 逃过十字路口

如何考察凝视对人的影响？斯坦福大学的研究者发明了一种简单的方法：他们站在帕罗奥多的十字路口，盯着等红灯的汽车司机。在信号灯跳到绿灯后，他们测量汽车开走所用的时间。被凝视的司机很着急：他们穿越十字路口的平均时间是5.5秒，其他人平均用时6.7秒。和动物一样，显然可以把人类的凝视理解为一种威胁，使得被凝视方想要逃离，即使这种威胁只是出现在路口。

## 1973 性之漂流筏

这是一个很合街头小报胃口的实验。“在一位身材曼妙的瑞典金发女郎的指挥下，一群经过百天集体生活和性行为学习的半裸男子和比基尼女郎，于周一结束了他们长达5000英里横渡大西洋的漂流历程。”当1973年8月20日阿卡里（Acali）方舟号抵达墨西哥港口城市科苏梅尔（Cozumel）的时候，合众国际社是这样对此事进行报道的。“现代行为研究中最大的集体实验”由此宣告结束。这个标题和墨西哥人类学家圣地亚哥·赫诺维斯（Santiago Genoves）进行实验

来自不同种族和宗教的 6 女 5 男乘坐阿卡里方舟号横渡大西洋。

的初衷大相径庭。这个由来自不同种族和宗教的 6 女 5 男在起居室大小的漂流筏上进行的横渡大西洋之旅，给报纸读者留下的印象首先就是阿卡里号——“性之漂流筏”。

1969—1970 年，赫诺维斯在挪威人类学家托尔 · 海尔达尔（Thor Heyerdahl）由镭和镭 2 号（Ra und Ra II）组成的灯芯草船队工作。海尔达尔想通过这次像康—蒂基号[①]（Kon-Tiki）海上历险一样的航行来证明他有关其他民族早期海上航行的假说。赫诺维斯清楚，船员们也都知道，“没有比用小木筏进行海上航行更好来进行这项人类行为研究的方法。”

赫诺维斯建造的木筏有 12 米长、7 米宽，供船员睡觉的仅有的船舱是一个 4 米×4 米、只及人胸口高的小屋子。他并不想造一艘流

① 挪威探险家兼作家托尔在 1947 年的探险中所使用的筏子。他从南美洲经太平洋到达了波利尼西亚群岛。——译者注

线型的大船，而只是一个有承载能力的漂浮物。他还募集到 11 名作为实验小白兔的船员：一位瑞典女船长、一位犹太女医生、一位日本摄影师、一位希腊饭馆老板、一位安哥拉神甫、一名美国白人女子和一名美国黑人女子、一名阿尔及利亚籍阿拉伯女子、一名乌拉圭人、一名法国女人以及赫诺维斯自己。

在选择船员的时候，赫诺维斯一点也没考虑和谐，相反地，船员的组成应该尽可能充满不稳定性。他有意把最重要的位置——船长和医生——给了两位女性，并且注意尽量选结过婚的和有孩子的人，同时他们要能代表不同的种族和宗教。

1973 年 5 月 13 日，阿卡里号从加那利群岛上的拉斯帕尔马出发驶向大海。出发前赫诺维斯把筏上唯一的船舱里的床位做了分配：男女交替睡成两行。立刻就有人指责他说，他肯定会自己睡到两位最漂亮的女性中间。赫诺维斯则指出，这些人在这个实验中竟然只对性感兴趣。

上露天厕所的羞耻感很快就消失了。

在 101 天的航程中赫诺维斯做了超过千页的观察笔记，记录船员们的生活。船员们则填写了 46 份问卷，他们回答了 8079 个涉及与其他船员的关系、性行为、宗教、攻击性和道德等方面的问题。

起初船员们都很内敛，大家都穿着衣服。很快羞耻感就消失了，船员们可以当着所有人的面上露天厕所。14 天后，所有船员都可以在上厕所的时候和其他人交谈。在船上的工作分派上首先出现摩擦。船长英格里德的命令式口气让大家无法忍受；阿尔及利亚女人爱莎面对工作总是推诿，被起了个外号“游客小姐”；几乎所有人都对法国姑娘索菲亚过分的娇贵怒不可遏，她早上竟需要一个小时保养、化妆；而神甫总是发出让人崩溃的汗臭，赫诺维斯只好提醒他，每天要从头到脚地洗3遍澡。

房顶上进行的小组讨论。船员间的争执此起彼伏。

14天后赫诺维斯思考，“这个‘性之漂流筏’上，性关系会发展到什么程度呢?”问题很快迎刃而解——“程度不高”。赫诺维斯列出的6个理由之一是：“有几个还在晕船，不停地吐，毫无吸引力可言。”日本摄影师和美国的安娜显然开始互相接近了，赫诺维斯相信这一点，因为晚上在船舱里借着月光他看到了。他自己也和索菲亚产生了亲密的关系。一个月后筏子上就弥漫着一种“自由、健康，但是略显平淡的情谊”，赫诺维斯在日记里写道。

第五份问卷带来了转变。他在问卷中提出问题诸如：“阿卡里号上最让你烦恼的是什么？你和你的好伙伴最喜欢什么？最不喜欢什么？你希望重新分派船舱里的床位吗？如果是，你最想和谁躺在一起？最不想和谁躺在一起？如果没有阻挠，你最想和谁做爱?”所有人都想得到这些问题的答案。随后船舱的床位被重新分配。6月13日，阿卡里号上的一支船桨断了。赫诺维斯不顾成群的鲨鱼，跳到海里查看破损的地方。这一瞬间大家明白该干什么。“人们一定得在有危险情况发生的时候才会团结在一起吗？”赫诺维斯思考。于是替换了船桨。

7个星期后安娜提议玩真心话游戏：每个人对他人写下4个问题，然后匿名宣读，并要求被问到的人当众回答。比如赫诺维斯被问到：“你出门在外的时候，你的妻子也会有婚外情吗？”他回答说：“我相信没有，但我不知道。”“艾米利亚诺，你想和女人睡觉吗？”“如果她真的爱我，我不会拒绝。”“安东尼奥，人怎么能像你这么虚伪呢？”“我不觉得我虚伪。”

2个月后赫诺维斯决定提出一些更震撼的问题，来观察船员们面对特定的背离传统的行为如何反应：“我们可否一整天都不穿衣服？”6票赞成，5票反对；“举办一次聚会，每个人都和其他人做爱？”4票赞成，其余反对；“禁止发展亲密关系？”2票赞成，其余反对；“保留各自的地位？”2票赞成，6票反对，3票保留意见。

13个星期后2个美国女性提议，在5个晚上的时间里让一个男人和一个女人单独待在船舱里一个小时。这个提议被大家否决了，但是赫诺维斯发现了船员们偶尔独处的需求，于是提出，每次让5对男女在筏子上的5个不能互相看见的位置独处75分钟。这一提议受到满怀期待的广泛响应。在男女们会面后，厨房的顶上总是一片狼藉。这段独处的时间成为讲荤段子和挖苦人的表演。赫诺维斯写道：“我感到沮丧。筏子上的精神文明水准一落千丈。”

之后就发生了重大事件：日本摄影师想投海。他发现自己拍的照片很糟糕，和其他人也不能沟通，而且他的爱人——阿尔及利亚女人爱莎还拒绝了他。同一时间，一艘货轮差点儿撞上阿卡里号，赫诺维斯也在忍受盲肠炎的痛苦。像之前的危机一样，面对困难，船员们又团结在了一起。赫诺维斯的盲肠炎好了。2个星期后阿卡里号驶入

# Women Will Boss Men in Sex Study

“在性方面，女人对男人可以做到呼之即来，挥之即去”(《新闻时报》1973年5月1日)。媒体经常报道女人占据了许多重要职位的消息。

科苏梅尔。刚上岸，船员们就被隔离开来，并由武装人员押送到宾馆看管。他们必须在一周的时间里接受心理医生、心理学家和医疗专家的各种检查。

这些检查的结果并不充分——即使赫诺维斯换了种表达方式，称之为：这对整个实验很有价值。在1975年出版的《阿卡里》(*Acali*)一书中，赫诺维斯说，筏上发生的所有事情，与他自己作为一个几乎仅仅接受过文明教化的人的世界观，是契合的。他想在筏上发现一种新的人，“超越命中注定的领土行为、攻击性和虐待的冲动”。而有关性的方面，赫诺维斯总结道：“并没有可以充分解释发生性关系这一看似必要行为的与生俱来的性的冲动。”

赫诺维斯的实验受到了猛烈的批评。早在航行期间，他在大学的同事们就与他划清了界线。很多人认为，赫诺维斯在实验前让船员们签署协议，让他可以使用“包括私密内容在内”的实验记录，是不对的。在有关这个实验的书中，虽然赫诺维斯没有使用真名，但是因为配了大量的图片，船员们很容易被认出来，他们的真名还是在报纸上被刊登了出来。

赫诺维斯自己在筏上也扮演了自相矛盾的角色。一方面，他不希望成为领导者，他需要发现：发生什么事情可以让陷入争吵的团队重归和睦；另一方面，当船员大白天睡觉或者不遵守他在日记中的指引，他就会对船员提出斥责。

总之批评像雨点般落到赫诺维斯的头上。他则坚信自己的实验对人类的共同生活是一个促进。1/4 个世纪过后，一些精明的电视制作人推出了像“鲁宾孙之旅”或“伟大兄弟”之类的真人秀节目，就是完全照搬赫诺维斯的阿卡里号实验。这一创意应当是在赫诺维斯的意料之中：阿卡里号的实验本身就受到了一家墨西哥电视台的资助。

## 1973 因为膝盖颤抖而动心

每当日本研究者来拜访心理学家唐纳德·G·达顿（Donald G. Dutton）的时候，达顿就得带他们去卡皮兰诺吊桥。这座吊桥在温哥华附近，也是当地的一处旅游名胜：它宽 1.5 米，长 150 米，由摇摇晃晃的木板建成，横跨 70 余米深的峡谷。但是对这些来自日本的心理学家来说，这并不是这座吊桥吸引他们的原因。他们想亲眼看看这座桥，是因为达顿和他的同事阿瑟·P·阿伦（Arthur P. Aron）在这里通过一个著名的实验对爱情的错觉进行了研究。

实验是这样进行的：1973 年的夏天，来卡皮兰诺吊桥游览的游客当中来了一位漂亮的大学生，她是达顿和阿伦雇来参加实验的，她对从吊桥上走过、膝盖还在发抖的男游客编一个谎话。她说，她要为一个心理学课程写一篇有关旅游景点的作用的文章，并请求他们回答她几个问题。随后才是这个实验的关键步骤，而这些男游客们则毫不知情：她撕下问卷的一角，写下自己的名字“格洛莉亚”和电话号码，然后把纸条递给回答问卷的游客，并告诉他们，如果想对问卷的内容有进一步的了解，可以打电话找她。

位于温哥华附近的卡皮兰诺吊桥上曾进行过一项研究爱情错觉的著名实验。

之后不久，人们可以在吊桥附近的小公园里看到这个女学生。在这里她拦住那些已经从吊桥上下来有一阵子的男游客们，并单独向他们编了同样的谎话，当然最后也给了他们自己的名字和电话号码，只是有一点稍有不同，她的名字由“格洛莉亚”变成了“多娜”。

第二天，在桥头的25个拿到女学生电话号码的男游客中有13个给格洛莉亚打了电话，而小公园里的23个人中则有7个。这和达顿与阿伦所预测的完全吻合。这个吊桥实验为心理学界争论已久的一个问题提供了证明：当人的身体受到特定的刺激（Reiz）的时候，这种身体的感觉（Erregung）会错误地被当成另外一种刺激。心理学家们称之为“归因错觉”(Fehlattribution)。

那些刚从吊桥上走下来的游客，错误地把膝盖的颤抖归因于看到格洛莉亚。他们不自觉地认为，这位漂亮的女学生是造成自己身体产生反应的原因，而实际上他们膝盖的颤抖是因为刚刚走过了那座颤颤巍巍的吊桥。所以他们中的相当部分会产生与格洛莉亚进一步接触的愿望。而公园里的男游客们，他们走过吊桥时的颤抖已经消退，也就没有身体上的信号告诉他们面前的多娜可能是造成他们颤抖的原因。

归因错觉此后在许多场合得到了证明。有几名研究者就支持这样的假说，父母如果禁止年轻人之间互相来往，就得避免给年轻人其他的刺激，因为那些刺激会被误理解为爱情造成的，从而让两个年轻人的心靠得更近。对这些心理学家而言，罗密欧与朱丽叶的故事就是一场经典的“归因错觉”。

## 1973 蜘蛛实验之四：宇宙实验

对于蜘蛛在药物的作用下（见“1948　蜘蛛实验之一：药物蜘蛛网”）、断腿的情况下（见“1952　蜘蛛实验之二：断腿蜘蛛织网”），以及在吸收了精神分裂症病人的尿液后（见“1955　蜘蛛实验之三：蛛网上的尿液”）织网的情况，科学家们早在20世纪50年代就已经找出了答案。随着宇宙时代的到来，一个新的问题油然而生，在失重状态下织出的蛛网是什么样子的。生物学家和蜘蛛研究专家彼得·N·威特1968年时就有了用卫星把蜘蛛送到宇宙中的设想。然而直到4年之后，当女学生朱迪思·迈尔斯在美国国家航空和宇宙航行局举办的一次青年比赛中提出了进行蜘蛛实验的建议，这一设想才得以付诸实践。

在1973年7月28日，搭载着3名宇航员和2只十字蜘蛛——阿拉贝拉和安尼塔——的Apollo-Kapsel号起程驶向了美国的天工空间

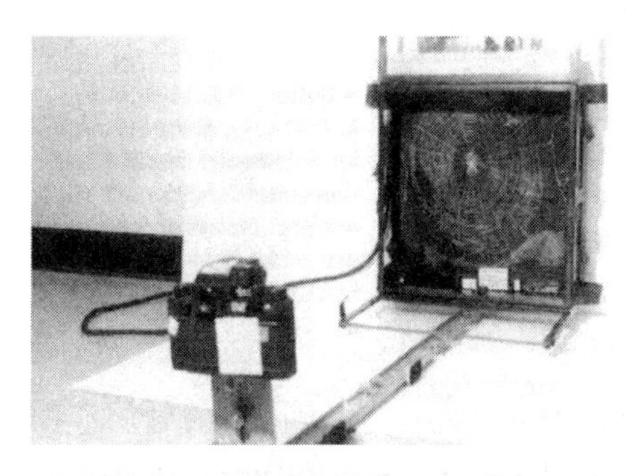

在此区域内，所有的蜘蛛都织好了蛛网。摄像机如实记录下了织网的整个过程。

站。阿拉贝拉被安排在一个房间中，第二天它在墙角处留下了些许蹩脚的蛛丝。然而不久之后，它显然已经适应了失重的状态，和后来的安尼塔一样，也织出了完整的蛛网。当然，对于战利品的等待是徒劳无功的，没有苍蝇跟随此次旅行。在有足够供水的情况下，十字蜘蛛可以存活3周。宇航员2次随意地把小肉块放进蛛网里，阿拉贝拉和安尼塔都随即逃之夭夭。

在宇宙中织出的蛛网的照片被递交给美国国家航空和宇宙航行局的威特，显然他对这一材料并不满意。在文章中，他一再抱怨图片质量的低劣使得清晰的分析无从谈起。从这方面来看，从宇宙中带回的蛛丝也没有明确标记是来自于哪张网。

根据威特的描述，实验最重要的结论是蜘蛛可以适应失重环境并在这种不寻常的状态下织出正常的蛛网。织网对于蜘蛛来说至关重要，因为没有蛛网就没有食物。

尽管曾经遨游太空，阿拉贝拉和安尼塔也未能摆脱死亡的命运。它们最终归入了宇航殉道者的行列，据事后的报道，它们死于液体缺乏。

动物保护者们如果知道了蜘蛛并不是徒劳地死去，也会平静下来吧：一个参与实验的美国国家航空和宇宙航行局研究者从蜘蛛在宇宙中的作品中发现了一种新的网球拍设计原则，他打算把它叫做“火箭网球拍”并投入市场。

◆ 访问lsda. jsc. nasa. gov/skylab/skylab3. stm了解有关空间实验室任务3和蜘蛛实验的更多信息。

# 1973 男厕所入侵记

丹尼斯·米德米斯特（Dennis Middlemist）在上厕所的时候产生了这一实验设想，也刚好选择了厕所作为开展实验的场所。米德米斯特当时参加了一门环境心理学研讨课。在思考课程设计时，一个题目深深吸引了他：私人空间。一个人周围需要多大的空间？为什么人需要空间？如果一个人的空间遭遇侵犯，会发生什么？

从日常的经历中他收获了第一份答案："有一天我上厕所时，一位同学使用了我身边的小便池，我当即注意到了其带来的影响。"米德米斯特等待了更长的时间才尿得出来。当在课堂上提出以这种观察为基础就个人空间问题展开实验时，他遭到了同学们的嘲笑。然而教授却鼓励他进行尝试。

在探索个人空间这一课题的过程中，他遇到了一个问题：尽管从实验中我们得知，当身边那道看不见的防线被侵犯时，人就会作出反应。他们通过退缩的办法来重建自己的空间或者尝试其他的方法来调节过近的距离。然而为什么要这么做，却无人知晓。针对这一问题，米德米斯特的上厕所经验要派上用场了。

人们很早就知道，恐惧和害怕会影响括约肌的舒张。一个紧张不安的人需要更长的时间来放松自己。一旦一位不了解内情的被试在另一个人靠近的情况下延迟了排尿的开始，就能充分证明个人空间的破坏引发了恐惧和忧虑。

为了证实这一假说，米德米斯特和他的同学艾瑞克·诺尔斯（Eric Knowles）设计了一项实验，并于1973年深秋时节在威斯康辛大学格陵湾校区一间大教室对面带有3个小便池的男厕所里展开了实验。

借助伪造的“停止使用”的警示牌，他们为进入厕所的男性准备了以下3种情境之一：

1. 实验者与被试比邻使用小便池；

2. 在实验者和被试之间有一只小便池；

3. 被试一个人在厕所里。在这种情形下，至少被试自己相信厕所里只有他独自一人。

米德米斯特选择了小便池背后的2个有抽水马桶的小房间之一坐了下来，手里拿着2只秒表，并通过由垛起来的书作掩饰的潜望镜从门下观察被试的排尿情况。当被试来到小便池前时，他按下了秒表，在被试开始排尿时，停下其中的一只，在被试排尿结束时，停下另一只。

通过对60位厕所使用者的记录，情况一目了然：当有实验人员使用旁边的小便池时，被试完成主要肌肉的收缩动作平均需要8.4秒，是独自一人时所用时间的2倍。并且与预测一样，紧张的小便者比放松的小便者更快完成排尿过程，因为更长的等待时间形成了更高的压力。

在米德米斯特将这一实验结果发表之后，人们指责他的行为违背了伦理学。实验引发出“事关人的尊严的重要问题，即人在心理研究中应被如何定义”，哈佛医学院的杰拉尔德·P·库克尔（Gerald P. Koocher）这样写道，他还担心“缺乏稳定性的被试可能会发现他们在排尿时受到了监视”。这在米德米斯特看来是杞人忧天了，毕竟厕所中个人空间的侵犯每天都在发生。没有经验表明这会带来痛苦。恰恰相反：假如这些男人们在测试中获知自己成为被试，大概一出厕所就会迫不及待地把这些趣事讲给同伴吧。

厕所实验伴随着米德米斯特的一生。他甚至因为这个获得了政治的关注。当他在俄克拉何马州立大学获得教席，一些市民反对实验的想法已经传到了州长的耳朵里。他向校长施压，并让校长告知米德米斯特，不得在他的学校里进行这一实验。

即使如此，州长也该为此感到高兴：米德米斯特的实验具有说服力，并且是在最小的空间里用最经济的方式完成的。政客们追求的不就是这个么?

# 1974 迁怒于红绿灯

当排在前面的汽车在绿灯时无故地按兵不动，后车司机会恼怒。这一众所周知的事实从1966年起，也有了其科学依据（见“1966 按喇叭心理学”）。心理学家罗伯特·A·巴龙（Robert A. Baron）思考着如何控制住这种愤怒情绪。他通过不同的实验室研究证实，如果被试接受一种刺激，产生同情、幽默或者两性冲动等情绪，攻击力是可以被削减的。现在，巴龙希望到外面的世界测试这种假设。

于是，在1974年的夏天，120名司机在印第安纳州的西拉菲特，进入了巴龙编排的情景剧中：绿灯时，巴龙的同谋挡在了后车司机前；接着一个胸脯丰满的女生穿着迷你裙和紧身上衣，从2车之间穿过马路。这是“性冲动”的实验场景。有些司机艳福没这么深，就遇到了后面4种情况：小个子的女生（控制组），穿戴普通的女生（分心），拄杖的女生（同情），带着小丑面具的女生（幽默）。

实验用车每次阻挡后车15秒。问题是，是否不同的情景改变了司机的反应。得出的结果也许并不出人意料：当拐杖、面具或是迷你

“性冲动”的实验条件：一位胸脯丰满的女生穿着迷你裙和紧身上衣过街。

裙闯入视线时，相比遇到普通穿戴的女生，司机会迟按喇叭。迷你裙的作用效果明显好于拐杖和小丑面具。

## 1974 搭车技巧之三：看他们的眼睛！

在科学界成功地为搭车人士提供了2项基本的操作技巧——要弱不禁风（见“1966 搭车技巧之一：要弱不禁风”），是女人（见“1971 搭车技巧之二：是个女的！”）——并经实验证实之后，1974年一项有关对汽车司机产生影响的新成果问世。当被注视时，加州帕罗奥多的600辆车中，有40辆车停了下来。如果司机和搭乘者之间没有目光交流，仅有18辆车会停下来。

## 1975 搭车技巧之四：丰胸！

这里要谈的是又一项经实验证实的女性拦车搭乘技巧（男士们，对不住了，这一方法仅限女士）：让你们的胸部变得更大。在西雅图进行的一次实验中，带着垫厚的胸罩（加上5厘米的外延）的女士获得了与不这样做时相比双倍的搭乘机会。

参与实验的女研究员卡罗尔·法恩布鲁赫的要求打破了人们对于保护措施简单的路边被试女子的想象，“研究将要——无疑令读者很失望——在寒冷多雨的秋冬季节在西雅图进行，所有搭车女子都要在整个过程中穿着滑雪夹克和雨衣。”在正式发表的作品中，研究者猜测，好天气时成功的几率还要大些。“特征的能见度，特别是外延，很可能在多雨的季节以及实验必须的着装要求下使得效果减弱了。”

## 1975 候诊室里的汗液提取物

英国伯明翰大学牙科诊所的候诊室与其他候诊室没什么不同。一个接待台，一个放了杂志的茶几，12把椅子。坐在这些椅子上的病人，每个人都以为下一个忽然就会叫到自己。其实他们是在骗自己。

一大早，迈克尔·柯克—史密斯（Michael Kirk-Smith）就走进还空空荡荡的候诊室，一手拿着喷雾罐，一手拿着秒表。他径直走向接待台对面的椅子，将喷雾罐的喷嘴对着椅子表面，然后按住按钮5秒钟。16微克的雄烯二酮喷雾落到椅子上。接下来的一周里，每天他都这样做，有时候只喷1秒钟，有时候10秒。通常他会先用抹布擦拭椅子表面，并把椅子和另一把调换。雄烯二酮是男子腋下汗液的一种提取物。柯克—史密斯相信，这种物质可以对女人产生吸引力。

生物学家早就发现，许多动物之间通过易于扩散的性吸引物质配对。在人的汗液里也发现了类似的荷尔蒙。但是如果认为这些物质会在人类的男女之间扮演什么重要角色，心理学家们可不同意。“他们说，人类已经进化得太高等，这种低级的影响没有作用。”柯克—史密斯不同意这种论调，于是开始在他的诊所里用荷尔蒙做实验。

在实验过程中他认识了心理医生汤姆·克拉克（Tom Clark）。克拉克已经对雄烯二酮做了一些小测试。“他曾在一个聚会上把雄烯二酮喷在一把椅子上，后来他告诉我，‘只有男同性恋坐过那把椅子’。我问他怎么知道的。他大概是这么回答我的：‘我是心理医生——我看得出来。’”克拉克还在剧院里的部分座位上做过同样的测试。但是他的测试缺乏科学性。而在柯克—史密斯的实验里，这一情况得到了改变。

开始的4天，柯克—史密斯没有喷洒雄烯二酮，只是观察。诊所里一个不知道实验目的的助手负责整天记录，男人们都坐在哪些椅子上，女人们又坐到哪些椅子上。面对接待台的3把椅子显然是女人们不喜欢坐的。而中间的那一把，67个女病人中没有一个去坐它。柯克—史密斯决定在这把椅子上试试雄烯二酮的魔力。

在接下来的5个星期里，他用雄烯二酮处理中间那把椅子，然后对助手交给他的名单进行分析。之前被弃之敝屣的那把椅子，忽然成了诊所女顾客追捧的对象：21 位女病人坐在这把椅子上。男人们则好像对雄烯二酮不感兴趣。柯克—史密斯的猜测被证明是正确的。

今天人们知道，在人类选择配偶的过程中，荷尔蒙也是起很大作用的。一些机灵的商人们于是想到一个点子，把雄烯二酮兑到神秘香水（“让女人意志薄弱的香水”）里，从而卖个高价。家具生产商也尝试过，将旧的坐垫靠枕卖给女性顾客。其实，雄烯二酮的作用是很微弱的，而且很可能被许多其他因素掩盖效果。

在一部有关择偶的系列纪录片中，英国电视台 BBC① 在一台隐蔽的摄像机的拍摄下重做了柯克—史密斯的实验，他的实验至此成为经典。

# 1976 剃须刀教学法

对于教学水平不甚高超但是长着胡子的教授们来说，他们的福音来了：剃须刀。这是来自埃朗根—纽伦堡大学的于尔根·克拉普罗特（Jurgen Klapprott）所得出的结论。为了写《胡子的魔术——关于长胡子的高校教员对学生所产生的影响的研究》，他在 2 个学期里上课不留胡子，接着一个学期留胡子，然后又是一个学期不留胡子。

“对作为客体的人的稳定的刺激特征”（这里说的其实就是胡子）

① 英国广播公司。——译者注

会在对人性格的判断上产生深入的影响，克拉普罗特教授在实验室研究中得出上述结论。脸上的一个细小变化，就会让观察者获得不同的印象。这在现实中是否成立呢?

心理学家于尔根·克拉普罗特研究自己留和不留胡子会对学生产生怎样的影响。

在学期开始，学生们见到他第一面后10分钟，克拉普罗特就请学生填写对他个人的评价问卷。

实验结果明显对高校教员中留胡子的人不利：对于留胡子的克拉普罗特，学生们的评价是“不够有目标、不够准确、不够专心、不够友善、不够坚强……不够机灵、不够敏锐、不够理智，还有，不够聪明”；对于积极的方面，则没有太多可说的：有胡子的克拉普罗特看起来不拘束、比较随意、比较有发展势头——如果这些对于一个教授来说真的是积极评价的话。

## 1976 克隆百万富翁

在1973年的9月，一位美国科学记者接到一个神秘电话。当他在蒙大拿州西部弗拉特黑德湖边的小屋里拿起听筒之后，一位不愿意透露姓名的男子对他说，自己76岁，有钱，未婚，需要找一名遗产继承人。更多的情况，那名男子要等和他亲自见面后再谈。

《与他一模一样》——一本讲述克隆的书籍，在1978年出版了它的德文版。一家美国法院判定其杜撰了历史。

这就是戴维·勒尔维克（David Rorviks）的书《与他一模一样》的开头场景。这本书讲述的是一位垂暮的百万富翁在一位科学记者介绍的研究人员的帮助下将自己克隆的神奇故事。这个取材于再造医学领域的普普通通的科幻小说，却犯了一个错误，勒尔维克声称，他书中的每一个字都是真实的，书中的科学记者就是他自己。

这本书是1978年3月31日出版的，在此之前，媒体已经得到了这个故事的风声。街头小报《纽约邮报》（*New York Post*）在3月3日以粗体标题刊文，向它的读者介绍了当代人类繁殖的新突破："没有母亲的婴儿诞生，第一例克隆人问世。"到了当天晚上，勒尔维克的克隆人纪事就登上了从纽约到洛杉矶的所有电视新闻。

科学家们认为，勒尔维克的克隆故事是虚构的。比如比勒尔维克略早的老鼠基因学家比阿特丽斯·明茨（Beatrice Mintz）就将勒尔维克称为"欺骗者"，勒尔维克在书里还引用了她的文章。神秘的电话，名叫"麦克斯"的神秘商人，这些元素组成的故事的确叫人难以相信。

在书中麦克斯说，他准备好付"100万美元，如果需要的话也可以更多"，来再造一个自己：一个和他基因相同的孩子，或者说比他晚出生70年的双胞胎兄弟，也就是克隆人。而曾在《时代》（*Time*）杂志做过科学记者、自己也写过几本有关繁殖医学书籍的勒尔维克，则会帮麦克斯联系一些有胆量进行这项实验的科学家。

克隆生命体在技术上由几个精确的步骤组成。首先要从一名女子身上取得一枚卵细胞，当然如果考虑到实验失败的可能，最好多取几枚。然后要将含有这名女子遗传信息的细胞核从卵细胞中取出。需要克隆的这个人，也得把身上的一个细胞作此处理。基本上除了少数的细胞外，人体的任何一个细胞都符合要求，只要是含有此人完整遗传信息的细胞就行。含有此人遗传信息的细胞核提取之后，再将它植入被去掉细胞核的卵细胞中。

NEW YORK POST FINAL

FRIDAY, MARCH 3, 1978 25 CENTS

LAST QUARTER'S DAILY PAID CIRCULATION 627,478

y braces for 5-in. snow Page 2

Startling claim in book

BABY BORN WITHOUT A MOTHER

He's first human clone

By SHARON CHURCHER

A human baby, created from a single male cell in a laboratory, is now a normal 14-month-old

A Lippincott spokesman refused to tell The Post the names of any of the participants in the experiment, including the child, saying Rorvik

“没有母亲的孩子的诞生”（《纽约邮报》，1978年3月3日）。世界从一份街头小报上获悉了第一例人类克隆。然而这一报道属实么？

经过上述过程形成的卵细胞，就包含了和要克隆的人完全相同的遗传信息。随后这枚卵细胞将在体外置于营养基中培养，在它经过数次分裂之后，再植入那位女子的子宫内，由她将孩子孕育长大。

克隆的整个流程遇到了各种难题。勒尔维克找来的名叫“达尔文”的医生，本来计划用 18 个月的时间完成实验，尽管西方最好的研究者在几十年的时间里也没有完成过。但仅仅是把组合的卵细胞植入女子的子宫内，让这名女子真正怀孕，也是到 1978 年才对外宣告成功。这还仅仅是最小的障碍。

最大的困难在于，怎样让被克隆者体细胞的细胞核与去掉细胞核的卵细胞融合，真正长出一个完整的人来。虽然被克隆者的每一个体细胞的基因中都包含了人体全部构成的信息，但是细胞中的许多基因都在人的生长过程中被“关闭”了。在人的体细胞中，只有与它所处器官所需要的功能对应的那些基因是活跃的，比如皮肤细胞或者脑细胞。

问题在于，在把体细胞核植入去掉细胞核的卵细胞中之后，如何让那些“沉默”的基因重新得到表达。研究人员必须通过一定的方法把“成年”的细胞核重新变年轻，并引导它开始成长为一个完整的人。

尽管那时候科学家已经有了克隆青蛙的经验，但并不是使用生长完全的体细胞，而是从还没有开始进行细胞专业分工的胚胎中提取的“幼年”细胞。这种细胞里还没有基因被“关闭”，被称为干细胞。

不仅是科学细节，勒尔维克的故事中对实验地点和参加实验的女子的交代，也丝毫没有加强他故事的可信度。达尔文医生进行实验的地方是在夏威夷群岛附近的一个无名小岛，是麦克斯的橡胶种植园和一部分渔业生产的所在地。麦克斯手下一位“喜欢穿戴惹眼服装和华丽指环”的罗伯特先生，则“深入工厂和乡村”为麦克斯寻找合适的孕育克隆人的女子。麦克斯定下了2个条件：这名女子必须是处女，而且必须漂亮可人。经过长时间的筛选，罗伯特终于找到一位17岁的名叫“斯巴茨”的女孩，她于1976年圣诞节前2星期生下了克隆婴儿，而且在实验过程中麦克斯也顺理成章地爱上了她。

尽管这个故事中显然有许多地方值得推敲，它所造成的影响却不可小觑。那时候公众对科学的批评态度正越来越明显。在那之前，伊拉·莱温（Ira Levin）刚出版了她的惊悚小说《巴西来的孩子们》(*The Boys from Brazil*)，就讲述了纳粹余党企图克隆希特勒的故事；而稍早一点，一部分研究者也发出了要求一项将单个基因植入受体器官的新技术延期投入临床应用的呼声。勒尔维克的书导致了科学的人权灾难。德国《明镜》(*Der Spiegel*) 杂志用“基因技术：比希特勒糟糕1000倍”为题刊文作出抨击。为了避免勒尔维克的书获得更大的销量，一些科学家甚至拒绝对他的书发表任何评论。还有一些人想要提起一场公开的辩论。“有一天当我们醒来，或许第一次没发生什么，但下一次或者下下一次，我们就可能发现，我们造出了一个我们原本料想不到的怪物。”哈佛大学的生物学家乔纳森·贝克威斯（Jonathan Beckwith）说。

1978年5月31日，在勒尔维克的书出版2个月后，美国国会举行有关“最好被称为细胞生物学的科学领域”的听证会。实际上就是对勒尔维克的书进行研究。虽然这次听证会上，Lippincott出版社因为出版该书而成为众矢之的，但这本书就是从此才被允许合法销售。而勒尔维克自己，本来这次听证会他是应当出席的，但是他拒绝参加辩护，而是延长在欧洲的新书巡回推销活动。

“为了避免孩子因为曝光而受到伤害”，勒尔维克拒绝任何人与实验参与者直接接触。即使出版社手里也没有证据可以证明这个故事的真实性。勒尔维克则将他故事里难以让人信服的地方当作证据，一位垂暮的百万富翁？一个热带小岛？一位17岁的借腹妈妈？“如果您是我，您敢编造这样一个故事吗？那不是在拿自己的前途开玩笑吗！”

勒尔维克正是在开这样的玩笑。在这本书出版3个月后，书中出现过的基因学家德里克·布罗姆豪尔（Derek Bromhall）就提出了一份700万美元的犯罪指控。麦克斯正是用他对兔子所做的实验发展出来的方法被克隆的。勒尔维克曾于1977年给布罗姆豪尔写了一封信，请他提供这一技术的更详细信息——就在那本克隆纪实录出版5个月之前！在法庭诉讼过程中，勒尔维克承认，书中包括罗伯特在内的3个人物都是他虚构的。最后勒尔维克建议，在由麦克斯自己选择实验人员的前提下，对他和他的孩子进行血液检查。

法官拒绝了他的建议，并于1982年4月7日促使勒尔维克和布罗姆豪尔达成协议：Lippincott 出版社赔偿布罗姆豪尔 10 万美元并且发表声明：这本书中故事并不属实。勒尔维克则始终坚持他的书是真实的。

至于勒尔维克为什么会同意上面这个协议，至今仍是个谜。有人猜测，这本书是个政治幌子，还有人猜测是金钱的原因，也可能有什么别的不为人知的原因。勒尔维克早先的同事这样评价他："戴维很聪明，他是个不错的作家，他有一点搞笑。"

在一篇勒尔维克于 1997 年为网络杂志《欧姆尼》（*Omni*）写的文章中，他对于自己的坚持作出了稍微的让步："我并没有亲自见证书中所描写的每一个细节，我也没有见到任何的实证。尽管如此，种种迹象让我坚信，整个实验是成功的。在 70 年代后期，我就相信这是真的，现在依然相信。"今天，勒尔维克很喜欢自己"沙漠中的指路者"这个形象，他一直想要向人们指出克隆人的可能性。

实际上，一些科学家对他的预言并不认同。比如 DNA 双螺旋结构的发现者、诺贝尔奖得主詹姆斯·沃森（James Watson）1978 年接受《人物》（*People*）杂志采访，当被问到什么时候会出现第一个克隆人时，他回答道："在我们活着的时候肯定不可能。"稍晚一些他又说："如果我的 2 个小儿子成为科学家，我会告诉他们，别去研究克隆技术，那没有前途。"

1997 年，克隆羊多莉的出生举世闻名，成为第一只克隆哺乳动物。

2002 年的 12 月 26 日，第二次"第一例克隆人"出生。

又是在一个没有提及地名的地方进行的实验。Clonaid 公司召开新闻发布会称，伊娃很健康，并且继承了那位大约 30 岁的细胞捐献者的遗传信息。Clonaid 公司是由雷尔教派的《飞碟探索》杂志投资成立的克隆公司。

而由一位独立科学家对克隆婴儿进行基因测验，则被无限期地推迟了，因为婴儿的母亲害怕孩子被人带走。

◆ 位于冷泉港研究所的多兰 DNA 学习中心的网站www. dnalc. org/cloning. html 生动阐释了什么是克隆，以及如何进行克隆。

# 1976 关于火星有没有生命的争论

一位工程师测试海盗探针可伸出的铲子，用来收集土壤试样。时至今日对试样的分析结果还存在争议。

1976 年 7 月 28 日，在距地球 3.3 亿公里的地方，一只机械臂向外伸出，它将解答人类最大的问题之一。一个小铲子铲起一抔火星土壤，并通过漏斗放进海盗 1 号（Viking I）上的生物舱中。在这台火星登陆车上的这个部分里，进行了 3 个实验，这些实验本该向科学家们揭示火星上到底有没有生命。而实验结果在 28 年的时间里让科学家吉尔伯特·莱温（Gilbert Levin）寝食难安。他的一生都在和美国的太空航行机构——NASA，作艰苦卓绝的斗争，因为NASA掩盖了真相，对莱温的发现不予承认。

“从所有已知的因素分析，唯一不会产生矛盾的结论就是，实验从火星土壤的微观成分中发现了标志性的碳元素。”吉尔伯特·莱温说。

“每次莱温开口说起有关火星的问题，都会遭到一通嘲笑。”诺曼·霍洛威茨（Norman Horowitz）说。他是莱温的“同路人”，在海盗号上也有他的一个实验。

“起初人们也不相信伽利略。”莱温说。

向火星上登陆2个探测器的工程，是NASA在1968年开始实施的。在此之前8年，苏联就开始向火星发射空间飞行器。但是长距离的太空旅行中，几乎所有的飞行器都无声无息地消失在宇宙空间中。

人们对火星的巨大兴趣是有特殊原因的：火星是太阳系中和地球最相似的星球。它的大小在地球和月球之间，这样的体积让它能够拥有大气层，而且它和太阳的距离适中。简而言之，火星在科学家看来具备产生生命所必要的前提条件。除此之外，早在百年之前，特立独行的美国天文学家珀西瓦尔·洛厄尔（Percival Lowell）就注意到了位于地球之外宇宙空间中的火星。受到意大利天文学家乔瓦尼·斯基亚帕雷利（Giovanni Schiaparelli）的启发，洛厄尔也开始观察这个星球。斯基亚帕雷利曾用望远镜观看到火星上一片山脊组成的网络，并把这片网络命名为canali，在意大利语中意思是河道、沟渠或山脊，也可以翻译成“运河”，表示人造的水道系统，从而给人以智慧生命的联想。

我们永远无法知道，如果没有“运河”这个词在脑海中，洛厄尔从望远镜里看到了什么。但不管怎么样，他详尽描述出了火星生命的生活场景：火星人建造了运河，因为火星上非常干燥，他们不得不从极冠向赤道引水灌溉农田。

洛厄尔的想法刺激了一整个时代的科幻作家有关火星的幻想。虽然大部分天文学家反对洛厄尔的发现，因为他们从望远镜里根本看不见他所描述的运河，但是火星人却在大众文化中以无可阻挡的气势胜利进军。

像几乎所有参与海盗号实验的科学家一样，莱温也不相信能在火星上发现大型动物或植物。从所有已知条件来看，火星上的生存条件太恶劣了。如果火星上有生命存在的话，那最多可能是微生物。但就是这样的初级生物，如果能在火星上发现的话，也将产生深远的影响。这样的发现将把火星上是否有生命这个问题"从一个奇迹转变为一组数据"，一位研究人员这样表述。

吉尔伯特·莱温在20世纪60年代研究出一种方法，这种方法可以用来检测饮用水或食物中的细菌。NASA认为，这种方法可以在去往遥远的火星寻找生命的任务中发挥作用。

于是1976年7月28日，一指节大小的活性土壤被装进由莱温设计的容器内，并喷洒上一种营养剂。

由于除了地球上的生命之外，科学家们并不知道其他的生命是什么样子，所以科学家们只能从符合地球生命的构成原则出发。地球生命的共同特征是新陈代谢：不论是细菌还是大象，所有生命体都要从外界吸收养料并排出废物。基于此，科学家们达成共识，生命是以碳元素为基础形成的。他们戏称自己为"碳沙文主义者"。

碳原子是所有原子中最多变的。没有任何一种原子可以组成哪怕和碳原子差不多种类的大分子。蛋白质、荷尔蒙、遗传物质DNA——对生命来说重要的东西，都是主要由碳元素构成。

莱温的求证过程很简单：如果火星土壤中有生命，那么这些生命体将吸收所喷洒的营养剂，并释放出一种气体。简而言之：它们会进食。为了让营养剂符合微生物的胃口，喷洒的“食物”由7种不同的分子组成，它们大部分都含有碳元素，而这些碳元素都事先进行过放射性标记。然后通过盖格计数器检测，这些被标记的碳元素是否出现在从容器中逸出的气体中。如果出现，就说明土壤中的生命体“吃掉”了营养剂并释放了废弃物。

除了莱温的实验，在海盗号上的生物舱内还进行了另外2个实验，这2个实验对新陈代谢的其他方面进行研究。这就好比科学家们将3个宇宙实验室设置在汽车电池大小的空间内。一个由4000个零件组成的发条装置则用来遥控回答所有问题中最大的一个。海盗号空间探测器上仅仅这个部分就耗资5900万美元，整个计划花费近10亿美元。

经过2天的等待，当莱温拿到实验结果的时候，他简直不能控制自己的喜悦：盖格计数器像疯了一样地跳！逸出的气体显然是带放射性的，火星生命的证据看来是确凿无疑了。火星土壤中藏着的小东西们，比地球上肥沃的土壤中密集的微生物群还要活跃。莱温在数据表的第一页上签了名：这份文件毫无疑问将永留人类史册。

3个实验中的第二个，用来证明土壤中是否存在呼吸现象的实验，也获得了积极的结果。7月31日，生物实验小组在一个学术会议上宣布，莱温的实验反应看起来“像生物信号一样强烈”，但同时提醒人们不要过于鲁莽地得出结论，因为数据太明显，明显到不像真的：土壤的实验反应太快了。通常来说，微生物需要一段时间，才能吸收营养剂，进行处理，然后释放出废弃物，而截至目前进行的2个实验中，反应几乎是一眨眼就发生了。

参与“海盗计划”的地质学家们早早就说这些生物学家没有能力分析解释他们实验所得的数据，此刻居然应验了。这些地质学家设计了海盗号空间探测器上的实验检测设备，与那些生物学家是天然的对手。2 个实验组在计划开始之前，就开始为在探测器上拥有尽可能大的实验空间，也为探测器在登陆火星后拥有尽可能长的数据传输时间而争斗。尽管地质学家们一直在提醒人们，人类对火星还所知太少，无法通过一个实验就回答那里是否有生命的问题，但是生物学的实验从一开始就是“海盗计划”的推动力量。这些寻找生命的生物学实验，迎合了政治和公众的兴趣，地质学家们则显然是海盗号上的“二等公民”。

第三个并没有在生物舱内进行的实验，将混乱推向极致：它证明火星土壤中不含有机化合物。有机化合物是指那些由碳组成的大分子，是科学家们认为的构成生命的前提。本来大家是要证明，在火星土壤中虽然有有机物，但是并没有生命。现在结果恰恰相反：莱温的实验证明了生命的存在，而这个实验却没有发现有机物。

1976 年 9 月 3 日，和海盗 1 号结构相同的海盗 2 号在火星上登陆。这次在海盗 2 号上重新进行了上次进行过的实验，然而并没有给获得清楚的真相任何帮助。科学家们花很大的工夫争吵，该从火星表面的什么位置提取土壤，谁来进行实验，以及谁来对实验数据进行分析研究。

很快就出现了一种猜测，那些科学家们本想寻找一种异国情调的生物，结果却变成寻找一种异国情调的化学物质，而这种化学物质其实和生命根本没有关系。今天人们怀疑，是一种类似过氧化氢的物质让当年的科学家受到了愚弄。它们可以在遇到水和金属的时候释放气体，而释放气体可能被当作生命的信号。在地球上的实验室里，人们从此出发进行了无数的尝试，试图再现海盗号上的实验结果。如今，大部分科学家相信，当年火星上的生命信号背后，其实隐藏着化学反应。

莱温则一直为他对事情的观点而斗争。他声称在火星岩石的照片上看到移动的绿色斑点。在与 NASA 的斗争中，莱温受到了一些反政府理论家的支持，他们总是坚持认为，政府对他们隐瞒了些什么。

为了获得一个最终的定论，莱温向 NASA 提交了数不清的新实验设想。但是当人们看到是他的名字的时候，只会给予一声叹息。

◆ 登录marsprogram. jpl. nasa. gov 和www. esa. int/SPECIALS/Mars_Express 查看有关火星宇航任务的即时信息，以及许多图片、影片和世界最大的火星名片。

◆ 莱温一直为他对事情的观点而斗争，访问www. biospherics. com/Mars/index. html 可以查找到所有学术论文的全文。

# 1977 乡村音乐与西部牛仔电影中的心理学

一首乡村音乐给科学的发展带来启示，这是极为少见的。但是米奇·吉利（Mickey Gilleys）的《下班后，姑娘们难道不会变得更漂亮》(*Don't the girls all get prettier at closing time*）却做到了这一点，它同时为多篇科学文章所引用。这要感谢弗吉尼亚大学的心理学家詹姆斯·W·佩内贝克（James W. Pennebaker)。凭借着其论文《下班后，姑娘们难道不会变得更漂亮：乡村音乐与西部牛仔电影在心理学上的应用》，佩内贝克极有可能获得最诙谐实验论文写作奖。“长久以来，自动唱片点唱机，是社会心理学中真理的重要来源，”他在文中如此写道，“有些疗法，研究者只要花上 25 美分就能得到（量大从优，3 个只需 50 美分）。”一直以来广为流传的一种说法是：乡村音乐只是“妈妈们、火车上的旅客们、身处监狱的囚徒们”的消遣物，或是人们借酒消愁时的作料。其实许多乡村音乐中，都隐藏着大量的心理学主题。例如汉克·威廉（Hank Williams）的《你那说谎的心要背叛你》（*Your cheatin' heart will tell on you*）中就包含了平等之意，约翰尼·卡什（Johnny Cash）的《叫休的男孩》（*A boy named Sue*）中则蕴藏着心理学上的不谐和理论，勒夫迪·弗里泽尔（Lefty Frizzel）的《亲爱的，你若有钱，我便有时间》（*If you've got the money, honey, I've got the time*）体现出的斯金纳的肯定性强化（见“1930　斯金纳箱”）。

当佩内贝克首次听到《下班后，姑娘们难道不会变得更漂亮》这首歌曲时，他就已经发现，这首曲子中不光包含了“电抗[①]理论和面临选择时的抉择之乐”的主题，同时它也提出了如何在标题中检验假说的方法。

1977 年 10 月，6 名佩内贝克的学生带着调查问卷来到了位于夏洛茨维尔的 3 间酒吧，并分别于 21 点、22 点 30 分以及午夜 3 个时段对酒客进行了调查，询问其对某批特定异性酒客的外貌评价，他们/她们相貌美丽程度在同一水平线上，唯一不同的是，分别在 1 点至 10 点出现于酒吧中。这 3 间酒吧都是凌晨 0 点 30 分歇业。

调查结果表明，乡村歌手吉利在歌中唱的是对的。时间越晚，男酒客就越容易觉得女性酒客漂亮。反之一样，时间越晚，女性酒客也越容易觉得男性酒客帅气。对此，不谐和理论提供了解答：一个男人，只要他不想孑然一身地回家，那么还将潜在的、可共度良宵的异

---

① 交流电路中，电容及电感对电流的阻碍作用，称作电抗，其计量单位叫做欧姆。——译者注

性伴侣视为毫无诱惑力，无疑是极为愚蠢的。此时，人对外貌的判断标准将适时地做出调整。正如吉利在歌中唱的那样："一个想孤单过夜的人，改变自己的主意，这难道不是很特别的吗?"

这个实验事后经过了多次重复，实验结果大不相同。某位研究者在杂志《社会心理学基础与应用》(*Basic and Applied Social Psychology*）上以《下班后，姑娘们会变得更漂亮——仅对那些与其无甚关联的人而言》为题，公开了不同的实验结果，并对佩内贝克的实验做出了解答。他的研究基于此种现象，人们在第二天一早醒来时，会万分惊讶，"对于昨晚做出的决定，随着白天阳光的照耀而袭来的悔意，能够通过自身对吸引力的重新定义和判断而烟消云散"。

佩内贝克在《人格与社会心理学报告》(*Personality and Social Psychology Bulletin*）中公开了其论文，但是著名的《人格与社会心理学期刊》(*Journal of Personality and Social Psychology*）却拒绝了他的出版要求，其给出的理由，佩内贝克一直记得："We ain't going to take it（'The Who'乐队的歌曲名）。""这是我听到过的最美的拒辞。"

## 1978 你愿意跟我上床吗?

1978年春天，在位于塔拉哈西的佛罗里达州立大学校园内，16名女性遇到了非常直接的搭讪。一位年轻男子径直走过去，问道："我深深地被你吸引了。在我眼里，你美如西施。你愿意今晚跟我上床吗?”所有16名女性都拒绝了。她们回答道:“你肯定在开玩笑。”或者:“你在说胡话?滚开!”

而遇到年轻女子搭讪的16名男性,则有12人表示了同意。回答是:“咱们干吗要等到晚上?”或者:“今天晚上不行,咱们明天吧?”

心理学家拉塞尔·克拉克(Russell Clark)设计了这个实验,他想弄清楚面对性挑逗时,男性和女性的反应有何不同。实验的结果是清晰明了的。但是克拉克却一直无法发表这一实验结果,直到11年后。

20世纪60年代正处于社会变革期。认为男性和女性自从出生后不光在身体构造,而且在行为举止上也存在差异的观点被斥为性别沙文主义,女性应当跟男性完全一致。克拉克认为男性和女性在择偶时基于生理上的不同而存在差异,这一观点却遭到了大多数社会心理学家的鄙夷。

实验起因于克拉克的社会心理学讨论课,在课堂上他跟学生们讨论了詹姆斯·W·佩内贝克的论文《下班后,姑娘们难道不会变得更漂亮:乡村音乐与西部牛仔电影在心理学上的应用》(见“1977　乡村音乐与西部牛仔电影中的心理学”)。

谈到男性女性在选择性伴侣时的差别,克拉克说:“无论漂亮与否,女性如果需要异性伴侣,无须费心。她要做的,无非是冲一个男人勾勾手指头,轻声说一句‘过来’就万事大吉了。对男性来说,就要困难许多了。他们要思索搭讪的策略,费尽心机要些浪漫的手段才能如愿以偿。”这番言论引来了女学生的抗议,对此,克拉克辩解道:“我们不需要争论。这是经过经验证明的。我们可以设计一个实验,让实验结果说话,看看谁对谁错。”

数周后,5位女性和4位男性出现在校园里,伺机寻找异性搭讪。除了上文直接露骨的搭讪方式外,他们还有另2种选择:“你今天晚上愿意跟我出去吗?”以及:“今天晚上愿意来我家吗?”这 2 种方式在上文提到的那 16 人实验中也用到过。接受第一种邀请的占总数的一半，男女皆是如此。而愿意跟陌生男性回家的女性，16 人中只有一个，而在 16 名男性中，这一数字是 11。直接露骨的性邀请遭到了所有女性的拒绝，而男性则有 12 人接受——比接受正常约会的还要多一半。

克拉克非常肯定地表示，造成这一差异的原因在于男性与女性之间不对称的生理。“生一个孩子，男性只要忙碌一阵子，花费不了多少精力。一位健康的男性甚至可以‘制造’无数孩子。与之相反的是，女性的生理构造决定她们只能孕育有限数量的后代。”男性和女性在性生活上的成本不同，造成了克拉克实验中所观测到的两性举止行为的差异。女性显得更为挑剔，而男性则随时准备好了跟任何一名女性上床。有趣的是，在面临女性的挑逗时，有 4 名男性表示了拒绝，回答是:“我已经结婚了。”或者:“我有女朋友了。”

当克拉克准备发表其研究成果时，却一再碰壁。他发现，自己的研究成果不符合时代精神。杂志社给他的回复是:“您的文章我们无法发表，而且我们也不建议您向其他杂志社投稿。《时尚》不会发表这样的文章……也许《阁楼》会喜欢这篇文章。不管怎样，我们是肯定不会发表阁下的文章。”

随后心理学家伊莱恩·哈特菲尔德（Elaine Hatfield）获悉了克拉克实验，她对他的文章稍微做了些修饰。杂志社寄来的回信虽然语气柔和了许多，但是拒绝的态度仍然很坚决:“我个人认为，这项研究成果是应该公之于众的（而且我也肯定，将来它一定会被公之于众）。但是我很遗憾地通知您，我们仍然无法发表它。”

几年后，这项研究成果又遭到了新的质疑，人们认为它过时了。也许 1978 年的性别差异确实如克拉克实验所表明的那样，但是现在情况发生了变化。为了反驳这一言论，克拉克 1982 年重复了这一实验，结果与 1978 年完全一样。尽管还存在着其他质疑，这项研究成果终于在 1989 年发表在《心理学与性》(*Journal of Psychology & Human Sexuality*) 杂志上。为了驳斥对艾滋病的恐惧改变了人的行为的猜测，克拉克让学生再一次重复了实验，结果仍是一样。

时至今日，这项研究成果——“面临性诱惑时，两性的不同表现”经常出现在大众媒体中（“男人笨的间接证据”，“男人 = 惹人讨厌的确凿的证据”）。BBC 在英国重复了这一实验，并且利用隐秘的摄像机将实验过程拍摄成了纪录片。实验表明，英国男人一样惹人讨厌。

# 1979 自由的“反意志”

1 秒钟是段很长的时间。在本杰明 · 利贝特（Benjamin Libet）看来简直是太长了。这位美国的脑科学家 1977 年在一次科学大会上首度听说这样的“1 秒钟”，此时距该“1 秒钟”被测量出来已有 12 年时间了。这是人们在做任意手势时从最初大脑的准备到最终动作的实施之间所需的时间，汉斯 · 科恩胡伯尔（Has Kornhuber）和吕德尔 · 德克（Lüder Deecke）在 1965 年发表的文章里这样认为。这两位德国神经病学家当时发现人们在行动之前大脑中会出现电波变化，他们将其命名为“预备电位”。

在动作发生前有预备电位并不值得大惊小怪——毕竟肌肉要在

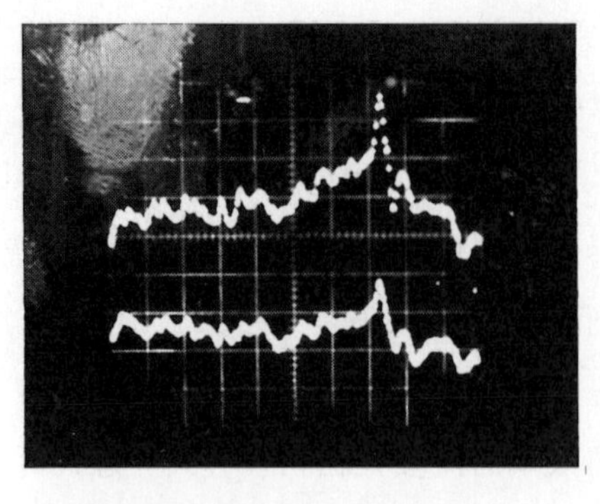
测量出行动之前的脑电波使人们得出“人没有自由意志”的解释。

接收到大脑的指令后才能活动。尽管如此，该结论在某种程度上仍有不合理的地方。

按照这一理论，被试可以自己决定何时活动手部，在自由决断和活动发生这2个时刻之间必定至少有1秒钟时间。利贝特很快注意到，这一点与日常经验相矛盾：在决定去拿铅笔到实际操作之间需要1秒钟？这无疑太久了。

其实人们的全部想法基于一个看起来实在是不言而喻的前提，不会有谁愿意自找麻烦去核实它的真假：在大脑准备进行某一动作之前，必定有一个要做该动作的自觉决定。前因后果。这一点怕是没人怀疑的，不是么？

利贝特想要详尽了解这一切。“后来的一年时间里我问自己，究竟怎么才能测出自觉决定的时刻呢。”科恩胡伯尔和德克只获取了出现准备电位的时刻以及动作实施的时刻，并不是自觉决定的时刻，因为这一刻只有被试本人才知道，不能得到客观测量，也不能从脑电波中读取，所以研究者都知难而避。在那时，自由意志似乎无法从科学角度得到研究。“我想人们对此肯定十分惶恐。”

利贝特试图找到一种可能，使被试能够向他传达出他们是在何时决定活动手部的。但是被试不能通过讲话或者手势来表达这一信息：因为讲话和手势这类信号本身就可能含有任意动作所包含的尚未确定的延迟因素。

后来利贝特有了借助钟表的想法。如果被试注视一个运行很快的钟表并记住他是什么时候决定活动的，就有可能在事后向实验人员报告这个数值。利贝特最初很是怀疑他的突发奇想："因为测量的要求非常严格，我并不相信这个办法行得通，但我还是决定试试。"

这项实验在神经科学领域引发了前所未有的论争和最为多样的阐释。因为利贝特发现，自由意志很可能根本就不存在。

1979 年 3 月，5 个被试中的第一位——心理系学生 C. M. 来到位于圣弗朗西斯科的蒙特—锡安医院，坐上利贝特实验室里舒适的靠背椅。她的头部和右手腕都装配了电极，她注视着离她 2 米远的一面小屏幕。屏幕上一个绿色的小圆点正以每圈 2.56 秒的速度盘旋——这就是钟表。利贝特要求 C. M. 在自由选定的某一时刻弯曲右手腕。动作发生的准确时间可由手腕处电极的电压变化看出，头部的电极能够显示预备电位，而自觉决定的时刻则要在每次测试后询问 C. M. 本人，她记得她做决定时那个旋转的绿点正处在什么位置。

"被试对实验意图毫无所知，觉得这一切相当特别。"利贝特回忆说。但每测一次有 25 美元的酬劳，所以他们都很愿意在自己选定的时刻动动他们的手腕。

"我在初次实验后就已注意到测试结果十分特别。"现年已 85 岁的利贝特边说边从抽屉里拿出一沓陈旧的实验记录。这一摞纸上杂乱无章地布满各种数字，其中还有屏幕曲线的照片：显示的是预备电位。

按 C. M. 的说法计算，她每次做出决定总是比动作发生早 0.2 秒。这是个比较合理的结果，可以说是符合经验。但是预备电位却要比动作早至少 0.55 秒，在科恩胡伯尔和德克所举的有些例子中甚至要早整整 1 秒。也就是说，一些活动在 C. M. 的大脑中进行，她的大脑对此却一无所知，因为她是在 1/3 秒之后才做出决定。其他被试的情况也是如此：在自由意志出现以前总是早已有了预备电位的存在。

初看这一实验似乎只能推出一个结论：自由意志不过是个错觉。

大脑派意识出面来欺骗我们，使我们自以为拥有自由选择的能力。但在潜意识的深处，一切早已安排妥当。并不是我们在做我们想要做的事，而是我们想要做我们所做的事。

利贝特并不喜欢这样的解释。“如此看来我们成了构造精巧的自动器械，我们的意识和意图也只是种伴随现象，没有什么决定力。”该实验也由此动摇了法律体系的根基。一个人如果没有办法控制自己不去做某事，法庭还能惩罚他的行为么？

利贝特马上又提出一条新理论：虽然他的实验的确表明来自潜意识的意愿伪装成自由意志，对于这个事实我们无力争辩，但是我们可以干涉这些意愿。利贝特用其他实验证明，自觉决定和采取行动之间的2个1/10秒时间，足够人们及时提出否决或中断事件。如果说我们的确是没有自由意志，我们至少还有自由的“反意志”。

这正合乎那些劝人自制的宗教伦理准则，也符合总是以“你不应当”来开头的十诫。利贝特开玩笑说他的“否决理论”甚至提供了“原罪的心理学解释”：“脑中的恶念即便没有引发任何行动也还是罪恶的，持这种观点的人自然认为每个人都是罪人。”

但这个否决论却有个致命弱点：如果说在自觉决定前早已有了不自觉的大脑活动，那利贝特的“自觉否定”又何尝不是如此呢？一些科学家认为，利贝特意在拯救自由意志，因为他也对自己实验的结论感到恐惧。哲学家托马斯·W·克拉克（Thomas W. Clark）写道：“这个下意识的想法就是：因为说我们没有自由意志实在是太难以接受了（我们毕竟不愿成为自动装置，不是么），所以我们该立即行动，寻找证据说明自由意志的存在。”所以说这个论证是不科学的。

种种争议同样可以归入这一问题：是的确存在非物质的精神力量，还是意识仅为大脑理化活动过程所产生的结果？如果是后者——正如决定论者所认为的那样，利贝特的实验所得就完全不足为奇了。

如果精神源自大脑中进行的物质反应，那么自由意志一定是由下意识的大脑活动所促发的。否则根本无法实现。万事必有诱因。

看来利贝特的实验结果并没有什么不可思议之处，只不过违背了我们的个人感受。我们感觉我们拥有自由意志，因此我们就真的相信有了。就连脑科学家也难以摆脱这种观点。虽然他们中有许多人表示不再认为个体会犯下罪责并应接受惩罚，但又不得不承认，他们难以做到在日常生活中完全克服科学认识与个人体验之间的矛盾。

德国脑科学家沃尔夫·辛格（Wolf Singer）虽然不相信自由意志，但却说："当我傍晚回家看到孩子们干了什么坏事时就会归咎于他们，因为我自然而然地认为他们本来可以不这么做的。"

# 1984 触碰带来更多小费

研究小费也许不如其他领域的科学研究那样举足轻重，但其结论却能在日常生活中发挥作用，这是个可贵的特点。这个项目受到欢迎还因为它通过极其简单又经济实惠的行为研究即可完成：饭店遍地都是，顾客就是被试，想要确认实验运作带来的结果？数数到手的小费就行了。

阿珀丽尔·H·克鲁斯科在密西西比大学学习心理学，她感兴趣的其实不是小费的学问，而是触碰在治疗关系中的意义。然而这一领域的研究未免过于复杂，因为她兼职做服务员，所以想到让在饭店工作的同事们充当医生：如果触碰能生成好感或显示威力并在治疗中发挥作用的话，那么在饭店中肯定也是这样。效果可以通过小费的数量判断出来。

最初克鲁斯科和她的社会心理课老师克里斯托夫·G·韦策尔（Christopher G. Wetzel）一同测试服务员该如何触碰顾客。他们确定了2种方式，这2种方式都便于不露声色地巧妙实施。在“瞬时触碰”实验条件下服务员用手指触碰顾客的手2次，每次半秒钟。克鲁斯科认为这会产生积极效果。在“肩膀触碰”实验要求下服务员将手置于顾客肩上一秒半。这样的动作可能会被认为是居高临下的表现，克鲁斯科觉得这会造成负面结果。

服务员们练习这2种触碰方式，最终可以在不引起任何怀疑的情况下完成动作。已经有书将该行动的次序做了精确记录，所有想要了解这一实验的人可以回顾：“服务员从侧面或斜后方走近顾客，开始对话，用友好而坚定的语气说‘这是给您找的零钱’，但不微笑。递来零钱时身体前倾10度，进行触碰时杜绝任何眼神交流。”

对密西西比牛津地区2家饭店116位顾客进行的测试取得了良好成效。手部的瞬时触碰使小费数额平均提高37%，不过与预想不同的是，肩部触碰也至少使小费数额提高了18%。

对于不愿意触碰顾客的服务员来说，还有一些方法可以使用，随后的实验证明这些方法对提高小费数额都具有积极作用：介绍自己的名字、等待点菜过程中蹲在桌边、在账单上亲手写一个“谢谢”、画个太阳或笑脸、重复顾客点的菜或者随账单附上一则笑话。比如在调查中就采用了这样一则：“一个爱斯基摩人在电影院门前久久地等待他的女朋友，天越变越冷。等了一阵以后他难抑愤怒，颤抖着解开大衣，从里面拔出一支温度计来。只听得他大声说：‘要是到了零下10度她还不来，我就走了！’”这些小小的幽默使顾客非常乐意多付一半的小费。

# 1984 有效的搭讪

当米歇尔·R·坎宁安（Michael R. Cunningham）在社会心理学讨论课上谈及两性之间的吸引力时，学生们问他，从科学角度看，什么样的搭讪话语才算最好的。这位心理学教授筛选了众多专业杂志，找到了一篇论文，文中按受欢迎程度列出了100条搭讪话语并将它们分成3类：直接型、亲善型、随意型。不过这些话语只是来自一次调查问卷，并非直接从现实使用中观察获得，坎宁安决定改变这种状况。

几周后，在芝加哥某酒吧，一个相貌中等的男子开始接近无人陪同的女子，他的搭讪话语有6种，均从上述3个类型中选出。直接型的："虽说有点不好意思，但我还是想认识你。"或者："我作了很久斗争还是走近你。我可不可以至少知道你的名字？"亲善型的："嗨！"或者："你觉得这爵士乐队怎么样？"还有随意型："你让我想起一个跟我约会过的人。"或者："我比你能喝，要不要打个赌？"坎宁安坐在不远处记录结果。如果女方露出微笑、2人交换眼神、或者女方给了友好答复都意味着男子成功地接近了女子，而女方转身、走掉或者给出拒绝答复则意味着失败。

直接型搭讪最为成功：11个女性中有9个接受了"虽说不好意思"的说法，10个中有5个接受了"作了很久斗争"。亲善型搭讪功效大致相同。相比之下随意型搭讪最不足取：有80%的女性对此很不感冒。

通过进一步测试坎宁安得出结论，女性听到随意的讲话总会推论出男性的品质不佳，比如觉得他们平庸浅薄或者妄自尊大。

坎宁安让女性采取同样方式同男性搭讪，不过实验之前他已对结果有所预料。男性面对各种搭讪话语反应都基本相似：80%—100%反应积极。

## 1984 如期而至的胃溃疡

巴里·马歇尔（Barry Marshal）不是第一次被问及他的实验是否得到了批准。他知道，他是不可能得到批准的。即使对他的夫人，他也只字未提他在这个星期二上午喝下的特殊汤液是什么。那天是1984年7月10日，在位于澳大利亚珀斯的弗里曼特尔医疗中心的实验室里，马歇尔把从一位66岁的病人胃中收集到的大约10亿细菌混合到少许水中。“那味道闻起来就像令人作呕的生肉。”马歇尔回忆说。他喝下去的这种细菌在当时还没有名字，那时的人对其知之甚少。33岁的马歇尔唯一的愿望就是：这种细菌真的能让他生病。

3年前，这位未来的医学家正在寻找一个研究项目，这是他在学习期间必须完成的功课。在皇家珀斯医疗中心。他结识了病理学家罗宾·沃伦（Robin Warren）。沃伦在针对胃黏膜炎患者的细胞实验中发现了一种不知名的细菌。马歇尔研究了其他的试样并发现它们中的大部分是被传染的。在图书馆，他惊讶地发现，沃伦并不是第一个发现这种细菌的人。早在上个世纪，就有研究者在人类和动物的胃中发现了螺旋杆菌。这些细菌与炎症有关系么？

马歇尔为第一位病人施用了抗菌素，结果那种不知名的病菌和胃炎同时消失了。这一实验结果更坚定了马歇尔的想法，细菌不仅可以引起胃炎，也可以引起十二指肠溃疡和胃溃疡。

他的同学建议他对这种猜测秘而不宣。第一是因为马歇尔还没有完成他的学业，第二是他还没有证据证明他的观点，第三则是这种细菌假说与当时流行的学术观点相违背。在此之前，人们认为导致这些胃病的主要病因是心理问题和压力等因素。胃溃疡的痛苦与失望、焦虑、情绪波动紧密相关，在这一点上没有其他身体痛苦堪与之相比。

然而马歇尔的热情远远盖过了他的矜持。“我没什么好损失的，我不是享誉盛名的研究者，用不着花 20 年时间苦心经营自己的著作让它无懈可击。”在 1983 年 9 月，在布鲁塞尔举办的第二届国际螺旋杆菌一感染问题专题研讨会上，马歇尔向与会者介绍了他的发现。凭借传教士般的热情和自信得接近自负的气质，他尚无定论的研究结果引起了人们的关注。很多听众认为，他在进行报告的过程中，缺乏必要的谦虚和矜持。

如果光是说胃炎由细菌引发，那这个论断还有几分“初生牛犊不怕虎”的大胆，但是说到这种细菌能够经年累月地存活于胃中，可就十分幼稚了。人体每天产生的 2 升胃液中有很大部分是盐酸，能够腐蚀钉子。一层厚实的黏膜要保护胃不把自己消化掉。在这样的环境下，病菌不可能存活。

专家们猜测，马歇尔在前期研究中，因为试样的污染得到了错误的实验结果。并且即使这种细菌真的能在胃里生活，也还远远不够证明是它引发了疾病。更为可能的情况应该是：细菌产生之后，在胃的伤口处繁殖。

马歇尔知道，他缺乏的是哪部分的证据。德国药学家罗伯特·科赫（Robert Koch）曾在 1882 年就证明病菌的致病性并提出了 4 项要求。马歇尔所差的是后 2 项的证明。

1. 细菌必须能够在每一个病例中找到；

2. 细菌必须能够在体外培养；

3. 培养的细菌能够使实验动物染病；

4. 细菌必须能再次从实验动物体内获得并培养。

第一项要求没有问题。沃伦和马歇尔在他们的病人的胃壁上总能找到这种细菌。第二项要求就有点难办了。几个月来，马歇尔的同事尝试着，在医疗中心的实验室里培养这种细菌。没有成功。一般来说，细菌在培养盘中繁殖的时间不会超过2天。时间再长的话，它们就会长出培养基。然而在马歇尔的细菌培养过程中，48小时过去了，一点儿增长的症状都没有。

大约进行了30次无果的实验，最终在1982年的复活节时，一次在病人和医疗中心工作人员间的危险的传染带来了人们不曾预料到的答案：因为人手有限，马歇尔的项目在这段时间被列入了非重点项目，他的培养皿在暖箱中放置的时间超过了正常的2天期限。5天后，细菌数量奇迹般地增多了。

真正的困难始于第三项：疾病对健康组织的感染。马歇尔给2只老鼠的胃中注射了这种细菌，老鼠却没有染病症状。2头小猪也“抵抗感染”。

因为感染无法在动物身上得到证明，剩下的就只有一条流行病学研究的路径——人体实验。方法为采集尽可能多的患有胃病的病人的数据，通过统计学的方法得出疾病产生的原因。然而要想有一个清晰的认识，可能要几年时间。马歇尔可不想等这么久，因为他知道，用一个合适的实验动物进行证明尚且需要一周时间。唯一的办法是：他自己充当实验动物。

在他喝下细菌培养液的前几个小时，他注意到“小腹蠕动增强了（在夜间能听到咕咕的声响）”。此后一周都没有什么异常。在第八天的早上，马歇尔吐了少量黏液。在实验的第二周，马歇尔的母亲注意到他的口臭异味。马歇尔出现头痛并变得激动。第十天，终于一位同事把胃镜的可弯橡皮管伸进了马歇尔的食道，抵达胃的出口，取了2份实验试样。马歇尔在5星期前就已经进行过一次这样的取样，为的是确认他用于自身实验的胃是健康的。

医学家巴里·马歇尔为证明胃溃疡是由细菌引起的，使自己感染细菌。

新的试样被染色后放到显微镜下接受研究。上部皮层的细胞受到了损伤，白细胞聚集在黏膜处：马歇尔感染了胃炎——科赫的第三项要求满足了。

针对第四项要求，马歇尔从第二个试样中分离出细菌，并放在液体培养基中培养。这和他在10天前喝下去的是一样的。此时已毫无疑问：细菌（后来被人们称为“幽门螺杆菌［Helicobacter pylori］）可以引发胃炎。马歇尔很激动：“我希望，溃疡是由炎症转变而来的，对此我或许能够花上几年时间写些文章。”然而当他把实验过程讲给他夫人听时，夫人立刻想到的是让他赶快服用抗生素把病医好，或者单独使用一个房间免得传染。马歇尔接受了抗生素，其实是不需要的。因为炎症可以在2周之后不治自愈，显然免疫系统消灭了这次入侵。这与这种细菌的传播是吻合的：据大致估计，当下应该有一半人口受其感染，却只有一小部分人患上胃炎或胃溃疡。

公众这次并不是通过专业期刊辗转获悉马歇尔的实验，而是直接从一份美国的马路报纸《星报》（*Star*）。在实验结果确定后不久，马歇尔就接到了一名记者的电话，邀他就之前的一篇专业论文接受采访。马歇尔无法缄默不语，最终得名“作为实验对象的医生”载入“迪夫人”与“最新瘦身食谱”之间的明星专栏。

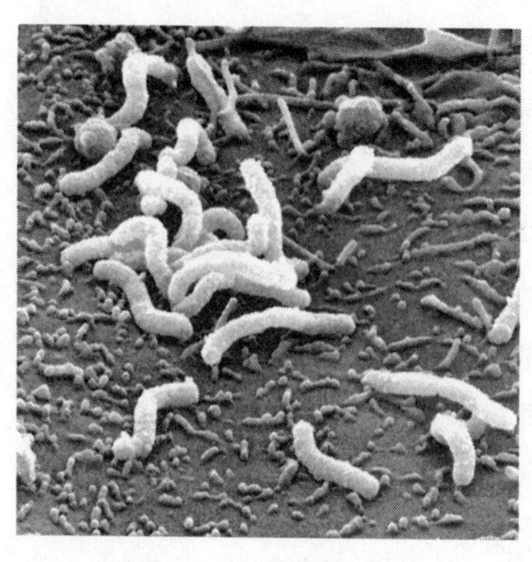
幽门螺杆菌可以在胃中的有害环境中存活。

又过了10年，广大医务工作者才接到了胃溃疡被定性为传染病的消息。一方面，制药业没有兴趣传播这一新发现，告诉人们通过抗生素可以让胃炎在几周内消失。而他们的部分抗酸药剂规定常年服用，这为他们带来了可观的收入。另一方面，马歇尔仅完成了针对胃炎的科赫四要求论证，胃溃疡还是未知数。当今，尽管健康中心建议用抗生素治疗胃溃疡，但仍有为数不少的批评家提出反对意见。

马歇尔在2005年获得了诺贝尔奖，他的实验掀起了用感染来解释其他疾病的新的热潮。

时至今日，借助细菌和病毒的手段，研究者对医治精神分裂症和心肌梗、风湿和糖尿病有了新的希望。迄今这些猜测只有少数得到了证实。

## 1986 卧床一年

对于反应迟钝的人来说，这听上去是份理想的工作：1986年1月选出的参与实验的11个人，必须躺在床上持续一年之久。在度过的370个日日夜夜中，他们一次都不可以站起或是坐起。清洗、进食、阅读、远眺、写信，一切行为都要躺着完成。莫斯科生物医学问题研究所的鲍里斯·莫鲁科夫（Boris Morukov）希望了解人在经过长时间失重旅行后，会有什么样的反应。莫鲁科夫是医生兼宇航员。

医生兼宇航员鲍里斯·莫鲁科夫开展了有史以来持续时间最长的卧床研究。

20世纪60年代，宇航员们需要在太空停留越来越长的时间，卧床休息研究随之诞生了。此后不久，人们开始探讨失重对身体的影响。因为在地球上无法实现身体更长时间置于失重状态（见“1951　眩晕轰炸机的俯冲”），实验有必要模拟这一影响。最简单的模拟方法就是让被试躺在和头顶成6度的床上。

这一姿势与身体在失重状态下有着同样的作用：心脏不再克服重力工作，转为低功率状态；肌肉和骨骼几乎不负担重量，部分的萎缩，红细胞的数目减少，因为身体工作量少，所需的氧气也随之减少。第一次卧床研究持续了几天，而后的则是几周或者两三个月。这次在莫斯科的为期370天的研究为了得到多样的数据，将涵盖之前所做的所有研究。

这11人对参加这一实验是怎么想的，没有一个确切的答案。是像莫鲁科夫认为的那样，出于为科学做些什么的渴望？希望能够通过这些贡献被国家记入史册？还是为了得到承诺的汽车？“那时还是苏联时期，”莫鲁科夫说，“得到一辆小轿车是不容易的。”不论怎样，被试看来对实验都是认真的。只有一名被试在3个月后中断了实验——他已经有一辆小轿车了。

这次实验的目的是测试机体抗衰退的新方法。在实验中被试平躺着进行力量训练或者在立在床前的垂直跑道上散步。他们中的5个人4个月后才开始这一训练。他们需要模拟在宇宙飞船中由于疾病或能量缺乏而延长训练时间。

在4个月、8个月直至实验结束，这些人依然躺在床上被送入离心器中，承担8倍的重力加速度。这一数值反映了宇航员在太空飞行结束重返地球进入大气层时所遇到的状况。在这一年过去后，接下来的是为期2个月的恢复：这些床上宇航员必须再次学习站立和行走。

比身体的负重更剧烈的是心理的负重。这些人被分组安置在3个房间中，通过看电视和阅读消磨时间。起初他们打算学习一门外语，然而2周后就放弃了。他们以空间飞行员的方式借助铝管进食，情绪不高。不管怎么说，他们慢慢形成了一种意想不到的业余爱好：绑在床上，把他们使用过的铝做成轮船或者奖章送给护士，他们还这样给莫鲁科夫做了个骑士奖。生日时他们互相赠送礼物，节日时他们尝试着平躺着进行派对庆祝。

无所事事和持续的药物研究也导致了情绪紧张。在一个5人间里被试相互反目，以致其中一个不得不搬走。“此外还发生了些别的事。”莫鲁科夫回忆说，因为被试不够理解负责药物的人员，他就把这些医药人员给换了，因为“我要更照顾被试的意思，因为我更需要他们”。

被试的年龄介于27岁和42岁之间，其中4个本身就是医学家。他们中的大部分有妻子和孩子，而他们每周仅在周日有一次见面机会。有些关系没能维持下去。其中一个爱上了一位参与实验的女研究员。

# 1992 他们在核磁共振仪里做爱

伊达·萨贝斯（Ida Sabelis）做爱的地方，绝对是个特别的地方。1992年10月24日，这位40岁的荷兰女子和她的伴侣朱普赤裸着躺在荷兰格罗宁根大学核磁共振实验室里的实验台上。一位放射学家把实验台推进核磁共振仪不足50厘米直径的箱体内，随即离开房间。一张临时设置的幕布将实验室和控制室之间的窗子遮住，2位医学家威利布罗德·魏马尔·舒尔茨（Willibrord Weijmar Schultz）和佩克·凡·安德尔（Pek Van Andel）在控制室里等待一幅历史性的画面。核磁共振仪已经被他们设置为：一位病人，150公斤。

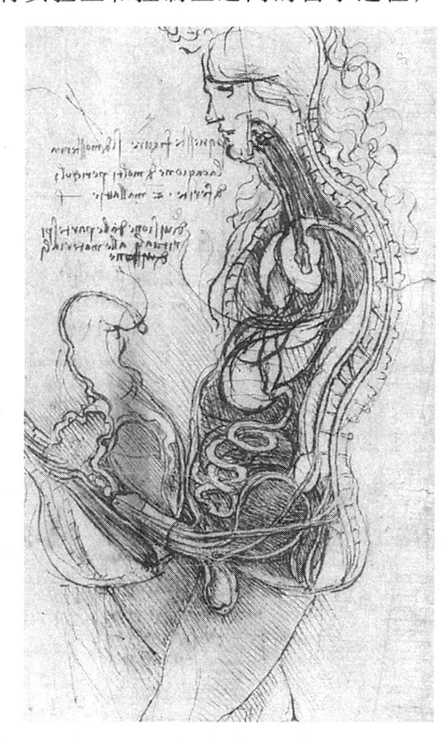

莱奥纳多·达·芬奇想象的性交之中的体内情况（约1493年）。

早在15世纪末，莱奥纳多·达·芬奇就创作过一对男女在性交过程中的解剖图。解剖图表现了人体内部的样子，阴茎、阴道、子宫以及其他器官清晰可见。达·芬奇肯定是从尸体解剖中得到这幅画的灵感。但是因为死人并不会做爱，他只能通过臆想来表现性

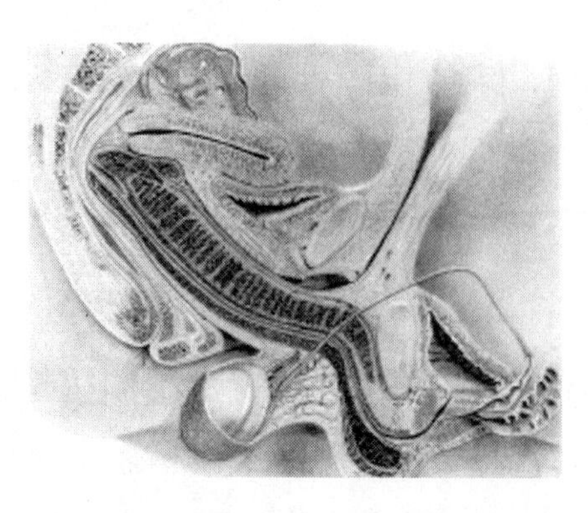

1933年，性学研究者罗伯特·迪金森出版了性交过程的纵剖图。

交过程中人物的内心世界。

下一幅有关这一主题的严肃绘画出版于1933年。性学研究者罗伯特·迪金森（Robert Latou Dickinson）把他从实验中得到的场景表现在绘画中，在这些实验里，他将勃起的阴茎大小的玻璃器皿放进性兴奋的女性体内。后来的性学研究者如阿尔弗雷德·C·金赛（Alfred C. Kinsey）、威廉·马斯特（William Masters）、弗吉尼亚·约翰逊（Virginia Johnson）纷纷使用人造阴茎和窥镜进行实验。但是最终，从这些实验中获得的知识都很少说明在性交过程中人体内的情况究竟是什么样的。

1991年，医生佩克·凡·安德尔（Pek van Andel）看到了一幅核磁共振成像，那是一位歌手在发出声音的时候拍下的喉头图像。这幅成像让他想起了达·芬奇的解剖素描，他开始思考，是不是可以在男女性交过程中拍下这样的一幅图像。但是医院并不拿他的请求当回事。但是佩克发现，医院的核磁共振仪从不关闭，周末的时候又并没有频繁使用。在朋友的支持下，通过与医院领导的交涉，他终于得到使用仪器的机会。

这里的特殊情况要求参加实验的人必须具备三个条件：他们必须苗条而敏捷，并且不可以对幽闭空间有恐惧感。凡·安德尔想起了他的朋友，伊达和朱普。他们符合实验者的条件，并且作为街头艺人，按这位研究者的说法，他们习惯“在压力下表演”。

进入核磁共振仪的箱体之后，他们将通过对讲机从控制室获得指令。“勃起清晰可见，包括根部在内，”扩音器里接着又传来指令，

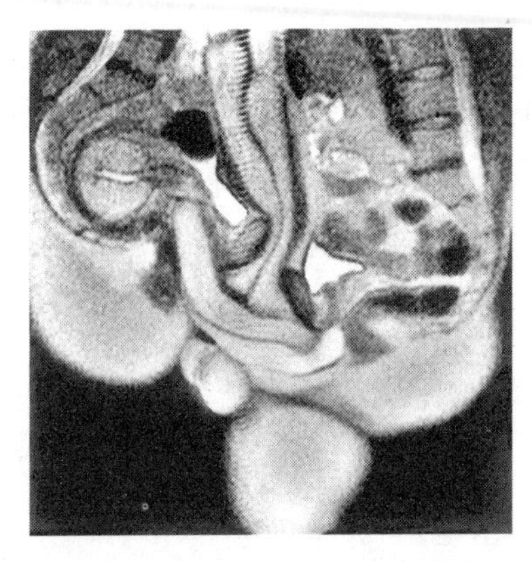

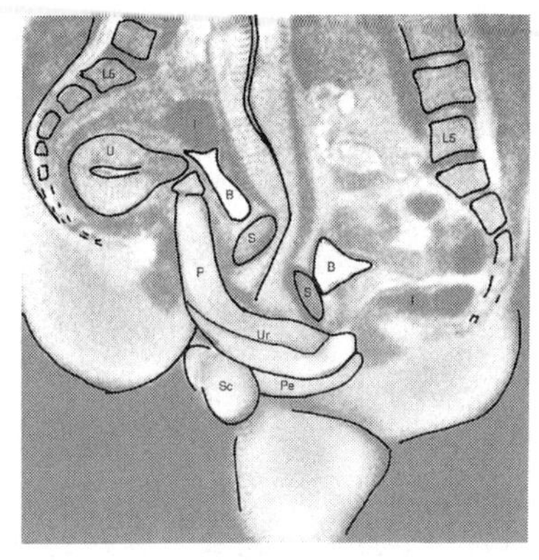


纵剖图（核磁共振图像）：性交中的人体结构（P：阴茎，Ur：尿道，Pe：会阴，U：子宫，S：耻骨联合，B：膀胱，I：肠子，L5：第五节腰椎，Sc：阴囊）。

“现在你们平静地躺下，在扫描过程中保持静止。”

核磁共振仪可以提供人体的剖面图。与 X 光透视不同，这种方法不会对人体产生损害，但它也有个很大的缺点：扫描过程中人不可以活动，而且这个扫描时间很长。朱普和伊达参加实验的这台仪器需要 52 秒，后来的实验所使用的仪器稍好一点，但也需要 12 秒。

这个实验曾 3 次被拒绝公开发表。有几家专业期刊怀疑，这是不是什么人用一篇捏造的文章来开玩笑的。《英国医学杂志》（*British Medical Journal*）则要求更多的数据，因为仅仅根据一对男女进行的实验，无法得出科学的结论。

于是凡 · 安德尔寻找更多的实验者。在当地电视台发布的广告引起了极大的关注和热烈的讨论，最终找到了 8 对男女和 3 位女子参加实验。

实验过程中记录了准确的研究日志，反映了实验者的不安情绪：“在一次用以确定女子骨盆位置的粗略扫描后，完成了她平躺状态下的第一张图像。然后男子被要求爬进箱体，并在女子上方与之面对面完成性交。在这个过程中不论能否成功获取第二张图像，男子都被要求离开箱体，然后女子被要求用手刺激阴蒂，并通过对讲机向研究者报告，自己在什么时候达到性高潮之前的状态。这时她停止自慰动作，等待研究者获取第三张图像。在这之后女子要继续自慰直到高潮。高潮后20分钟，研究者将扫描第四张图像。”

大部分夫妇无法在核磁共振仪50厘米高的箱体中完成研究者设定的实验目标。“我们没有预见到，在扫描仪内，男子在完成性交方面（保持勃起）会比女子遇到更多的困难。”如果不是1998年荷兰市场上出现了伟哥，佩克·凡·安德尔将无法获得实验中计划获取的图像。在几次失败的尝试之后，2名男子服用了这种刺激性药物，1个小时之后实验获得了成功。

《英国医学杂志》1999年圣诞号上刊登了凡·安德尔的图像，这幅图像显示，阴茎根部延长了阴茎总长的1/3，而且与人们想象的不同的是，在“任务状态”的阴茎呈现飞去来器的形状。

这个实验给作者赢得了一项“搞笑诺贝尔奖”，并且在专业人员中引起了激烈的讨论。一位医生建议，在接下来的实验中应该寻找色情片演员来进行实验，因为“这些人经过特别训练，可以在任何状态下完成性交”。另外一位则对数据的说服力表示怀疑，因为在核磁共振仪的狭小箱体内，女子无法打开双腿来让男子真正地“执行任务”。

◆ 搞笑诺贝尔奖（Ig-Nobelprice）用于表彰离奇的研究。往届获奖者名单可以通过以下链接检索：www. improb. con/ig/ig-top. html。

# 1994 播报好天气的服务生

1994 年 3 月，在新泽西州的大西洋城的一家娱乐酒店中，有这么一位客房服务生，他以一种奇特的方式播报天气情况：每天早上，在把早餐送到客人房间之前，他都会从西装上衣里取出一叠卡片，从中抽取一张。卡片上写着以下 4 种预报之一："寒冷而多雨"，"寒冷而清朗"，"温暖而多雨"，"温暖而清朗"。酒店的房间是隔音的，并配有深色玻璃，以至于客人无法从房间里面辨知外部的天气。当客人问起来，不论真实的天气情况如何，服务生都将告诉他们所抽出的卡片上的内容，然后转身离去。

美国心理学家布鲁斯 · 林德（Bruce Rind）希望通过这一实验得出，能影响人们心情的，是否不仅是真实的天气状况，甚至还有人们相信的某种天气状况。

从获得的小费数量看，事实上，"并非直接的对于天气情况的感觉影响了人们的行为"。换句话说，当天气不好的时候，酒店服务生撒谎反而会得到奖赏。在上述情况下，当他告诉客人阳光普照时，他多获得了大约 1/3 的小费。温度高低并没有影响。

对于那些不想撒谎的服务生来说，这里有条好消息：4 年后，同一位研究者在一家意大利餐厅发现，就连在账单后面附上对于第二天天气晴好的预报，都能带来多 1/4 的小费。

# 1995 脱衣舞的极限距离

如果国家从法律上禁止舞女在夜总会的表演中完全脱光衣服，是否触犯了她们的言论自由权呢？这一古怪的问题在1995年8月19—23日在拉斯维加斯的“小美人”俱乐部通过实验获得了解释。

美国第一部宪法的附录中就有相关内容提出保障言论自由，这是一项完全不可侵犯的权利。任何对观点表达、或者近似观点表达的行为造成了限制的规定，都是违反宪法的。许多州的法院认为，夜间跳舞禁令以及对于舞女与观众之间极限距离的规定，并无违反宪法之处，因为这些条款并没有改变舞女向观众传达色情信号的实质。

在加利福尼亚大学的丹尼尔·林茨（Daniel Linz）和他的几个同学看来，上述说法缺乏现实基础，于是他们就起程去了拉斯维加斯，寻找驳论的证据。在实验前一周，“小美人”的8名舞女接受了舞蹈老师的培训，掌握了把她们的黑色连衣裙在演出开始后整30秒时脱掉的动作。在后来的实验部分她们随机而定，或是身着文胸内裤，或是一丝不挂。研究人员让24名被试（18—65岁的男性）在3分钟的舞蹈之后填写问卷。由此考察舞蹈所产生的效果。通过统计和分析众人的答案，人们发现：在色情交流方面，“全裸和非全裸有很大区别”。“较之非全裸情况，客人在观察全裸的时候更易获得色情信息。”

# 1997 阴毛漫游记

论文《性交过程中阴毛的转移概率》的作者们绝不容许有人质疑被试者是否动机不纯："激发他们参与实验的唯一原因便是科学研究所要求的无私奉献精神。"法医学家戴维 · L · 埃克斯莱恩（David L. Exline）和他的同事们在发表的作品中如是说。

被试人为阿拉巴马州伯明翰刑事科学研究所的6位雇员和他们的伴侣，每一对男女要分别10次在性交之后收集各自的毛发样本，确切地说，要遵照研究者提出的《标准阴毛梳理记录》进行。被试把一张90厘米×90厘米的纸巾放在伴侣的臀部下方，彻底地梳理阴部，以便脱落的毛发落到纸巾上，将纸巾连同梳子一同放到一只信封中，并附上填好的问卷，其上注明性交时长、最近一次沐浴和最近一次性交的时间以及性交的姿势。

有一对被试仅提供了5次性交后的记录，所以科学家们最终得到了110份毛发样本，共收集了344根阴毛，20根体毛，7根头发以及1根动物毛发。其中19份样本中出现了1根以上对方的毛发，说明性交时阴毛转移的概率为17.3%，并且能够发现毛发从女性转移到男性的频率（23.6%）明显高于从男性向女性转移的频率（10.9%）。实验中只有一次出现了交叉转移，即男女双方阴毛转移的数目相同。

研究者认为，由于阴毛转移概率较低，在性犯罪案件中，难以借助收集阴毛来确认罪犯的身份。

# 1998 耶利哥[①]的扬声器

当美国的教育节目《学习频道》开始探究一些古老的《圣经》之谜时，有一个题目位列前茅，那就是耶利哥的长号。根据《圣经·约书亚记》中的描写，7 个祭司在约柜前吹响他们的羊角，使得耶利哥的城墙倾陷。就连飞碟/科幻作家埃里克·封·达尼肯（Erich von Däniken）都对牧师的肺活量表示怀疑，他提出了自己的论断：城墙的倾陷很可能是某种先进的发生装置起的作用。为了探究这一问题，节目制作人委托加利福尼亚的怀勒实验室进行一项实验，在实验室里立一面小墙，用他们那里最大分贝的扬声器对墙体施加影响。

其中一项实验所用特殊扬声器为怀勒 WAS 3000，其响度相当于 10000 个扬声喇叭。经过持续 6 分钟的噪声作用，砂浆真的开始破碎，小墙分崩离析。节目制作人吉姆·麦奎兰称这一结果“清晰明了”。他此言并不是要确认达尼肯的话，而是要说明一个众所周知的事实：声音真的可以产生破坏。

麦奎兰没有继续探究下去是明智的，因为一个早已不争的事实是：耶利哥所属的迦南城根本没有设防，也就没有城墙可以让 7 个祭司用 10000 个扬声喇叭吹倒。

① 耶利哥（Jericho）位于约旦河西岸，耶路撒冷以北，是迄今为止被发现的人类历史上最早的连续居住的城市，早在 11000 年前就已经有人在这里居住。——译者注

# 1999 无法解释的饥饿

饥饿一再给科学带来谜题。宾夕法尼亚州州立大学的芭芭拉·J·劳尔斯（Barbara J. Rolls）所作的实验就是其中一例。

劳尔斯在其实验室里招待3组女士同样的餐前小吃。一组女士获得一个以鸡肉、米和蔬菜为原料的烤饼。第二组人得到的食物同样是这种烤饼，只不过加上了356克水，混成了浓汤状。尽管这并没有改变食物的能量含量——水不含卡路里——汤却更容易饱人，在餐前喝汤的人，在正餐时饭量足足减少了1/4。

汤的体积更大，这一解释还不能完全说明问题，更奇怪的事出现在第三组实验。除了烤饼，每人另外获得356克水，恰恰就是第二组中汤里的水的量。这2组在同样的时间内——按计划12分钟——吃下了同样的量和同样类型的食物，相比之下还是第二组人在正餐时吃

3次实验——同样的配料，同样的热量，饱的感觉却不同。

得更少一些。她们食用的主菜量同样也比第三组少了1/4。

劳尔斯，一个世界领先的食欲研究者，也不知如何解释这种现象。她猜想，因为盘中的汤比烤饼占有更大的体积，看一眼汤，人就会产生更饱的感觉。

劳尔斯的实验表明，科学在调节饥饿方面的认识是何等有限。另外也表明汤是馋鬼的敌人。

## 2002 掷小棍的数学

2002年10月里的一天，在密歇根湖边的荷兰村附近，人们可以看到，一个人和他的狗做着一项特殊的游戏。这位先生站在湖边，把一只网球斜扔到水里。狗马上跑去追球，而这位先生本人也跟在后面跑。狗沿着岸边跑了一段，跳进水里。这位先生即刻在狗投水的地方，把一把螺丝刀插进了沙子里，抓住他之前放在前方不远处的一条卷尺的一端，同样跃入水中游向球的方向。这一奇特的表演在3小时中重复了40多次。

这位先生叫蒂姆·彭宁斯（Tim Pennings），是密歇根州荷兰市霍普学院的数学教授。他借助螺丝刀和卷尺的特殊手段试图回答一个问题——他的狗艾尔维斯是否能计算——这里所指的可不是两数乘法表那种小儿科，而是关系到数学中的一个复杂任务。

我们先把后话告诉大家吧：艾尔维斯的确会做这个复杂算数，而且不久整个世界都知道了这件事。彭宁斯接受BBC采访，被好莱坞

借助螺丝刀和卷尺，艾尔维斯的主人发现，这条狗凭借直觉解决了一道复杂的数学问题。

邀请，甚至得到了一家越南报纸的引用。

2001 年 8 月，彭宁斯在得到艾尔维斯后不久，就产生了这一实验想法。在散步的路上，他不断地把网球扔到水里，再由狗把球拾回来。“当我看到艾尔维斯沿着岸边跑，在某一时刻转身跃入水中，我突然意识到，它跑的路线，恰似数学课上我给学生讲述优化问题时画的草图。”任务中，泰山沿着一条静止的河奔跑，而后游过河流，把对岸的简从流沙中救出来。问题在于，从哪跳进水中，可以最快抓到简[1]。

像泰山一样，艾尔维斯也面临着不同的选择。它可以立刻跳入水中，直接游向网球。虽然这是最短的路，但不是最快的，因为，艾尔维斯游泳比奔跑要慢。艾尔维斯还可以沿着河岸跑，直到球和它成垂直角度时，跳进水中。这样虽然游的距离最短，但总的路程却是最长的。最快的捷径介于两者中间：起初沿着河岸跑一段，然后斜着向球

① 泰山是广为人知的《人猿泰山》的主角，简是泰山的女友。——译者注

游去。开始游泳的理想地点在哪取决于游速和奔跑速度之间的关系。

彭宁斯想搞清楚，当他把网球扔入水中时，艾尔维斯能否真正解决这一优化问题。他首先计算出了艾尔维斯在岸上和水中分别的速度：奔跑速度是 6.4 米/秒，游速是 0.91 米/秒。根据这 2 个速度，彭宁斯可以计算出艾尔维斯理想的入水处在哪里。并且他发现：艾尔维斯几乎每次都选择了正确的位置。

艾尔维斯真的能解决这一复杂的数学问题么？彭宁斯对此保持低调："我承认，尽管艾尔维斯能找到这一问题的正确答案，却不具备分析能力。事实上，它甚至对一个简单的多项式进行微分都有困难。"确切地说，它是凭直觉找到了最佳答案。

在文章的结尾处彭宁斯建议有兴趣的研究者可对狗进行类似的实验，让其判断什么时候从一条没有雪的路转向有雪的路。要么就找小学生或大学生。"最好别找教授做被试，他们可能会因为拘谨而出丑。"

## 2003 遭遇机器狗

早期的行为学研究者曾试图用廉价的仿真模型来迷惑动物（见"1958 '母亲机'"）。不过后来，行为学研究步入了机器人时代。布达佩斯的匈牙利罗兰大学和巴黎的索尼计算机科学实验室希望查明，动物狗是否会把索尼生产的商业机器狗"AIBO"当成自己的同类。他们把 40 条狗和一条身长 30 厘米，重 1.5 公斤的机器狗关在一起，观察它们的行为。在一些实验中，他们为"AIBO"穿上皮毛——在

现代行为研究：机器狗“AIBO”遇到了一条有血有肉的狗。

实验前一天放到了幼犬的睡篮中。

作为对照，研究者也测试了狗和真正的幼犬以及车模在一起的行为。通过研究狗对“AIBO”的关注程度、两者间的距离，以及狗对“AIBO”吠叫、咆哮及嗅闻（前面和后面）的次数，他们得出结论：目前“对于把‘AIBO’应用于狗行为的研究中，尚存在一些重大的局限”。狗虽然对机器狗有反应，程度上却显然要弱于面对幼犬。

研究者在他们的网站上宣称，在这一实验中没有动物受到伤害。机器狗“AIBO”虽然屡次遭到攻击，但功能上仍旧完好。尽管如此，他们不建议在家里进行类似的实验。厂商对机器狗“AIBO”的承诺保证，并不包括“AIBO”被真正的狗伤害。

◆ 登录www.verrueckte-experimente.de观看机器狗和狗的遭遇对机器狗来说是何等残暴。

# 鸣 谢

这本书不仅仅是我的书。如果不是得到很多人的大力帮助，这本书将空无一物。首先我要感谢那些直接参与实验的科学家们，他们愿意与我碰面，或者通过电话和电子邮件告诉我实验的背景，以及他们为实验所做的工作。他们中有许多人钻进陈年的材料堆，向我提供未公开的文件资料，变魔术一样地给我送来被认为早已遗失的图片。在寻找文献资料的过程中，我向一系列的中间人请求过帮助。通过理查德·波玛扎尔，我向贝恩德·威西纳要到了未发表的有关流浪者的研究资料，这些文章，甚至连作者自己都没有留副本。在寻找有关法国大革命研究所在地的时候，彼得·考克曼向我提供了至关重要的指引；萨沙·安得烈耶夫—安得里耶夫斯基在有关莫斯科的研究中向我提供了帮助，弗拉基米尔·比特帮助我翻译了俄文资料。安德烈亚斯·吕施、克里斯蒂娜·安德烈斯和高登茨·达努斯将他们在美国的信箱提供给我使用。我的研究员斯特拉·马蒂诺在完成这本书的工作之后，将可以胜任那些异国情调杂志的专栏作家；凯瑟琳·霍夫曼将成为处理奇异科学图片的专家；乌尔班·费茨是善用扫描仪的魔术师，经他从旧期刊上弄下来的照片比原版的还要清晰；卡门·扎宁制造了本书的目录结构的测试版。

温特图尔的交流机构 Partner & Partner 的所有者卡斯帕·欣特米勒和本诺·玛吉，给网站www. verrueckteexperimente. de（本书同名网站）提供了资助，网站由克里斯·凯勒设计制作和维护。

托马斯·豪斯勒、乌尔斯·维尔曼、安德烈·施奈德和丹尼尔·

韦伯部分或全部阅读了本书手稿，并帮我指出了其中很多内容性的错误和文字上的不妥之处。

我的代理人彼得·弗里茨从本书写作伊始就把本书放在心上，并且怀着信任代理本书。

贝塔斯曼出版社的马克斯·维德迈尔为本书设计了严正的目录结构；迪特林德·欧伦迪为我能够在书中合法使用众多图片奔走出力。我在《新苏黎世报》期刊编辑部的同事们——莉莉·宾采格尔、安德烈娅·迪特里希、安德烈娅·黑勒和丹尼尔·韦伯——用他们的记者经验在我身后给我完全的支持。埃昂斯特·耶格操作扫描仪非常迅速；埃斯特·鲍曼用他的巧克力蛋糕给我很大照顾。唯其如此，我才有了一个理想的工作状态。

我的妻子雷古拉·冯·费尔滕也阅读了本书全部手稿，她在我的写字台边陪我说话，在起居室里为我擦去汗水。我们的“实验”由此可以持续更长时间。